高等职业教育测绘地理信息类"十三五"规划教材

全国测绘地理信息职业教育教学指导委员会组编

（第二版）

地 图 制 图

主编　王琴

WUHAN UNIVERSITY PRESS

武汉大学出版社

图书在版编目（CIP）数据

地图制图/王琴主编．—2版．—武汉：武汉大学出版社，2021.1（2024.1
重印）
高等职业教育测绘地理信息类"十三五"规划教材
ISBN 978-7-307-21872-7

Ⅰ.地…　Ⅱ.王…　Ⅲ.地图制图学—高等职业教育—教材　Ⅳ.P28

中国版本图书馆 CIP 数据核字（2020）第 204666 号

责任编辑：胡　艳　　　责任校对：汪欣怡　　　版式设计：马　佳

出版发行：**武汉大学出版社**　（430072　武昌　珞珈山）
（电子邮箱：cbs22@whu.edu.cn　网址：www.wdp.com.cn）
印刷：武汉科源印刷设计有限公司
开本：787×1092　1/16　印张：17　字数：411 千字　插页：1
版次：2013 年 2 月第 1 版　　　2021 年 1 月第 2 版
　　　2024 年 1 月第 2 版第 3 次印刷
ISBN 978-7-307-21872-7　　　定价：39.00 元

前　　言

随着计算机、航空航天遥感及地理信息系统等一系列高新技术的发展，地图制作技术和应用方式发生了巨大的变革。本教材围绕国家示范性高等职业院校、优质高职院校的人才培养目标，根据生产单位对从事测绘地理信息技术类专业应用性高技能岗位人才的要求编写而成。本教材以现代空间信息技术的发展对地图学基本概念、基本理论与原理的需要和地图制图的基本技术方法的应用为宗旨，在编写上力求概念准确、图文并茂，便于学生的理解和学习。教材编写的基本思路是按地图编制的要求组织内容，以地图数据的获取采集、加工处理、分析应用、地图制作输出为主线，系统地传授先进、实用的地图学知识与技能，传授地图编制的新技术、新方法。

本教材由长期从事地图制图教学研究与实践的一线教师编写。参与教材编写的教师都了解高职教育要求及高职学生学习能力与特点；编写教材时，在内容处理上做到以基础应用为主，强调与实践技能培养有效结合，培养学生的应用知识分析能力和技能应用能力。

全书共分为两篇，第一篇为地图基础理论，包括地图认识、地图数学基础、地图符号及地图内容表示、地图概括、地图成图方法；第二篇为地图制图方法，包括地图数据获取与处理、普通地图编制、专题地图编制、地图整饰输出。通过学习，学生能更好地掌握基本理论知识，提高实践操作能力。本教材可作为高职高专院校地学类、测绘类等地图制图与地理信息系统专业学生的教学用书，也可作为相关专业和工程技术人员的参考用书。

本教材第 1 章由黄河水利职业技术学院李建辉编写，第 2 章、第 3 章及第 4 章由黄河水利职业技术学院王琴编写，第 5 章由山西水利职业技术学院张艳华编写，项目 1 和项目 4 由黄河水利职业技术学院胡振江编写，项目 2 由黄河水利职业技术学院刘剑锋编写，项目 3 由黄河水利职业技术学院王双美编写。全书由王琴、刘剑锋统稿。

由于各方面的原因，书中难免存在一些不足甚至错误，敬请专家、学者和同行批评指正。

编者

2020 年 12 月

目　　录

第一篇　地图基础理论

第二篇　地图制图方法

第一篇
地图基础理论

第1章 地图认识

【本章概述】

"千言万语不如一幅图"，存储和传输信息的方式多种多样，与语言和文字相比，图形有直观、形象和简洁等优点。地图是一种"其他信息传递形式所不能代替的极有效的方法"，地图不仅能反映制图对象的形态、特征和对象之间的相互联系，而且还能表示空间现象的分布规律以及随时间的变化。本章首先介绍地图的含义、分类及特性，之后介绍地图功能，最后对地图及地图学的发展等内容进行介绍。

【教学目标】

◆ **知识目标**

1. 掌握地图的概念及分类
2. 掌握地图的组成及特性
3. 熟悉地图的功能和作用
4. 了解地图及地图学的历史及发展趋势

◆ **能力目标**

1. 会判断地图的类型
2. 知道地图的组成、功能和特点
3. 知道地图的特性和功能

1.1 地图概述

地图学是一门古老而又年轻的科学。说它古老，是因为它的形成不亚于文字；说它年轻，是因为随着社会需求的发展，地图制图内容不断丰富，制图精度不断提高，表现形式更加多样化，制图理论日趋成熟，制图技术也随着时代的进步而进步。地图在科技高度发展的今天，已成为国民经济建设、科学实验及日常生活不可或缺的工具，地图学作为一门独立的学科，已经形成了自己完善的理论、技术与应用体系。要弄清什么是现代地图学，必须先弄清什么是现代地图。

1.1.1 地图含义

我国地图学教科书对地图的定义多年来一直是："地图就是按照一定的数学法则，运用符号系统，概括地将地球上各种自然和社会经济现象缩小表示在平面上的图形。"这个定义反映了地图的基本特性，但未明确现代地图的各种功能特性。2000年，地图学家王家耀教授在《理论地图学》的专著中给地图的定义是："地图是根据构成地图数学基础法则和构成地图内容的制图综合法则记录空间地理环境信息的载体，是传输空间地理环境信息的工具，它能反映各种自然和社会现象的空间分布、组合、联系和制约及其在时空中的变化和发展。"这个定义明确了地图信息负载和传输的功能，但未概括出地图的其他功能，对地图的符号特性也未提到，作为数字地图的定义尚可，但对众多符号化的电子地图形式就不适合了。

随着对地图学理论的深入研究和对地图实质的逐渐全面理解，结合现代地图制图技术的发展，这里，我们将现代地图的概念定义为：现代地图是按照严密的数学法则，用特定的符号系统，将地图或其他星球的空间事象，以二维或多维、静态或动态可视化形式，以抽象概括、缩小模拟等手段表示在平面或球面上，科学地分析认知与交流传输着事象的时空分布、数量和质量特征及相互关系等多方面信息的一种图形或图像。

1.1.2　地图类型

地图的种类很多，按照不同的分类标志，其分类的方法也不同。

1. 按地图功能和内容分类

按功能分类，地图可分为普通地图、专题地图、专用地图和特殊地图四大类。按内容分类，地图可分为普通地图和专题地图两大类。地图按内容的分类是最主要的分类方法。

（1）普通地图

普通地图是以同等详细程度全面表示地面上主要的自然和社会经济现象的地图，能比较完整地反映出制图区域的地理特征，包括水系、地形、地貌、土质植被、居民地、交通网、境界线以及独立地物等。

普通地图按比例尺、内容的概括程度，区域及图幅的划分状况等，可进一步分为地形图和地理图。

地形图通常是指比例尺大于1∶100万，按照统一的数学基础、图式图例、统一的测量和编图规范要求，经过实地测绘或根据遥感资料，配合其他有关资料编绘而成的一种普通地图。地貌主要用等高线表示；地物按统一规定的图式符号、注记表示。

地理图是指概括程度比较高，以反映要素基本分布规律为主的一种普通地图。地貌多以等高线加分层设色表示；地物概括程度较高，多以抽象符号表示。

（2）专题地图

专题地图是表示自然或社会经济现象的地理分布，或强调表示这些现象的某一方面的特性的地图。专题地图的主题多种多样，服务对象也很广泛。按专题内容，可进一步分为自然地图、社会经济地图和环境地图等不同专题类型的地图。

2. 按地图比例尺分类

按比例尺分类，地图可分为大比例尺地图、中比例尺地图、小比例尺地图三种。

（1）大比例尺地图

大比例尺地图是指比例尺大于和等于1∶10万的地图，如1∶10万、1∶5万、1∶2.5万、1∶1万、1∶5千等。它详尽而精确地表示地面的地形和地物或某种专题要素。它往往是在实测或实地调查的基础上编制而成的。作为城市、县乡规划和专业详细调查使用，可进行图上量算或者作为编制中小比例尺地图的基础资料。

（2）中比例尺地图

中比例尺地图是指比例尺小于 1：10 万、大于 1：100 万的地图，如 1：25 万、1：50 万等。它表示的内容比较简要，由大比例尺地图或根据卫星图像经过地图概括编制而成，可供全国性部门和省级机关作总体规划、专用普查使用。

（3）小比例尺地图

小比例尺地图是指 1：100 万和更小比例尺的地图，如 1：100 万、1：150 万、1：250 万、1：400 万、1：600 万、1：1000 万、1：2000 万等。这种地图随着比例尺的缩小，内容概括程度增大，几何精度相对降低，用以表示制图区域的总体特点以及地理分布规律的区域差异等，主要用在一般参考及科学普及等方面。

3. 按制图区域分类

一般分为世界地图、半球地图、大洋地图、分洲地图、分国地图、分省地图、分县地图、城市地图等。另外，不同专业也有不同的分区系统，如按流域分，有黄河流域地图、长江流域地图等；按地形分，有青藏高原地图、黄土高原地图、华北平原地图等。此外，从扩大了的地图定义来说，还有月球图、火星图或其他星球图等。

4. 按地图用途分类

按用途进行划分，地图可分为通用地图和专用地图两大类。通用地图即普通地图（地形图、地理图）；专用地图有教学地图、军事地图、航海地图、航空地图、公路交通地图、旅游地图、规划地图、参考地图等。这些地图的名称就表明了它们的用途。

5. 按其他标志分类

除了上述几种主要分类方法之外，还有其他一些分类方法。

① 按使用方式可分为：桌面用图、壁挂图和便携图（折叠图、地图册）。

② 按感受方式可分为：视觉地图（线划地图、影像地图、屏幕地图），触觉地图（盲人地图），多感觉地图（多媒体地图、多维动态地图、虚拟现实环境）等。

③ 按特种介质不同可分为：丝绸图、塑料图、缩微胶片图、发光图、数字图、电子图、网络图、沙盘、地球仪、工艺品等。

④ 按地图幅数分为：单幅图、多幅图（系列图、地图集和地图册）。

⑤ 按综合程度可分为：单幅分析图（解析图）、单幅综合图（又可分为组合图、合成图），以及综合系列图、综合地图集或地图册。

⑥ 按基本图形可分为：分布图、类型图、区划图、等值线图、点值图、动线图、统计图、网格图等表示方法不同的基本图形；还有分析图、综合图、组合图、合成图等综合程度不同的基本图形。

⑦ 按印刷色数可分为：单色图、多色图、黑白图、彩色图。

⑧ 按历史年代可分为：原始地图、古代地图、近代地图、现代地图。

⑨ 按语言种类可分为：汉语言地图、少数民族语言地图、外国语言地图。

⑩ 按出版形式可分为：印刷版、电子版、网络版。

⑪ 按数模性质可分为：模拟地图（实物图、屏幕图）与数字地图（矢量图、栅格图）。

⑫ 按虚实状况可分为：实地图（纸质图、电子图）与虚地图（数字图、心像图）。

⑬ 按时间状态可分为：静态地图和动态地图（动画图、交互图、虚拟现实环境）。

⑭ 按数据或表现事象的维数可分为：二维平面图、三维立体图和多维动态图等。

1.2　地图的功能

1.2.1　地图组成

1. 地图的基本组成

地图上表现的内容无论多么简单或复杂，从其构成要素来看，都由数学要素、地理要素和辅助要素组成。数学要素是地图的数学基础，地理要素是地图的地理基础。

（1）数学要素

数学要素用来确定地理要素的空间相关位置，是起着地图"骨架"作用的要素，如测量和制图的大地控制（即各种控制点）、地球的缩小程度（即地图比例尺）、用于确定地图上空间事物方向的指向标志、地图投影坐标网（即经纬线网）和平面坐标网等，都属于地图的数学要素。前三者是人类长期以来的认识和总结，是人为规定的，是地图数学基础的框架部分；后者是其原理部分，是地图学的理论之一。

（2）地理要素

地理要素是客观存在于地表的各种地理实体或者现象在地图上的可视表达，是地图表示的主体内容。地理要素可分为自然地理要素、社会经济要素和其他要素三大类。自然地理要素有水系（如河流、湖泊、海洋等）、地形地貌（如山脉、丘陵、平原、高原等）、土质植被（如沙地、沼泽、森林、草地等）、动物等，相对稳定，变化较小。社会经济要素有居民地以及联系居民地的铁路、公路、航线等交通线路，还有各级行政区划单元的界线，以及农业、工业等要素。其他要素包括环境污染和保护、灾害、医疗地理、航行、军事行动等内容。

（3）辅助要素

辅助要素是指制图区域以外所表示的要素，有时也称为图外要素，包括为方便使用地图而提供的工具性要素、制图背景说明性要素以及为丰富和深化主题内容而增加的补充性要素等。一般而言，辅助要素具体有：

① 工具性辅助要素：包括图例、分度带、比例尺、坡度尺等。图例是地图上所有符号的归纳和说明，分度带是对整个图幅范围的经纬度细分，比例尺表明地图对实地的缩小程度，坡度尺可用在等高线图上量算地面坡度。

② 说明性辅助要素：包括图名、图号、接图表、出版单位、时间、编图说明、图廓外的其他整饰要素与补充说明等。这些一般都安放在主图内容的外侧或者图内的空当处，处于辅助地位。它是对主图内容与形式的补充，也是用图的工具或参考。图 1-1-1 给出了地形图的组成要素。

2. 现代地图的组成要素

现代地图的内容更加丰富，形式也更加多样化，从其构成要素来看，除构成地图数学基础的数学要素、构成地理基础的地理要素和其他辅助要素外，还应该包括构成现代地图技术基础的技术设备和技术操作。技术设备即为计算机的硬、软件设备，技术操作即为计算机数字制图等技术操作，这在传统制图与用图中都是不存在（不需要）的。也就是说，现代地图是由地图和技术设备共同组成的。

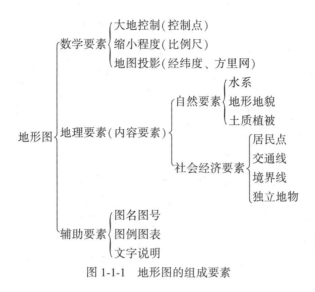

图 1-1-1　地形图的组成要素

1.2.2　地图特性

风景画、素描画、写景画、地面照片、航空像片、卫星照片与文字著作等，虽然也是地球在平面上的描绘和缩影，但在表示方法、表达手段与描绘的内容上与地图有着本质的区别，它们不具备地图所具有的如下三个基本特征：

1. 严密的数学法则

目前，地图表现的主要对象是地球，其表面是一个不规则的三维曲面，而一般地图是一个二维平面。当制图区域比较大时，需要考虑地球曲率的影响。要将三维的地球表面转换到地图平面上，而且使得地图上的地理要素与实地保持正确的对应关系，便于量算与分析，必须运用一定的数学法则，建立起地球球面与地图平面之间的变换关系，而且还要研究变形的大小与分布，实现这个变换的理论与方法称为地图投影。地图投影、比例尺和坐标系统构成了可量测地图的数学基础。

2. 科学的地图概括

地图是以缩小的形式反映客观世界的，它不可能把真实世界中所有现象无一遗漏地表现出来，因而就存在着地理事物表现与地图清晰易读要求间的矛盾，这种矛盾随着比例尺的缩小而越发显得突出。因此，必须对地图内容进行客观与主观的概括，即舍去次要的、微小的，保留基本的、主要的，并加以概括，从而更好地表现出空间事物的本质与规律性，使地图具有一览性。这种经过取舍、简化等抽象性图形思维和符号模拟综合概括出来的地理图形和航空像片、卫星图像有很大的差别。所以，地图与航空像片、卫星图像的又一差别在于，它的内容是经过了地图概括（即制图综合）得来的。可见，地图内容科学性的核心问题就是地图概括。从这一角度来看，可以说，地图是一种思维产品。

3. 特定的符号系统

在地图上，地球表面上的事物是运用特定的符号系统表示的。为什么地图上要采用特定的符号系统呢？因为地理事物的形状、大小、性质等特征千差万别、十分复杂，如果全部按它们的原貌缩绘到地图上，将会杂乱无章，实际上也是不可能的，因此，需要采用图形符号这种地图的语言来传递空间事物的位置、名称、数量和质量特征等信息。

上述地图的三个基本特性所涉及的内容，实际上构成了地图学的三个重要分支领域：地图投影、制图综合和地图符号系统，它们也是现代计算机制图所必须依据的理论基础。

1.2.3 地图作用

1. 地图的基本功能

地图的发展几乎与人类的文化史和人类对环境的认识史同步，已有几千年的历史。要揭开地图具有如此巨大生命力的奥秘，仅认识地图的基本性质是不够的，还应该从功能上深入研究地图的本质。

人们把模型论、信息论、认知论等引入地图学的研究中，提出地图的基本功能应该包括模拟功能、信息载负与传输功能和认知功能。

(1)信息的载负功能

地图能容纳和储存的信息量是十分巨大的，是空间信息的理想载体，地图信息由直接信息和间接信息两部分组成。

(2)信息的传递功能

地图是通过地图符号来表达和传递信息的。地图信息包括直接信息和间接信息，直接信息如圈形符号表示居民地、粗细渐变的蓝色符号表示河流，他们通过地图符号直接表现出来，而且能被测度；间接信息是由地图符号组合所产生的含义，它需要经过分析解译才能够获得，例如，通过分析河流、道路、港口与居民地的关系，可以获得居民地的交通是否便利的信息。

(3)模拟功能

模型与它表示的对象具有相似性，模型可以有物质模型与概念模型之分。

(4)认知与感受功能

地图不仅是地学工作者记录研究成果的手段，而且是人们认识世界的工具。制图者把复杂的空间信息转变为可视化形式的地图；用图者通过识别重构空间关系，通过地图获得空间认知。

2. 现代地图功能的拓展

现代地图的基本功能是随着时代的发展而发展的。古代和近代地图的主要功能是信息负载和信息传输，到20世纪前半叶开始，地图除了是调查研究成果的表达形式外，还是地学分析研究的手段，也就是地图模拟与地图认知的功能出现了。但这两项功能到了信息时代才得到了进一步的明确和发展，其中还包括地学和其他区域性学科本身的发展及地图应用的感受与分析功能等。

（1）拓展的方面和重点

随着信息论、控制论、模拟论与认知论等引进地图学，以及理论地图学的发展，地图模拟功能和地图认知功能得到进一步拓展。地图载负和传输是信息存储与表达的形式，是初级功能；地图模拟与认知是地学分析研究的手段，是高级功能。一方面，地图的信息载负功能与传输功能在很大程度上被遥感和地理信息系统、地图数据库所代替；另一方面，对地观测系统、互联网络等手段所获得的海量数据要求数据挖掘与知识发展。因而，作为各部门与各学科分析研究手段的地图模拟与地图认知功能，必然是今后发展的重点，这也就是陈述彭院士提出的"地图功能的重点漂移"（图 1-1-2）。

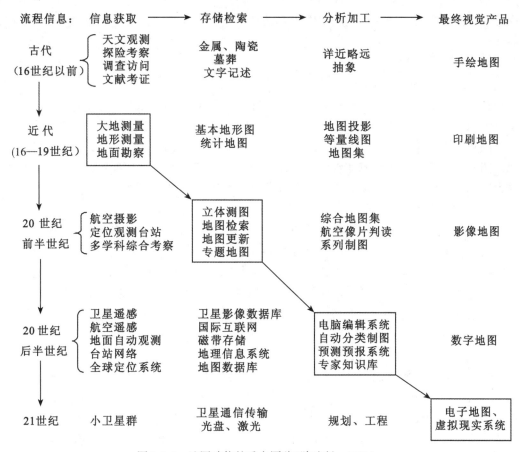

图 1-1-2　地图功能的重点漂移（陈述彭，1991）

（2）拓展的条件

需要强调的是，发挥地图模拟与地图认知功能，对地图信息进行深层次加工，必须同时要与对制图对象的深入研究紧密结合，因为地图只是一种研究方法、手段和形式，如果对制图对象本身的分布规律和动态机制了解甚少，就很难进行地图模拟与地图认知。因此，地图工作者必须同专业人员相结合，不仅应掌握制图对象的质量与数量特征、形态结构，而且还应当了解和分析其分布规律与动态机制，再运用地图模拟与地图认知的分析研究方法和手段，就有可能发现新的规律或提出有效的实用方案和决策建议。

3. 地图的作用

(1)经济建设的科学依据

国家经济建设和社会发展必须充分合理地利用自然重要条件和自然资源，改造不利的自然因素。要利用和改造自然，首先必须全面了解自然，摸清各种自然条件和自然资源。因此必须测制出全国范围的大、中比例尺地形图；进行全国规模的地质勘探，查明地质条件和矿产资源；对全国植被、土壤进行调查，包括查清森林、草场、可垦荒地等资源。我国国土、地矿、农业、林业、气象、水利、电力、海洋等部门的广大科技人员已经或正在从事各种测绘、观测、勘察、考察与调查工作，这是一项规模巨大的长期艰巨任务。由于地图是这些勘察、观测、考察与调查成果的最好表达形式，所有这些工作的最终成果都是测绘和编制出各种不同比例尺和不同内容的地图，如地形图、地质图、水文图、土地图、海洋图等。这些图件都成为中央和地方各部门分析研究全国和各地区自然条件与自然资源，制定开发利用和经济建设长远规划的重要科学依据。

(2)工程建设的设计蓝图

在工矿、交通、水利等基本建设中，从选址、选线、勘测设计到最后施工建设，都离不开地图。例如，铁路和公路的选线先是在地图上经过分析，选定大致的路线，然后进行实地勘测，再绘制大比例尺详细路线带状图，作为设计施工的基础。大中水利工程也是在地形图上初步选定河流渠道和水库的位置，划定流域聚水面积，计算流量，再测量更详细的大比例尺图作为河渠布设、水库及坝址选择、库容计算和工程设计的依据。

(3)农业规划的重要基础

地图在农业方面得到越来越广泛的应用。首先为发展好农业而进行一些大规模改造自然的工程，如长江、黄河、淮河、海河等一些大中河流的治理，黄土高原的水土保持等，都曾组织部门进行综合性的勘察调查，并编制了各种自然条件和规划设计地图，地图起了重要作用。县和乡一级都可以把地图作为规划和指挥生产的手段，编制各种大中比例尺农业自然条件及其评价图、土地利用现状与农业生产水平图等，从而使农业的计划和管理提高到一个新的水平，与世界接轨，发展精准农业。

(4)科学研究的主要手段

在科学研究方面，地图更是不可缺少的工具和手段。特别是地学、生物学等各门学科都可以通过地图分析自然要素的自然现象的分布规律、动态变化以及相互联系，从而得出科学结论和建立假说，或做出综合评价，进行预测预报。尤其是地质和地理工作，常常同地图联系在一起，地质和地理工作者离开了地图是无法开展区域地理与地质调查和研究工作的。值得指出的是，当代人类活动对自然环境的变化产生了越来越大的影响，环境保护的问题也越来越引起人们的重视；同样，地图在环境保护中也显示出了其重要的作用。

(5)宣传教育的良好形式

地图在政治宣传、文化教育等方面也有重要的作用。地图出版部门经常编制出版各种教学地图，教师也自制大量的教学地图，成为提高小学、中学和大专院校学生知识水平的直观教具。在报刊上也经常配合时事报道刊载各种国际形势地图。在历史博物馆，一幅幅历史地图帮助观众了解当时的历史情况及各个时期的沿革变化。在革命历史博物馆的军事博物馆，各革命时期形势图帮助观众了解革命发展历程。随着人们物质与文化生活水平的不断提高，国内外旅游事业得到迅速发展，各种形式的旅游地图和交通地图已成为人们出差与旅游不可缺少的工具。

（6）军事作战的重要工具

众所周知，地图在军事作战方面的作用是很大的。古今中外，军事家都非常重视地图。管子著有《地图篇》，指出"凡兵主者，必先审知地图"，系统阐明了地图在军事上的作用和使用地图的方法。近现代军事作战中，把地图称为"指挥员的眼睛"。空军和海军也都是利用地图定航线、找目标。巡航导弹还专门配有以地形数字模型为基础、以数字表示地物点的数字地图，以便随时迅速自动确定航行方向与路线，并通过与实地快速建立的数字地形模型匹配，选择打击目标。

（7）国家疆域版图的主要形式

一个国家或其行政区划都以地图为自己版图的表现形式，出版的地图是国际政治和对外关系中的重要工具与依据。我国公开出版的《中华人民共和国政区图》在国界画法、政区划分等方面，完全反映了我国政府的主权和严正立场。另外，图上地名也是国家正式法定规范的。我国政府已正式宣布，依据汉语拼音方案拼写我国地名，并出版了《中华人民共和国汉语拼音地图集》，作为中国地名罗马字母拼法的国际标准。

1.3　地图及地图学的发展

1.3.1　地图的发展历史

地图的发展历史不仅载录了人类对认识环境的执着追求，也反映了不同时期人们思想观念、认识和信仰的变换，以及各个历史时期社会科学技术和生产力的发展水平。根据各个时期地图及其制作特点，可将地图发展历史划分为古代、近代和现代三个阶段。

1. 古代地图

（1）原始地图

地图的产生和发展是人类生产和生活的需要。现在能看到的最古老的地图是大约距今4700年前苏美尔人绘制的地图和4500年前制作在陶片上的古代巴比伦地图（图1-1-3），图上表示了山脉、城镇、河流及其他地理特征，尽管它的内容和表示方法很简单，但已反映出原始地图与人类生产和生活有着密切的关系。

在中国，距记载，皇帝打仗就曾使用了地图，4000多年前，夏禹铸造了九鼎，鼎是当时统治权力的象征，鼎上除了铸有各种图画外，还有表示山川的原始地图。后来在《山海经》中，也记载着绘有山、水、动植物及矿物的原始地图。在河南安阳花园村出土的《田猎图》是青铜器时代刻于甲骨上的原始地图，图上刻有打猎的路线、山川和沼泽，距今3600多年。在云南沧浪县还发现了巨幅崖画《村圩图》，距今大约也有3500年了。这些都是已发现的我国最古老的原始地图。

（2）古代地图

国外古代地图的发展起源于在埃及的尼罗河沿岸开始有了农业的时候，当时尼罗河水经常泛滥，淹没农田，破坏田垄地界，每次泛滥后，不得不重新进行土地测量。正是这种实际需要，产生了几何学及测量制图的雏形。在古代地图制作中，只有引进几何学的思想

图 1-1-3　古代巴比伦地图

以后，地图才真正摆脱简单象形的画法，逐步进入实测地图阶段，这样，古代地图才慢慢与今天人们普遍所具有的地图概念相吻合。

在中国，春秋战国时期战争频繁，地图成为军事活动不可缺少的工具。据记载，周召公为修建都城，绘制了洛邑城址图。《管子·地图篇》指出"凡兵主者，必先审知地图"，精辟阐述了地图的重要性。《战国策·赵策》中记有"臣窃以天下地图案之，诸侯之地，五倍于秦"，表明当时的地图已具有按比例缩小的概念。《战国策·燕策》中关于荆轲刺秦王、献督亢地图、"图穷而匕首见"的记述，说明秦代地图在政治上象征着国家领土及主权。《史记》记载，萧何先入咸阳"收秦丞相御史律令图书藏之"，反映汉代很重视地图。

我国发现最早以实测为基础的古地图，是 1973 年在湖南长沙马王堆汉墓中挖掘出土的公元前 168 年的三幅帛地图：地形图、驻军图和城邑图。地形图内容包括自然要素（河流、山脉）和社会经济要素（居民地、道路），这和现代地图四大基本要素相似。驻军图用黑、红、蓝三色彩绘，是目前我国发现最早的彩色地图。城邑图上标绘了城垣范围、城门堡、城墙上的楼阁、城区街道、宫殿建筑等。用蓝色绘画城墙上的亭阁，红色双线表示街坊庭院，院内红色普染。城区街道分出主要街道和次要街道两级，宽窄不同。该图是迄今我国现存最早的以实测为基础的城市地图。

公元 4 世纪到 13 世纪，在西方地图历史上是一个漫长的黑暗时期，神学代替了科学，地图成为宗教思想的俘虏，严重阻碍了地图学的发展。当时的地图是辗转抄袭、粗略荒谬的作品。

我国明朝著名航海家郑和（1371—1435 年）先后 7 次下西洋，历时 20 多年，经过了 30 多个国家，他和同行者共同编著了我国第一部航海图集《郑和航海地图集》，被茅元仪收集在《武备志》一书中，有海图 24 页，地图 20 页，本国地名 200 个，外国地名 3000 个。

对我国地图学发展做出了重大贡献。

2. 近代地图学的发展

17 世纪末，地图科学也在迅速发展，由于对内开发、对外掠夺的需要，测量学首先发展起来。18 世纪，欧洲开始大规模地实测地形图，出现了大量精度高、内容丰富的实测地图。19 世纪初，缩编地图、专题地图出现。20 世纪初，利用飞机进行航空摄影测量成图得到发展。地图的精确性、内容的丰富性以及地图的品种、成图手段都达到了一定的水平。

17 世纪以来，各国纷纷成立测绘机构，主管国家基本地形图的测绘。测绘地形图，以西欧为最早，1730—1780 年，法国的卡西尼父子测绘的法国地形图颇负盛誉。1891 年在瑞士伯尔尼召开的第五届国际地理会议上，讨论并通过了由彭克提议的合作编制国际百万分之一地图的提案，并形成决议，对以后各国国际百万分之一地图的编制起到了积极的推动作用。

我国是亚洲最早进行地图测绘的国家，1708—1718 年开展了全国大规模测量，康熙年间编制的《皇舆全览图》(图 1-1-4)陆续测绘完成，该图是我国第一部实测地图，开创了我国实测经纬度地图的先河，对近代中国地图的发展有重要的意义。英国自然科学史专家李约瑟认为：该图不仅是亚洲也是当时世界上所有地图中最精确的。1886 年，即清光绪十二年，我国开始了全国规模的《大清会典舆图》省图集编制工作，各省用了 3~5 年时间分别完成省域地图集的编纂。这次图集编绘在中国地图发展史上有极为重要的意义，它是中国由传统古老的计里画方制图法向现代的经纬网制图法转变的标志。

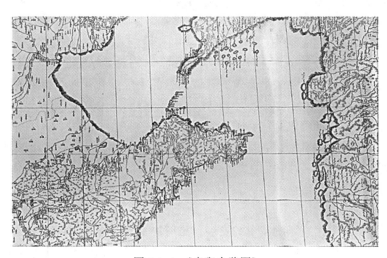

图 1-1-4 《皇舆全览图》

清末地理学家魏源(1794—1859 年)编制的《海国图志》完全摆脱了传统的计里画方制图法，采用了经纬度控制等与现今世界地图集相类似的地图投影、比例尺选择等，可以说是中国地图制图史上编制世界地图集的开创性的工作。

3. 现代地图学的发展

中华人民共和国成立后，成立了国家测绘局；在 20 世纪 50 年代开展大规模的测绘工作；编制并不断更新全国各省区不同比例尺系列地图；70 年代完成了全国 1∶5 万或 1∶10万地形图测绘任务；出版了国家及各省区地图集；各种不同专业、不同用途的专题地图迅猛发展；各种新技术、新理论受到重视和研究。我国地图制图水平和世界发达国家的差距正在缩小。

现代地图学的现状和发展具体表现为以下几个方面：

(1) 专题制图进一步拓宽领域并向纵深发展

专题地图的广度与深度不断发展，其理论与方法已日趋完善。具体表现为以下几个方面：

① 环境、海洋、城市、人文等专题制图迅速发展；

② 由单一部门专题制图向综合制图与系统制图方向发展，由基础性专题制图向深层次与实用方向发展；

③ 由区域性与全国性制图向全球性制图发展。

(2) 计算机制图已广泛应用于各类地图生产，多媒体电子地图集与互联网地图集迅速推广

电子地图集是近年出现的以光盘为介质、利用视屏显示的地图集形式，它具有滚动、漫游、窗口放大、闪烁、动态显示、统计分析、叠加比较等多种功能，具有制作周期短、成本低、功能强等优点，因此得到迅速推广并展示广阔前景。

随着互联网的迅速发展和普及，已经成为快速传播所有知识的重要渠道。其中，作为空间信息图形表达形式的地图，已越来越受到各网站和广大用户的欢迎。近十多年来，互联网地图(也称互联网络地图、网络地图)得到极其迅速的发展。

(3) 地图学-遥感-地理信息系统相结合，形成一体化的研究技术体系

20 世纪 70 年代兴起的遥感技术正迅速发展并广泛应用。各种遥感地学分析模型、图像数字处理技术、自动分类成图系统、数字三维立体图像显示等已日趋完善，不仅为地图，而且为各种专题地图提供了最有效的获取信息的手段，为各种专题制图提供了直接的高质量快速成图方法。

地理信息系统是在计算机制图基础上发展起来的空间信息采集、储存、分析、处理、显示与制图的综合性技术系统，它具有各种分析与模拟的功能，能快速准确地输出各种数据、表格和地图。

(4) 计算机制图-电子出版生产系统一体化，从根本上改变了地图设计与生产的传统工艺

计算机制图与地理信息系统技术的发展，已解决了各类地图的自动编绘与快速成图问题，为了获得高质量印刷出版地图，国际上新推出了几种计算机出版生产系统，并已在一些地图设计与生产部门应用，实现了计算机制图与出版生产系统一体化和全数字化与自动化，是地图学领域的又一重大变革，具有深远的意义和重大的社会、经济效益。

(5) 地图学新概念与新理论不断探索

近几年，国际上还对计算机与地图可视化、虚拟环境、地图自动概括自动综合、数字地图及其应用、互联网地图等问题进行了较多研究和讨论，已取得一定进展。

1.3.2　地图学发展趋势

随着现代科学技术的发展，地图制图学也进入了新的发展阶段，其主要发展趋势为：

① 智能化，包括地图信息源信息获取，地图制作过程和地理信息表达的智能化等。

② 虚拟化，地图学将来表达的制图对象不一定都是实体的客观存在，很多内容将是虚拟的、模拟的、多维仿真式的。

③ 功能多极化，地图功能从表达地理客体规律特征，扩展到知识发现、空间分析、动态显示监测、综合评价、预警预报等。

④ 主客体同一化，随着科技发展，地图制作技术得到不断改进和创新，地图制作将越来越简单，使主客体同一化，既是地图制作者又是地图使用者将渐趋普遍。

⑤ 全球一体化，随着数字地球战略的实施和推进，将实现全球化的地图无缝拼接和万维网联通，使地图在表达地球和研究地球方面，都可以整体化、全球一体化形式出现。

◎ 思考题

1. 什么是地图？如何理解反映地面的像片（图像）、素描图和地图的区别？

2. 地图具有哪些基本特性？

3. 结合日常生活，谈谈你是如何使用地图的。

4. 地图学和制图技术发展经历了哪几次飞跃发展？

5. 未来地图学的发展趋势如何？你想象中的未来地图是什么样子？

第2章　地图数学基础

【本章概述】

地图是以缩小的形式反映客观世界的，其主要对象是地球，要将三维的地球表面转换到地图平面上，而且使得地图上的地理要素与实地保持正确的对应关系及比例关系，便于量算与分析，必须研究地图投影、比例尺和坐标系统等地图的数学基础。同时，为了不遗漏、不重复地测绘各地区的地形图，也为了能科学地管理、使用大量的各种比例尺地形图，必须将不同比例尺的地形图按照国家统一规定进行分幅和编号。本章首先介绍了地球的形状和大小，然后介绍了地图比例尺、地图投影及坐标系统，最后介绍了地图的分幅与编号。

【教学目标】

◆**知识目标**

1. 掌握地球的自然形体、物理形体和地球椭球体的含义、区别及联系

2. 掌握地图比例尺的概念、表现形式及作用

3. 理解地图投影种类和特点，掌握地图投影选择的依据

4. 掌握我国的坐标系统

5. 掌握地形图的分幅与编号方法

◆**能力目标**

1. 会使用和制作地图比例尺

2. 会选择和使用地图投影

3. 能判定和使用地图的坐标系统

4. 能进行地形图的分幅与编号

2.1　地球的形状与大小

地球的表面是一个不可展平的曲面，而地图是在平面上描述各种制图现象，这给地图工作者提出了一个问题：如何建立球面与平面间的对应关系？要解决这个问题，首先必须对地球的形状和大小进行研究。

2.1.1　地球自然形体

由地球自然表面所包围的形体，称为地球自然球体。地球自然表面是一个崎岖不平的不规则表面，有高山、丘陵、平原、盆地和海洋。世界第一高峰珠穆朗玛峰高出海平面8844.43m，而在太平洋西部的马里亚纳海沟的斐查兹海渊，则低于海平面11034m。人们

对地球形状的认识曾经历了漫长的过程，古人在实现了环球航行后才发现地球是球形的，近代大地测量发现地球更接近于两极扁平的椭球，长短半径大约差 21km。通过人造地球卫星对地球观察的资料分析发现，地球是一个不规则的近似于梨形的椭球体，它的极半径略短，赤道半径略长，北极略突出，南极略扁平(图 1-2-1)。这里所讲的梨形，是一种形象的夸张。因为地球南北半球的极半径之差在近几十米范围之内，这与地球的自然表面起伏、极半径和赤道半径之差都在 20km 左右相比是十分微小的。所以，地球自然表面是一个极复杂而又不规则的球形曲面，不能用数学公式表达。

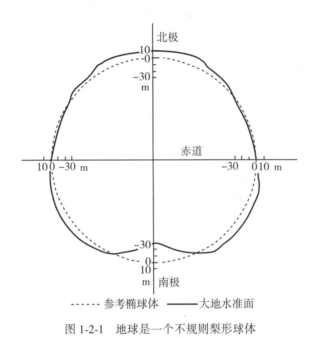

图 1-2-1　地球是一个不规则梨形球体

2.1.2　地球物理形体

当海洋静止时，自由水面与该面上各点的重力方向(铅垂线)成正交，这个面叫水准面。在众多的水准面中，有一个与静止的平均海水面相重合，并假想其穿过大陆、岛屿形成一个闭合曲面，这就是大地水准面。它实际是一个起伏不平的重力等位面——地球物理表面，如图 1-2-2 所示。

由于地球的自然表面极其复杂与不规则，大地测量学家就引入了"大地体"的概念。所谓大地体，是由大地水准面所包围的地球形体。大地水准面是地球形体的一级逼近。

由于地球引力的大小与地球内部的质量有关，而地球内部的质量分布又不均匀，致使地面上各点的铅垂线方向产生不规则的变化，因而大地水准面实际上是一个略有起伏的不规则曲面。一般比较理想的"静止的平均海水面"在大陆上升高突起，在海洋中则降低凹下，但高差都不超过 60m。所有地球上的测量都在大地水准面上进行。大地水准面虽然比地球自然表面规则得多，但还不能用简单的数学公式表达。不过从整个形状来看，大地水准面的起伏是微小的，并极其接近于地球椭球体。

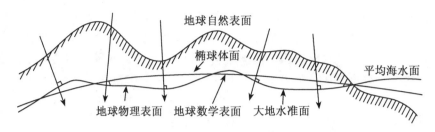

图 1-2-2　地球自然表面、地球物理表面和地球数学表面

2.1.3　参考椭球体

在测量和制图中，用旋转椭球体来代替大地球体，这个旋转椭球体通常称为地球椭球体，简称椭球体。它是一个规则的数学表面，所以人们视其为地球体的数学表面，是对地球形体的二级逼近，也是用于测量计算的基准面。

1. 国际上主要的椭球体参数

关于地球椭球体的大小，由于推求所用资料、年代和方法不同，所得地球椭球体的描述参数也就不同。在大地测量发展的历史过程中，世界各国先后推算出许多不同的椭球参数，表 1-2-1 中给出了各国在测量和制图实践中所用的椭球体参数。

表 1-2-1　　　　　　　　　　　　　国际主要椭球参数与使用

椭球名称	年代	长半径（m）	扁率	附注
德兰勃（Delambre）	1800	6375653	1∶334.0	法国
埃弗瑞斯（Everest）	1830	6377276	1∶300.801	英国
白塞尔（Bessel）	1841	6377397	1∶299.152	德国
克拉克（Clarke）I	1866	6378206	1∶294.978	英国
克拉克（Clarke）II	1880	6378249	1∶293.459	英国
海福特（Hayford）	1910	6378388	1∶297.0	1942 年国际第一个推荐值
克拉索夫斯基	1940	6378245	1∶298.3	前苏联
1967 年大地坐标系	1967	6378160	1∶298.247	1967 年国际第二个推荐值
1975 年大地坐标系	1975	6378140	1∶298.257	1975 年国际第三个推荐值
1980 年大地坐标系	1979	6378137	1∶298.257	1979 年国际第四个推荐值

2. 我国测量制图相关的几个椭球参数

对地球形状的长半径、短半径和扁率测定后，还必须确定大地水准面与椭球体面的相对关系，即确定与局部地区大地水准面符合最好的一个地球椭球体——参考椭球体。这项工作就是参考椭球体定位。

　　通过数学方法将地球椭球体摆到与大地水准面最贴近的位置上，并求出两者各点间的偏差，从数学上给出对地球形状的三级逼近——参考椭球体。因各国在推求年代、方法及测定的地区等方面不同，故地球椭球体的元素值有很多种。中国 1952 年前采用海福特（Hayford）椭球体；1953—1980 年采用克拉索夫斯基椭球体（坐标原点是苏联普尔科夫天文台）；自 1980 年开始采用国际大地测量和地球物理联合会（IUGG）第十六届大会所推荐的"1975 年基本大地数据"给定的椭球体，并确定陕西泾阳县永乐镇北洪流村为"1980 西安坐标系"大地坐标的起算点。

　　3. 地球椭球元素定义

　　为了便于进行地球椭球的讨论，这里给出了地球椭球一些元素的定义，如图 1-2-3 和表 1-2-2 所示。

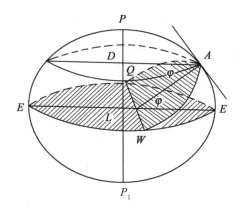

图 1-2-3　地球椭球的基本元素

表 1-2-2　　　　　　　　　　　　　　　**地球椭球基本元素定义**

名称	定　　　义	代号与说明
地心	亦称轴心，地球椭球的中心，与地球的地心重合	0
地轴	亦称极轴，地球椭球的旋转轴，与地球自转轴重合	PP_1
地极	地轴与椭球面的交点。位于北端叫北极，位于南端叫南极	N——北极，S——南极
子午面	亦称经线面，通过地轴的任意平面	
子午圈	亦称经线，子午面与椭球面的交线	
首子午面	亦称起始经线面，通过格林尼治天文台中心的子午面	
首子午圈	亦称起始经线，通过格林尼治天文台中心的子午圈	
法线	垂直于椭球面某点的切面的直线，一般不交于地心	
法截面	包含椭球面上一点法线的平面	
卯酉面	与子午面（经线面）垂直的法截面	
卯酉圈	卯酉面与椭球面的截线	
平行面	亦称纬线面，垂直于地轴的平面	

名称	定　义	代号与说明
平行圈	亦称纬线、纬圈,平行面与椭球面的交线	
赤道面	垂直于地轴并过地心的平面	
赤道圈	赤道面与椭球面的交线简称赤道,它是最大的平行圈	
地理坐标系	子午圈(经线)与平行圈(纬线)在椭球面上是两组正交的曲线。它在椭球面上构成的坐标系叫地理坐标系	亦称大地坐标系
纬度	椭球面上的法线与赤道面的交角。赤道的纬度为0°,北极点的纬度为+90°,南极点的纬度为-90°	φ,大地测量中符号为 B
经度	首子午圈平面与某点子午圈平面所构成的两面角,首子午圈以东为东经,以西为西经	λ,大地测量中符号为 L
长半轴	从地心到赤道的距离	a
短半轴	从地心到地极的距离	b
扁率	长短半轴之差与长半轴之比	a
第一偏心率	$e^2 = \dfrac{a^2 - b^2}{a^2} = 1 - \left(\dfrac{b}{a}\right)^2$	e
第二偏心率	$e'^2 = \dfrac{b^2 - a^2}{a^2} = \left(\dfrac{b}{a}\right)^2 - 1$	e'
等积球体半径	与椭球表面积相等的球体半径 $R_F = \sqrt{\dfrac{a^2}{2} + \dfrac{b^2}{4e}\ln\dfrac{1+e}{1-e}}$	R_F
等体积球体半径	与椭球体积相等的球体半径 $R_v = \sqrt[8]{a^2 b}$	R_v
子午圈曲率半径	经线曲率半径 $M = \dfrac{a(1-e^2)}{(1 - e^2 \sin^2\varphi)^{\frac{3}{2}}}$	M
卯酉圈曲率半径	$N = \dfrac{a}{(1 - e^2 \sin^2\varphi)^{\frac{1}{2}}}$	N
平均曲率半径	$R = \sqrt{MN} = \dfrac{a\cos\varphi}{(1 - e^2 \sin^2\varphi)^{\frac{1}{2}}}$	R
纬线半径	$r = N\cos\varphi = \dfrac{a\cos\varphi}{(1 - e^2 \sin^2\varphi)^{\frac{1}{2}}}$	r

4.正球体

如果忽略地球表面的起伏变化,按等体积计算将地球换算成一个正球体,这时地球等体积球体半径 $R_v = 6371110\text{m}$。

2.2　空间参照系

地球表面上的定位问题，是与人类的生产活动、科学研究及军事国防等密切相关的重大问题。具体而言，就是球面坐标系统的建立。

地球自然表面点位坐标系的确定包括两个方面的内容：一是地面点在地球椭球体面上的投影位置，采用地理坐标系；二是地面点至大地水准面上的垂直距离，采用高程系。但是无论把地球当成椭球体还是正球体，它们的表面都是不可展曲面。也就是说，大地坐标系不能直接表示在平面上，需要把大地坐标系上的成果转换到平面坐标系上，这就是后面要讲的地图投影。

2.2.1　大地坐标系

大地坐标系是大地测量中以参考椭球面为基准面建立起来的坐标系。地面点 P 的位置用大地经度 L、大地纬度 B 和大地高度 H 表示。当点在参考椭球面时，仅用大地经度和纬度表示。

大地经度是指参考椭球面上某点的大地子午面与起始子午面间的两面角。东经为正，西经为负。大地纬度是指参考椭球面上某点的垂直线（法线）与赤道平面的夹角。北纬为正，南纬为负。大地高是地面点沿法线到参考椭球面的距离。

大地坐标系的建立包括选择一个椭球，对椭球进行定位，确定大地起算数据。一个形状、大小和定位、定向都已确定的地球椭球，叫做参考椭球。

参考椭球一旦确定，则标志着大地坐标系已经建立，如图 1-2-4 所示。

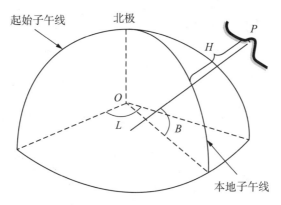

经度（L）、纬度（B）、大地高（H）

图 1-2-4　大地坐标的概念

选定了某一个地球椭球，只是解决了椭球的形状和大小。要把地面大地网归算到它上面，仅仅知道它的形状和大小是不够的，还必须确定它同大地的相关位置，这就是所谓椭球的定位。一个形状、大小和定位都已确定的地球椭球叫做参考椭球，参考椭球面是我们处理大地测量结果的基准面。大地测量起算数据的确定，就是确定某一个大地原点的坐标值和它对某一方向的大地方位角。椭球定位与大地测量起算数据的确定是互相联系的。前者是通过后者来实现的，后者是前者的必然结果。

　　椭球体定位就是按照一定条件，将具有确定元素的椭球体同大地体的相关位置确定下来。从数学原理上讲，无论采取什么方法定位，只要将椭球体同大地体的相关位置确定下来就可以了。然而，任意方式的定位未必都是最适宜的定位。在大地测量实践中，为了便于进行天文经纬度和天文方位角同大地经纬度和大地方位角的换算和比较，便于将观测元素归算到椭球面上，对椭球的定位作了规定。

2.2.2　地心坐标系

　　1. 地心坐标系的概念

　　以地球的质心作为坐标原点的坐标系，称为地心坐标系，即要求椭球体的中心与地心重合。

　　2. 建立地心坐标系的意义

　　随着航天技术和远程武器的发展，参考坐标系已不能满足精确地推算其轨道以及对远程武器和各种飞行器追踪的需要，而必须建立以地球质心作为坐标原点的地心坐标系。

　　人造地球卫星绕地球运行时，轨道平面时时通过地球的质心，同样，对于远程武器和各种宇宙飞行器的跟踪观测，也是以地球的质心作为坐标系的原点。因此建立精确的地心坐标系，对于卫星大地测量、全球性导航和地球动态研究等都具有重要意义。

　　非常精确地确定地球质心位置是比较困难的。这是因为地球的形状是在随时变化着的，如各种潮汐的变化、板块运动（大陆漂移）等，都将影响地心的位置。所以说，地心坐标系的建立只能是在一定的精度范围内。

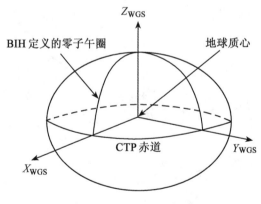

图 1-2-5　WGS-84 坐标系

　　3. 主要的地心坐标系

　　20 世纪 60 年代以来建立起来的 1972 年全球坐标系（World Geodetic System，1972，简称 WGS-72）和 1984 年全球坐标系（简称 WGS-84）都属于地心坐标系。美国的全球定位系统 GPS（Global Positioning System），在实验阶段采用的是 WGS-72 大地坐标系，1986 年之后采用的是 WGS-84 大地坐标系，如图 1-2-5 所示。

WGS-84 坐标系是一种国际上采用的地心坐标系。坐标原点为地球质心，其地心空间直角坐标系的 Z 轴指向国际时间局（Bureau International de l'Heure，简称 BIH）1984.0 定义的协议地极（Conventional Terrestrial Pole，简称 CTP）方向，X 轴指向国际时间局 BIH 1984.0 定义的协议子午面和 CTP 赤道的交点，Y 轴与 Z 轴、X 轴垂直构成右手坐标系，称为 1984 年世界大地坐标系。这是一个国际协议地球参考系统（International Terrestrial Reference System，简称 ITRS），是目前国际上统一采用的大地坐标系。

另外，我国当前最新的国家大地坐标系——2000 国家大地坐标系（CGCS2000），也属于地心大地坐标系统。

2.2.3　平面直角坐标系

如图 1-2-6 所示，在水平面上选定一点 O 作为坐标原点，建立平面直角坐标系。纵轴为 x 轴，与南北方向一致，向北为正，向南为负；横轴为 y 轴，与东西方向一致，向东为正，向西为负。将地面点 A 沿着铅垂线方向投影到该水平面上，则平面直角坐标 x_A、y_A 就表示 A 点在该水平面上的投影位置。如果坐标系的原点是任意假设的，则称为独立的平面直角坐标系。为了不使坐标出现负值，对于独立测区，往往把坐标原点选在测区西南角以外适当位置。

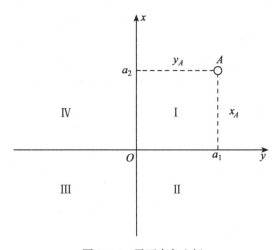

图 1-2-6　平面直角坐标

应当指出，测量和制图上采用的平面直角坐标系与数学中的平面直角坐标系从形式上看是不同的。这是由于测量和制图上所用的方向是从北方向（纵轴方向）起按顺时针方向以角度计值的，同时它的象限划分也是按顺时针方向编号的，因此它与数学上的平面直角坐标系（角值从横轴正方向起按逆时针方向计值，象限按逆时针方向编号）没有本质区别，所以数学上的三角函数计算公式可不加任何改变地直接应用于测量的计算中。

2.2.4　我国大地坐标系

我国目前常用的三个大地坐标系是 1954 年北京坐标系、1980 年国家大地坐标系和 2000 国家大地坐标系。

1. 1954 年北京坐标系

20 世纪 50 年代初，在当时历史条件下，我国采用克拉索夫斯基椭球元素（$a = 6378245m$，$\alpha = 1/298.3$）并与苏联 1942 年普尔科沃坐标系进行联测，通过计算建立自己的大地坐标系，定名 1954 年北京坐标系，它又不完全是苏联的坐标系。

2. 1980 年国家大地坐标系

1978 年 4 月在西安召开全国天文大地网平差会议，确定重新定位，建立我国新的坐标系。为此，有了 1980 年国家大地坐标系，它比 1954 北京坐标系更适合我国的具体情况。1980 年国家大地坐标系采用的地球椭球基本参数为 1975 年国际大地测量与地球物理联合会第十六届大会推荐的数据，椭球的主要参数是：$a = 6378140 \pm 5m$，$\alpha = 1/298.257$。该坐标系的大地原点设在位处我国中部的陕西省泾阳县永乐镇，位于西安市西北方向约 60km，故也称 1980 年西安坐标系，又简称为西安大地原点。

3. 2000 国家大地坐标系

随着社会的进步，国民经济建设、国防建设和社会发展、科学研究等对国家大地坐标系提出了新的要求，迫切需要采用原点位于地球质量中心的坐标系统（以下简称地心坐标系）作为国家大地坐标系。采用地心坐标系，有利于采用现代空间技术对坐标系进行维护和快速更新，测定高精度大地控制点三维坐标，并提高测图工作效率。2008 年 3 月，原国土资源部正式上报国务院《关于中国采用 2000 国家大地坐标系的请示》，并于 2008 年 4 月获得国务院批准。自 2008 年 7 月 1 日起，中国全面启用 2000 国家大地坐标系，国家测绘局受权组织实施。

2018 年 6 月底前完成了全系统各类国土资源空间数据向 2000 国家大地坐标系转换，2018 年 7 月 1 日起自然资源系统全面使用 2000 国家大地坐标系。

2000 国家大地坐标系是全球地心坐标系在我国的具体体现，其原点为包括海洋和大气的整个地球的质量中心。2000 国家大地坐标系采用的地球椭球参数如下：长半轴 $a = 6378137m$，扁率 $\alpha = 1/298.257222101$，地心引力常数 $GM = 3.986004418 \times 10^{14} m^3/s^2$，自转角速度 $\omega = 7.292115 \times 10^{-5} rad/s$。

2.2.5　高程系

1. 绝对高程

地面点沿铅垂线方向至大地水准面的距离称为绝对高程，亦称为海拔。在图 1-2-7 中，地面点 A 和点 B 的绝对高程分别为 H_A 和 H_B。

我国规定以黄海平均海水面作为大地水准面。黄海平均海水面的位置，是青岛验潮站对潮汐观测井的水位进行长期观测确定的。由于平均海水面不便于随时联测使用，故在青岛观象山建立了"中华人民共和国水准原点"，作为全国推算高程的依据。1956 年，验潮

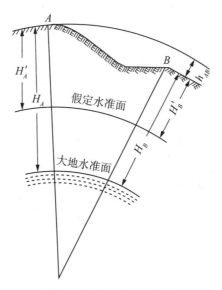

图 1-2-7　绝对高程与相对高程

站根据连续 7 年(1950—1956)的潮汐水位观测资料,第一次确定了黄海平均海水面的位置,测得水准原点的高程为 72.289m;按这个原点高程为基准去推算全国的高程,称为"1956 年黄海高程系"。由于该高程系存在验潮时间过短、准确性较差的问题,后来验潮站又根据连续 28 年(1952—1979)的潮汐水位观测资料,进一步确定了黄海平均海水面的精确位置,再次测得水准原点的高程为 72.2604m;1985 年决定启用这一新的原点高程作为全国推算高程的基准,并命名为"1985 国家高程基准"。

2. 相对高程

地面点沿铅垂线方向至任意假定水准面的距离称为该点的相对高程,亦称为假定高程。在图 1-2-7 中,地面点 A 和点 B 的相对高程分别为 H'_A 和 H'_B。

3. 高差

两点高程之差称为高差,以符号 h 表示。图 1-2-7 中,A、B 两点的高差 $h_{AB} = H_B - H_A = H'_B - H'_A$。

测量与制图工作中,一般采用绝对高程,只有在偏僻地区,没有已知的绝对高程点可以引测时,才采用相对高程。

2.3　地图比例尺

地图是制图区域的缩小,为了使地图的制作者能按实际需要的比例制图,也为了地图的使用者能够准确地掌握地图与制图区域之间的比例关系,以便获得准确的地图信息,在制图之前必须首先确定地图与制图区域间的缩小比例,在成图之后也应在图上明确表示出缩小的比例。

2.3.1 地图比例尺定义

地图上某线段的长度与实地相应线段的水平长度之比，称为地图比例尺。其表达式为：

$$\frac{d}{D} = \frac{1}{M}$$

式中，d 为地图上线段的长度，D 为实地上相应直线距离的水平投影长度，M 为比例尺分母。

例如，已知实地直线水平距离为 2.4km，则 1：5 万地形图上相应长度为 $d = D/M =$ 240000cm/50000 = 4.8cm；若已知 1：2.5 万地形图上一直线长度为 8cm，则其实地长度为 $D = d \times M = 8\text{cm} \times 25000 = 2\text{km}$；若已知图上 8cm 相当于实地长 20km，则其地图比例尺为 $1/M = d/D = 8/2000000 = 1/250000$。

地图比例尺的大小是以比例尺的比值来衡量的，它的大小与分母值成反比，分母值大，则比值小，比例尺就小，地面缩小倍率大，地图内容就概略；分母值小，则比值大，比例尺就大，地面缩小倍率小，地图内容就详细。

在大比例尺地图上，各处的比例尺均相等，所以可以直接去量测任意两点间的距离。但在小比例尺地图上，由于是将球面展绘成平面，所以就产生了各种变形，且变形的大小随着图上所量线段的地理位置与方向不同而变化。因此，在图上量算时就要使用该图的投影比例尺，按照所量线段所处地理位置和相应方向去对应量算。由此可见，上述地图比例尺的定义是有局限性的。地图比例尺科学而准确的定义应该是：地图上某方向微分线段与地面上相应微分线段的水平长度之比。地图上无变形的线和点上的比例尺，叫主比例尺，其余有变形地方的比例尺，叫局部比例尺。局部比例尺大于或小于主比例尺，并随其所在位置和方向的不同而发生变化。地图上通常只注一个比例尺，就是主比例尺。

2.3.2 地图比例尺形式

比例尺的表现形式通常有数字比例尺、文字（又称说明）比例尺和图解比例尺。

1. 数字比例尺

数字比例尺可写成比的形式，例如 1：100000，也可以写成分式形式，1/100000。

2. 文字比例尺

用文字注解的方法表示，例如，一比一百万，或简称百万分之一，也可用"图上 1 厘米相当于实地 10 千米"等来表示。

表达比例尺的长度单位，在地图上通常以厘米计，在实地上以米或千米计。例如，常常用"图上 1 厘米相当于实地××米（或千米）"来表示比例尺；涉及航海方面的地图，实地距离则常以海里（mile）计。

3. 图解比例尺

图解比例尺是用图形加注记的形式表示的比例尺。例如，地形图上通常用的直线比例尺、斜分比例尺、地图投影比例尺等。

（1）直线比例尺

直线比例尺是以直线线段形式标明图上线段长度所对应的地面距离，如图 1-2-8 所示。

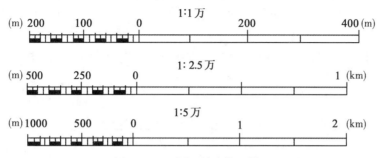

图 1-2-8　地图上的直线比例尺

直线比例尺的制作方法是：首先绘一条直线，以 2cm（或 1cm）为基本单位将其等分后，再把左端一个基本单位 10 等分。然后，以左端基本单位的右端分划为 0，在每一分划线的上面，分别注出它们所代表的地面水平长度即成。例如：地图上 1cm 相当于地面上 100m 的比例尺，则直线比例尺上 1cm 的长度就注记地面长度 100m；地图上 1cm 相当于地面上 250m 的比例尺，则直线比例尺上 1cm 的长度就注记地面长度 250m；地图上 1cm 相当于地面上 500m 的比例尺，则直线比例尺上 1cm 的长度就注记地面长度 500m。

直线比例尺具有能直接读出长度值而无需计算、避免因图纸伸缩而引起误差等优点，因而被普遍采用。但是直线比例尺只能量到基本单位长度的 1/10，要量测到基本单位长度的 1/100，则需要采用斜分比例尺。

（2）斜分比例尺

斜分比例尺又称为微分比例尺，是根据相似三角形原理制成的图解比例尺，如图 1-2-9 所示。利用这种斜分比例尺，可以量取比例尺基本长度单位的百分之一。使用该尺时，先在图上用两脚规卡出欲量线段的长度，然后再到斜分比例尺去比量。比量时应注意：每上升一条水平线，斜线的偏值将增加 0.01 基本单位；两脚规的两脚务必位于同一水平线上。例如图 1-2-9 中两脚规①量测的数据为 $100+80=180（m）$，两脚规②量测的数据为 $100+60+3=163（m）$。

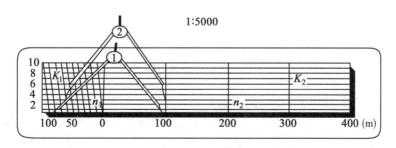

图 1-2-9　地图上的斜分比例尺

（3）投影比例尺

投影比例尺又称经纬线比例尺或诺谟图，它是为了消除投影变形造成图上量算的影响，按投影的特性绘制的一种比例尺。这种比例尺的图形和单位长度，随地图投影不同而异，图1-2-10（a）是按正轴等角割圆锥投影绘制的1：600万投影比例尺，图中8°和40°的纬线为标准纬线，其比例尺恰为1：600万，而在其他纬线上的比例尺比标准纬线的比例尺或大或小。图1-2-10（b）是按墨卡托投影绘制的投影比例尺，除0°纬线为标准纬线，符合其主比例尺外，其他纬线上的比例尺都比主比例尺有所增大。所以，按投影比例尺量算长度时，不同位置要用不同线段进行量算。

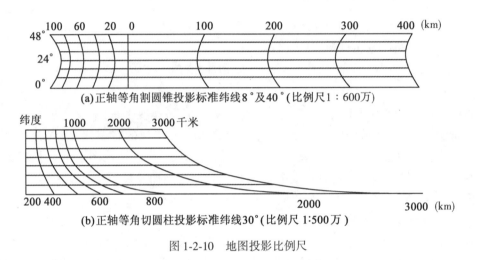

图 1-2-10　地图投影比例尺

投影比例尺主要用于小比例尺地图。但由于小比例尺地图只能了解地面概况，已不能用于精确量算，所以在地图上很少采用。

图解比例尺的优点在于从图上直接量算地面长度，或将地面上长度转绘到图上只需要在图上直接量测，不需要计算；受纸张变形及复印变形的影响相对较小。

地图上通常采用几种形式配合来表示比例尺的概念，最常见的是数字比例尺和图解比例尺中的直线比例尺配合使用。

2.3.3　比例尺的作用

1. 比例尺决定着地图图形的大小

同一地区，比例尺越大，地图图形越大，反之则越小。如图1-2-11所示，地面上1km²，在1：5万地图上为4cm²，在1：10万地图上为1cm²，在1：25万地图上为0.16cm²，在1：50万地图上为0.04cm²，在1：100万地图上为0.01cm²。地图图形的大小，关系着地图的使用条件和方式。例如室内利用地图研究问题，可将多幅地图拼接在一起使用，但野外调查时，多幅地图拼接使用就不方便。

2. 比例尺决定着地图的测制精度

正常视力的人，在一定距离内能分辨地图上不小于0.1mm的两点间距离，因此

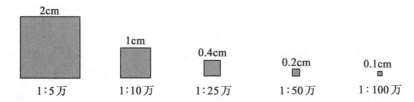

图 1-2-11　地面上 1km² 在 1：5 万~1：100 万比例尺上的相应面积

0.1mm 被视为量测地图不可避免的误差。测绘工作者把某一比例尺地图上 0.1mm 相当于实地的水平长度，称为比例尺精度；由上述可知，0.1mm 即是将地物按比例尺缩绘成图形可以达到的精度的极限，故比例尺精度又称为极限精度。依据比例尺精度，在测图时，可以按比例尺求得在实地测量能准确到何种程度，即可以确定小于何种尺寸的地物就可以省略不测，或用非比例符号表示，例如，当测 1：1000 地形图时，其比例尺精度为 0.1mm ×1000＝0.1m，此刻实地长度小于 0.1m 的地物就可以不测了；同时，可以根据精度要求确定测图的比例尺，若要求表示到图上的实地最短长度为 0.5m，则应采用的比例尺不得小于 0.1mm/0.5m=1/5000。所以，比例尺越大，图上量测的精度就越高。

同样，在使用地图时，根据精度的要求，可以确定选用何种比例尺的地图，例如，要求实地长度准确到 5m，则所选用的地图比例尺不应小于 0.1mm/5m＝1/50000。

3. 比例尺决定着地图内容的详细程度

比例尺愈大，地图的内容就愈详细。例如，比例尺极限精度 0.1mm，在 1：1 万图上相当于地面 1m，而在 1：10 万图上相当于地面 10m。换句话说，在 1：10 万图上就无法显示小于 10m 长度的地物。又如地图上最小符号尺寸规定为 0.25mm²，这在 1：1 万图上相当于实地地面面积 25m²，而在 1：10 万图上相当于实地地面面积 0.0025km²。换句话说，在 1：10 万图上就无法显示小于 0.0025km² 面积的地物。

由表 1-2-3 所列各种比例尺地形图的比例尺精度可知，地图比例尺愈大，表示地物和地貌的情况愈详细，误差愈小，图上量测精度愈高；反之，表示地面情况愈简略，误差愈大，图上量测精度愈低。但不应盲目追求地图精度而增大测图比例尺，因为在同一测区，采用较大比例尺测图所需工作量和投资，往往是采用较小比例尺测图的数倍，所以应从实际需要的精度出发，选取相应的比例尺。

表 1-2-3　　　　　　　　　　　　　　地图比例尺精度

地图比例尺	比例尺精度（m）	地图比例尺	比例尺精度（m）	地图比例尺	比例尺精度（m）
1：250	0.025	1：5000	0.50	1：100000	10.00
1：500	0.05	1：10000	1.00	1：250000	25.00
1：1000	0.10	1：25000	2.50	1：500000	50.00
1：2000	0.20	1：50000	5.00	1：1000000	100.00

2.3.4　地图多尺度表达的概念

尺度(scale)既是一个古老的话题，又是一个新的研究热点。凡是与地球参考位置有关的数据都具有尺度特性。地理空间数据具有尺度依赖性，从古代的地图到如今的 3S 技术(GIS、RS、GPS)都离不开尺度问题。德国气象学家、地球物理学家 Alfred Wegener 提出轰动科学界的大陆漂移学说，其背景是观察一张完整的世界地图。可以想象，在小尺度空间(大比例尺)不可能发现这个伟大学说。在 GIS 领域，尺度是一个无法回避的问题。由于地球表层的无限复杂性，人们不可能观察地理世界的所有细节，地理信息对地球表面的描述总是近似的，近似地反映了对地理现象及其过程的抽象程度或抽象尺度。1998 年美国大学地理信息科学联盟(UCGIS)提出的优先研究领域就包括尺度问题的研究。GIS 不仅需要多种详细程度的空间数据支持，而且需要把多尺度表示的信息动态地联结起来，建立不同尺度之间的相关和互动机制，以进行有效的综合分析和辅助决策，从而构成多尺度的 GIS(multi-scale GIS，MGIS)。多年来，在一系列国际 GIS 学术会议和空间论坛上，MGIS 均被列为中心议题，是当今地理信息科学研究的前沿课题之一。

由于多重表达产生大量数据冗余及与其相关的一系列弊端，更重要的是在进行跨比例尺综合分析时会产生严重的数据矛盾，人们开始寻求一种不依比例尺(也称为无比例尺或自由比例尺)的数据库。毫无疑问，不依比例尺 GIS 的发展是一个质的飞跃，但又是一个很大的挑战，可以想见，在很长时间内，无比例尺数据库是很难达到的。不仅与地学相关的研究领域都涉及尺度问题，而且人文、经济、社会学等领域也存在尺度问题。例如，在社会状况调查时，调查对象在空间范围和时间幅度上的变化、调查时间间隔和调查对象在密度上的变化、调查对象年龄段的不同划分等，都会引起结果变化。

在数字制图中，尺度被理解为"空间信息被观察、表示、分析和传输的详细程度"。由于信息-数据可被概括，相同的数据源就可以形成不同尺度规律(或称不同分辨率)的数据，即多尺度数据。

如在动态监测中，有大江大河、中小流域、重点区域、省、市(地)、县等不同范围(多尺度)的特点，因此根据监测需要，分为宏观监测尺度、中观监测尺度、微观监测尺度。根据动态监测内容，确定监测尺度，从而确定相应信息源和技术方法。

根据监测的不同尺度、不同目标、不同精度，确定相应的信息源。当监测的目标比较复杂时，选择波段较多、分类效果比较好的信息源。微观监测尺度，大比例尺的监测区域应选择高空间分辨率且波段设置分类效果好的遥感信息源；宏观监测尺度，一般选择分辨率比较低的卫星遥感影像，如天气预报、大范围的林火监测等；中观监测尺度，一般选择分辨率比较高的卫星遥感影像，如土壤侵蚀强度、水土流失面积、水域线变化等监测。

2.4　地图定向与导航

2.4.1　地图定向的概念

地图定向是确定地图图形的地理方向。没有确定的地理方向，就无法确定地理事物的方位。地图的数学法则中一定要包含地图的定向法则。

地图定向的常用方法一般有三种：一般定向法（上北下南、左西右东）、指向标定向法（指向标指向北方）和经纬网定向法（纬线确定东西方向，经线确定南北方向）。

在比例尺较大的地图上，图幅内实际范围小，特别是远离极地地区的地图，经线与纬线都接近为平行的直线，在地图上判别方向有一个普通的规则，即"上北、下南、左西、右东"。

在一些比例尺较大的图上，有时没有画上经线与纬线，在这种情况下，地图左右的图廓线常常就是南北线（经线），上下图廓线就是东西线（纬线）。有些图，还专门画有指向标（方位针）以表示方向。

在一些小比例尺的地图上，我们会发现，图上的经线不是平行的直线，而是向两极汇聚的弧线。纬线也是一些弯曲的弧线，且越向高纬度，弯曲程度越大。在这种图上判别方向，就只能以经线与纬线的方向为准，而不能笼统地运用"上北、下南、左西、右东"的规则了。例如亚洲在阿拉斯加的西边，而不能认为在阿拉斯加的北边；同样地，北冰洋在亚洲的北边，而不能认为在亚洲的东边。

有些地图是用指向标（方位针）表示方向的。指向标（方位针）的箭头指示的方向是南北方向，与指向标（方位针）的箭头垂直的方向就是东西方向。

2.4.2　地图上的方向

为了满足使用地图的要求，规定在大于 1∶10 万的各种比例尺地形图上绘出三北方向和三个偏角的图形，如图 1-2-12 所示。它们不仅便于确定图形在图纸上的方位，而且可用于在实地使用罗盘标定地图的方位。

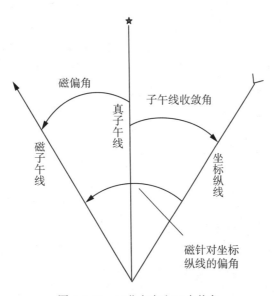

图 1-2-12　三北方向和三个偏角

1. 三北方向线

地图上的三北方向线是指真北方向线、坐标北方向线和磁北方向线。

真北方向线：过地面上任意一点，指向北极的方向，叫真北。其方向线称真北方向线或真子午线，地形图上的东西内图廓线即真子午线，其北方方向代表真北。对一幅图而言，通常是把图幅的中央经线的北方方向作为该图幅的真北方向。

坐标北方向线：图上方里网的纵线叫坐标纵线，它们平行于投影带的中央经线（投影带的平面直角坐标系的纵坐标轴），纵坐标值递增的方向称为坐标北方向。大多数地图投影的坐标北和真北方向不是完全一致的。

磁北方向线：实地上磁北针所指的方向叫磁北方向。它与指向北极的北方向并不一致，磁偏角相等的各点连线就是磁子午线，它们收敛于地球的磁极。

2. 三个偏角

由三北方向线彼此构成的夹角，称为偏角，分别叫子午线收敛角、磁偏角和磁针对坐标纵线的偏角。

子午线收敛角：在高斯-克吕格投影中，除中央经线投影成直线以外，其他所有的经线都投影成向极点收敛的弧线。因此，除中央经线之外，其他所有经线的投影同坐标纵线都有一个夹角（即过某点的经线弧的切线与坐标纵线的夹角），这个夹角即子午线收敛角，如图 1-2-12 所示，可以用下式计算：

$$\gamma = \lambda \sin\varphi + \frac{\lambda^3}{3}\sin\varphi\cos^2\varphi(1 + 3\eta^2) + \cdots$$

由上式可见，子午线收敛角随纬度的增高而增大，随着对投影带中央经线的经差增大而加大。在中央经线和赤道上都没有子午线收敛角。采用 6° 分带投影时，子午线收敛角的最大值为 ±3°。

磁偏角：地球上有北极和南极，同时还有磁北极和磁南极。地极和磁极是不一致的，而且磁极的位置不断有规律地移动。

过某点的磁子午线与真子午线之间的夹角，称为磁偏角，磁性材料子午线在真子午线以东，称为东偏，角值为正；在真子午线以西，称为西偏，角值为负。在我国范围内，正常情况下磁偏角都是西偏，只有在某些发生磁力异常的区域才会表现为东偏。

磁针对坐标纵线的偏角：过某点的磁子午线与坐标纵线之间的夹角，称为磁针对坐标纵线的偏角。磁子午线在坐标纵线以东为东偏，角值为正，以西为西偏，角值为负。

磁偏角=子午线收敛角+磁坐偏角

3. 小比例尺地图的定位

我国的地形图都是以北方定向的。在一般情况下，小比例尺地图也尽可能地以北方定向，如图 1-2-13 所示，即使图幅的中央经线同南北轮廓垂直。但是，有时制图区域的情况比较特殊（例如我国的甘肃省），用北方定向不利于有效地利用标准纸张和印刷机的版面，也可以考虑采用斜方位定向，如图 1-2-14 所示。

在极个别的情况下，为了更有利于表示地图的内容（例如鸟瞰的方法表达位于坡向面北的制图区域），甚至也可以采用南方定向。

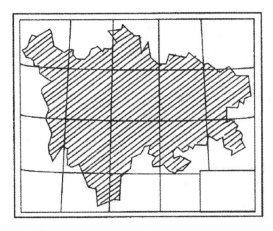

图 1-2-13 北方定向

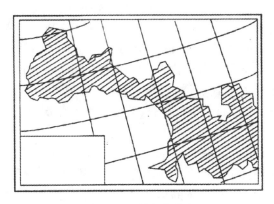

图 1-2-14 斜方位定向

2.4.3 电子地图导航

导航是一个技术门类的总称，它是引导飞机、船舶、车辆以及个人（总称作运载体）安全、准确地沿着选定的路线，准时到达目的地的一种手段。地图含有空间位置地理坐标，能够与空间定位系统结合，在移动定位技术的支持下实现以提供导航服务为目的的电子地图系统，即电子地图导航。

电子导航地图是一套用于在 GPS 设备上导航的软件，主要用于路径的规划和导航功能的实现。电子导航地图从组成形式上看，由道路、背景、注记和 POI 组成，当然还可以有很多的特色内容，比如 3D 路口实景放大图、三维建筑物等，都可以算做电子导航地图的特色部分。从功能表现上来看，导航电子导航地图需要有定位显示、索引、路径计算、引导等功能。

电子导航地图可以非常方便地对普通地图的内容进行任意形式的要素组合、拼接，形成新的地图；可以对电子导航地图进行任意比例尺、任意范围的绘图输出；非常容易进行修改，缩短成图时间；可以很方便地与卫星影像、航空照片等其他信息源结合，生成新的图种；可以利用数字地图记录的信息，派生新的数据，如地图上等高线表示地貌形态，但非专业人员很难看懂，利用电子导航地图的等高线和高程点可以生成数字高程模型，将地表起伏以数字形式表现出来，可以直观立体地表现地貌形态，这是普通地形图不可能达到表现效果。

电子地图导航主要为车辆、船舶等提供导航服务，其主要特征为：

① 能实时准确地显示车辆位置，跟踪车辆行驶过程；

② 数据库结构简单，拓扑关系明确，可以计算出发地和目的地间的最佳路径；

③ 软件运行速度快，空间数据处理与分析操作时间短；

④ 包含车辆导航所需的交通信息；

⑤ 信息查询灵活、方便。

2.4.4　地图在位置服务中的作用

关于位置服务的定义有很多。1994 年，美国学者 Schilit 首先提出了位置服务的三大目标：你在哪里(空间信息)、你和谁在一起(社会信息)、附近有什么资源(信息查询)。这也成为了基于位置的服务最基础的内容。2004 年，Reichenbacher 将用户使用 LBS 的服务归纳为五类：定位(个人位置定位)、导航(路径导航)、查询(查询某个人或某个对象)、识别(识别某个人或对象)、事件检查(当出现特殊情况下向相关机构发送带求救或查询的个人位置信息)。

基于位置的服务(location based services，LBS)是一种依赖于移动设备位置信息的服务，它通过空间定位系统确定移动设备的地理位置，并利用导航电子地图数据库和无线通信向用户提供所需要的基于这个位置的信息服务，是采用无线定位、GIS、Internet、无线通信、数据库等相关技术交叉融合的一种基于空间位置的移动信息服务。

位置服务可以被应用于不同的领域，例如健康、工作、个人生活等领域。此服务可以用来辨认一个人或物的位置，例如发现最近的取款机或朋友同事当前的位置，也能通过客户所在的位置提供直接的手机广告，并包括个人化的天气讯息提供，甚至提供本地化的游戏。

当前，基于个人消费者需求的智能化，位置信息服务将伴随 GPS 和无线上网技术的发展，需求呈大幅度增长趋势。基于位置的服务(LBS)不但可以提升企业运营与服务水平，也能为车载 GPS 的用户提供更多样化的便捷服务。GPS 用户，从地址点导航到兴趣点服务，再到实时路况技术的应用，不仅可引导用户找到附近的产品和服务，并可获得更高的便捷性和安全性。

2.5　地　图　投　影

2.5.1　地图投影的概念

1. 地图投影的科学内涵

地球椭球体面是一个不可展曲面，而地图是一个平面，因而，把这样的一个球面展开为平面，就必然发生裂缝或重叠，如图 1-2-15(a) 所示。为了消除裂缝或重叠，需要在裂缝的地方予以伸展，在重叠的地方予以压缩，如图 1-2-15(b) 所示，这样，便使图形产生了变形(误差)。

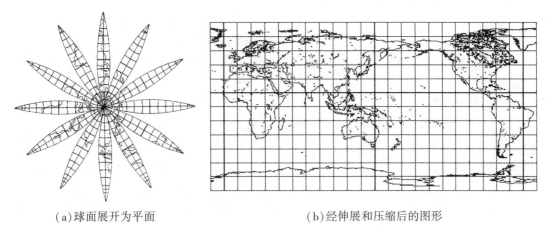

(a)球面展开为平面　　　　　　　　　　(b)经伸展和压缩后的图形

图 1-2-15　地图投影原理示意图

最好的解决办法是在球状物(例如地球仪)上制作地图，若制作的是大比例尺地图，那就需要在地球的局部按比例缩小后的球面上进行，这样发生变化的只是尺寸(比例尺)，而相对距离、角度、面积和方位角等要素均不会发生任何变化。

在平面上制作地图，必须把球面转换为平面。把球面转换为平面，可理解为将测图地区按一定比例缩小成一个地形模型，然后将其上的一些特征点，如测量控制点、地形点、地物点等用垂直投影的方法投影到图纸(平面)上，如图 1-2-16 所示。

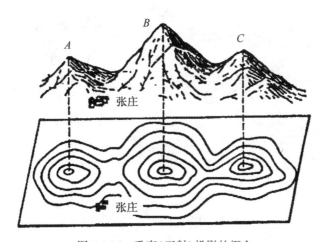

图 1-2-16　垂直(正射)投影的概念

地图投影就是研究把地球椭球体面上的经纬网按照一定的数学法则转绘到平面上的方法及其变形问题。地图投影的方法有几何法与解析法。

几何法是以平面、圆柱面、圆锥面为承影面，将曲面(地球椭球体面)转绘到平面(地图)上的一种古老方法,这种直观的透视投影方法有很大的局限性,多数情况都不可能用这种几何作图的方法来实现。目前,科学的方法是建立地球椭球面上的经纬网与平面上相应经纬线网之间的对应关系。解析法的实质就是确定球面上的地理坐标(φ, λ)与平面上对应点直角坐标(x, y)之间的函数关系,这种关系可用下式表达:

$$\begin{cases} x = f_1(\varphi, \lambda) \\ y = f_2(\varphi, \lambda) \end{cases} \qquad (2\text{-}1)$$

式中,f_1、f_2是单值、连续、有限的函数,随其形式的不同,可以有各种不同类型和性质的地图投影。

2. 地图投影的变形

地图投影的变形有长度变形、面积变形、角度变形和形状变形。长度变形是指长度比d与1之差,而长度比是投影面上一微小线段和椭球体面上相应微小线段长度之比(椭球体已按规定比例缩小);面积变形是指面积比p与1之差,而面积比是投影面上一微小面积与椭球面上相应的微小面积之比;角度变形是指投影面上任意两方向线所夹之角与椭球面上相应的两方向线夹角之差;形状变形是指地图上轮廓形状与相应地面轮廓形状的不相类似。

了解变形的简易方法,就是利用地球仪上的经纬网与地图上经纬网进行对比。由于投影的变形,地图上的经纬网不一定能保持原来球面上的经纬网的形状和大小,甚至彼此之间有很大的差别。例如,图1-2-17中A、B、C三个图形,在球面上的形状和大小是完全相同的,但投影后可以看出它们之间明显的差异。经纬网的变化,使地图上所表示的地面事物的几何特性(长度、面积、角度、形状)也随之发生变形。将世界地图、半球地图和中国地图上经纬网与地球仪上经纬网进行对比,可以看出,每一幅地图都有不同程度的变形,即使在同一幅地图上,不同地区变形也不相同。

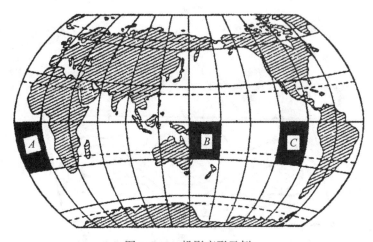

图 1-2-17 投影变形示例

地图投影中变形的性质和变形的程度,通常用变形椭圆的形状和大小表示,如图1-2-18所示。变形椭圆系指地球面上的微小圆,投影后为椭圆(特殊情况下为圆),这个椭圆可以用来表示投影的变形,故叫做变形椭圆。在不同位置上的变形椭圆常有不同的形状和大小，说明了投影的变形情况。

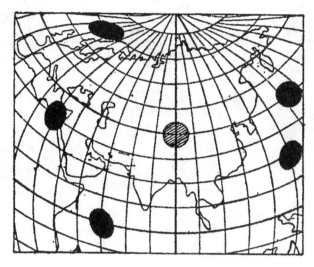

图 1-2-18　地球面上的微小圆投影后的变形情况

2.5.2　地图投影的分类

投影的种类很多，分类方法不尽相同，通常采用的分类方法有两种：一是按变形的性质进行分类；二是按承影面不同(或正轴投影的经纬网形状)进行分类。

1. **按变形性质分类**

按地图投影的变形性质，地图投影一般分为等角投影、等(面)积投影和任意投影三种。

等角投影没有角度变形的投影叫等角投影。等角投影地图上两微分线段的夹角与地面上的相应两线段的夹角相等，能保持无限小图形的相似，但面积变化很大。要求角度正确的投影常采用等角投影。这类投影又叫正形投影。

等积投影是一种保持面积大小不变的投影，这种投影使梯形的经纬线网变成正方形、矩形、四边形等形状，虽然角度和形状变形较大，但都保持投影面积与实地相等，在该类型投影上便于进行面积的比较和量算，因此自然地图和经济地图常用此类投影。

任意投影是指长度、面积和角度都存在变形的投影，但角度变形小于等积投影，面积变形小于等角投影。要求面积、角度变形都较小的地图常采用任意投影。

2. **按承影面不同分类**

按承影面不同，地图投影分为圆柱投影、圆锥投影和方位投影等，如图 1-2-19 所示。

(1)圆柱投影

它是以圆柱作为投影面，将经纬线投影到圆柱面上，然后将圆柱面切开展成平面。根据圆柱轴与地轴的位置关系，可分为正轴、横轴和斜轴三种不同的圆柱投影，圆柱面与地球椭球体面可以相切，也可以相割，如图 1-2-20(a)所示。其中，广泛使用的是正轴、横

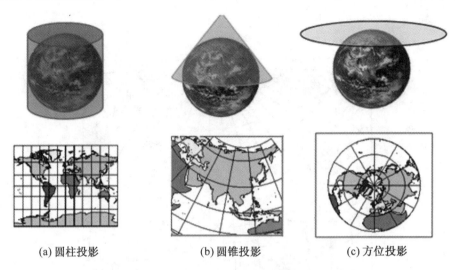

(a) 圆柱投影　　　　　(b) 圆锥投影　　　　　(c) 方位投影

图 1-2-19　方位投影、圆锥投影和圆柱投影示意图

轴切或割圆柱投影。正轴圆柱投影中，经线表现为等间隔的平行直线(与经差相应)，纬线为垂直于经线的另一组平行直线，如图 1-2-20(b)所示。

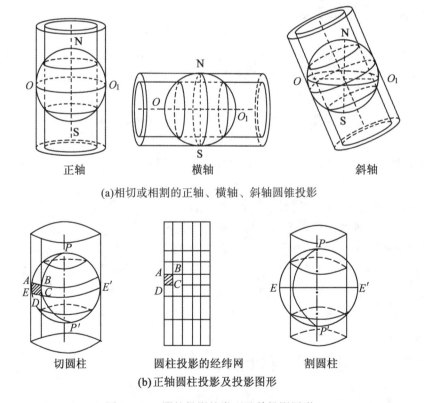

正轴　　　　　横轴　　　　　斜轴

(a)相切或相割的正轴、横轴、斜轴圆锥投影

切圆柱　　　　圆柱投影的经纬网　　　　割圆柱

(b)正轴圆柱投影及投影图形

图 1-2-20　圆柱投影的类型及其投影图形

（2）圆锥投影

它以圆锥面作为投影面，将圆锥面与地球相切或相割，将其经纬线投影到圆锥面上，然后把圆锥面展开成平面而成。这时圆锥面又有正位、横位及斜位几种不同位置，制图中广泛采用正轴圆锥投影，如图 1-2-21 所示。

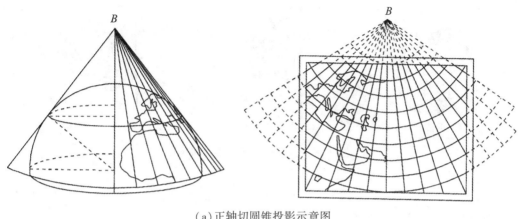

（a）正轴切圆锥投影示意图

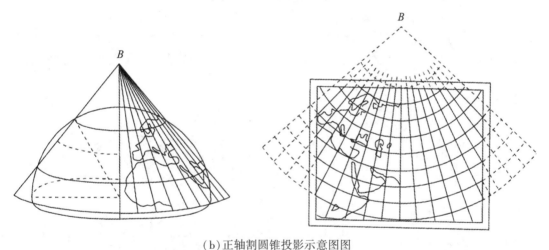

（b）正轴割圆锥投影示意图图

图 1-2-21　正轴圆锥投影原理及投影后的经纬网图形

在正轴圆锥投影中，纬线为同心圆圆弧，经线为相交于一点的直线束，经线间的夹角与经差成正比。

在正轴切圆锥投影中，切线无变形，相切的那一条纬线，叫标准纬线，或叫单标准纬线，如图 1-2-21（a）所示；在割圆锥投影中，割线无变形，两条相割的纬线叫双标准纬线，如图 1-2-21（b）所示。

（3）方位投影

它是以平面作为承影面进行地图投影。承影面（平面）可以与地球相切或相割，将经纬线网投影到平面上而成（多使用切平面的方法）。同时，根据承影面与椭球体间位置关系的不同，又有正轴方位投影（切点在北极或南极）、横轴方位投影（切点在赤道）和斜轴方位投影(切点在赤道和两极之间的任意一点上)之分。

　　上述三种方位投影,都又有等角与等积等几种投影性质之分。图 1-2-22 所示是正轴、横轴和斜轴三种投影的例子,其中正轴方位投影(左图)的经线表现为自圆心辐射的直线,其交角即经差,纬线表现为一组同心圆。

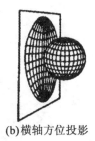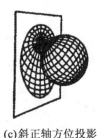

(a)正轴方位投影　　　　(b)横轴方位投影　　　　(c)斜正轴方位投影

图 1-2-22　方位投影及投影后的经纬网图形

　　此外,尚有多方位、多圆锥、多圆柱投影和伪方位、伪圆锥、伪圆柱等许多类型的投影,限于篇幅,这里仅介绍多圆锥投影。

　　多圆锥投影是假设有许多圆锥,按预定间隔套在椭球体上,然后将球面上的经纬网投影到各圆锥体面上,再沿某一经线将各圆锥切开、展平,即得到多圆锥投影,如图 1-2-23 所示。

　　多圆锥投影的特性表现在:赤道和中央经线为互相正交的直线,纬线为同轴圆圆弧各圆心位于中央经线上,经线为凹向对称于中央经线的曲线。

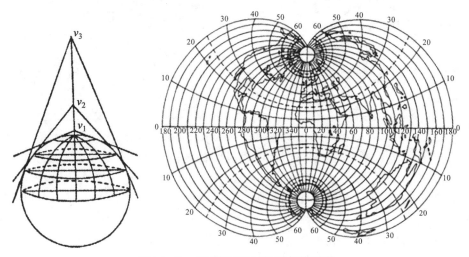

图 1-2-23　多圆锥投影原理及投影图形

2.5.3　地图投影的辨认和选择

　　地图投影是将地球椭球面上的景物科学、准确地转绘到平面图纸上的控制骨架和定位依据。在编制地图过程中，对新编地图投影的选择与设计至关重要，它将直接影响地图的精度和使用价值。

1. 地图投影的辨认

地图投影是地图的数学基础，它直接影响地图的使用，如果在使用地图时不了解投影的特性，往往会得出错误的结论。例如，在小比例尺等角或等积投影图上算距离，在等角投影图上对比不同地区的面积，以及在等积投影图上观察各地区的形状特征等，都会得出错误结论。

目前，国内外出版的地图大部分都注明投影的名称，有的还附有有关投影的资料，这对于使用地图当然是很方便的。但是也有一些地图没注明投影的名称和有关说明，因此，需要我们运用有关地图投影的知识来判别投影。

地图投影的辨认，主要是对小比例尺地图而言，大比例尺地图往往是属于国家地形图系列，投影资料一般易于查知。另外，由于大比例尺地图包括的地区范围小，不管采用什么投影，变形都是很小的，使用时可忽略不计。

(1) 根据地图上经纬线的形状确定投影类型

首先对地图经纬线网作一般观察，应用所学过的各类投影的特点确定其投影是属于哪一类型，如是方位、圆柱、圆锥，还是伪圆锥、伪圆柱投影等。判别经纬线形状的方法如下：直线只要用直尺比量便可确认；判断曲线是否为圆弧时，可将透明纸覆盖在曲线之上，在透明纸上沿曲线按一定间隔定出 3 个以上的点，然后沿曲线移动透明纸，使这些点位于曲线的不同位置，如这些点处处都与曲线吻合，则证明曲线是圆弧，否则就是其他曲线。判别同心圆弧与同轴圆弧时，可以量测相邻圆弧间的垂线距离，若处处相等，则为同心圆弧，否则是同轴圆弧。正轴投影是最容易判断的，如纬线是同心圆，经线是交于同心圆的直线束，肯定是方位投影；如果经纬线都是平行直线，则是圆柱投影；若纬线是同心圆弧，经线是放射状直线，则是圆锥投影。

(2) 根据图上量测的经纬线长度的数值确定其变形性质

当已确定投影的种类后，量测和分析纬线间距的变化就能进一步判定出投影的性质。

如确定为圆锥投影，那么只需量出一条经线上纬线间隔从投影中心向南北方向的变化，就可以判别变形性质，如果相等，为等距投影；如逐渐扩大，为等角投影；如逐渐缩短，则为等积投影。如果中间缩小，南北两边变大，则为等角割圆锥投影；中间变大而两边逐渐变小，则为等积割圆锥投影。有些投影的变化性质从经纬线网形状上分析就能看出，例如，经纬线不成直角相交，肯定不会是等角性质；在同一条纬度带内，经差相同的各个梯形面积，如果差别较大，当然不可能是等积投影；在一条直经线上检查相同纬差的各段经线长度若不相等，则肯定不是等距投影。当然这只是问题的一个方面，同时还必须考虑其他条件。如等角投影经纬线一定是正交的，但经纬线正交的投影不一定都是等角的。因此，要把判别经纬网形状和必要的量算工作结合起来。熟悉常用地图投影的经纬线形状特征，掌握这些资料，将大大有助于辨认各种投影。

2. 地图投影的选择依据

(1) 制图区域的地理位置、形状和范围

制图区域的地理位置决定投影种类。例如，制图区域在极地位置，则应选择正轴方位投影；制图区域在赤道附近，则应选择横轴方位投影或正轴圆柱投影。

制图区域的形状直接制约投影选择。如同是低纬赤道附近，如果是沿赤道方向呈东西延伸的长条形区域，应选择正轴圆柱投影；如果是呈东西、南北方向长宽相差无几的圆形区域，则以选择横轴方位投影为宜。

制图区域的范围大小影响投影选择。当制图区域的范围不太大时，无论选择什么投影，制图区域范围内各处变形差异都不会太大。而对于制图区域广大的大国地图、大洲地图、世界图等，则需要慎重地选择投影。

（2）制图比例尺

不同比例尺地图对精度要求不同，投影选择亦不同。大比例尺地形图对精度要求高，宜采用变形小的投影，如分带投影。中、小比例尺地图范围大，概括程度高，定位精度低，可有等角投影、等积投影、任意投影多种选择。

（3）地图的内容

在同一个制图区域，因地图所表现的主题和内容不同，因而其地图投影的选择也应有所不同。例如，交通图、航海图、军用地形图等要求方向正确的地图，应选择等角投影；而自然地图和社会经济地图中的分布图、类型图等则要求面积对比正确，应选择等积投影；教学或一般参考图，要求各方面变形都不大，则应选择任意投影

（4）出版方式

地图出版方式上，有单幅图、系列图和地图集之分。不同的出版方式应在选择投影方式上有所不同。

2.5.4　我国基本比例尺地形图投影

我国基本比例尺地形图主要包括 1：500、1：1000、1：2000、1：5000、1：1 万、1：2.5 万、1：5 万、1：10 万、1：25 万、1：50 万、1：100 万这 11 种。采用的投影，除 1：100 万比例尺地形图采用国际投影和正轴等角割圆锥投影外，其余全部采用高斯-克吕格投影。

1. 1：100 万地形图投影

我国 1：100 万地形图，20 世纪 70 年代以前一直采用国际百万分之一投影，现改用正轴等角割圆锥投影。正轴等角割圆锥投影是按纬差 4° 分带，各带投影的边纬与中纬变形绝对值相等，每带有两条标准纬线。长度与面积变形的规律是：在两条标准纬线（φ_1，φ_2）上无变形；在两条标准纬线之间为负（投影后缩小）；在标准纬线之外为正（投影后增大），如图 1-2-24 所示。

2. 1：50 万～1：500 地形图投影

我国 1：50 万和更大比例尺地形图，规定统一采用高斯-克吕格投影。

（1）高斯-克吕格投影的基本概念

此投影是横轴等角切椭圆柱投影。其原理是：假设用一空心椭圆柱横套在地球椭球体上，使椭圆柱轴通过地心，椭圆柱面与椭圆体面某一经线相切；然后，用解析法使地球椭球体面上经纬网保持角度相等的关系，并投影到椭圆柱面上，如图 1-2-25（a）所示；最后，将椭圆柱面切开展成平面，就得到投影后的图形，如图 1-2-25（b）所示。此投影是德国数学家高斯（Gauss）首创，后经克吕格（Kruger）补充，故名高斯-克吕格投影（Gauss-Kruger

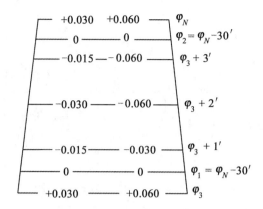

图 1-2-24　我国 1：100 万地形图正轴割圆锥投影的变形

Projection）或简称高斯投影。

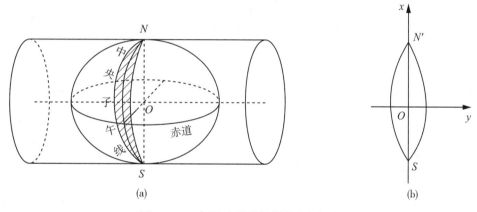

（a）　　　　　　　　　（b）

图 1-2-25　高斯-克吕格投影的几何概念

（2）分带规定

为了控制变形，采用分带投影的办法，规定 1：2.5 万~1：50 万地形图采用 6°分带；1：1 万及更大比例尺地形图采用 3°分带，以保证必要的精度。

6°分带法：从格林尼治 0°经线起，自西向东按经差每 6°为一投影带，全球共分为 60 个投影带，如图 1-2-26 所示，我国位于东经 72°~13°之间，共包括 n 个投影带，即 13~23 带，各带的中央经线分别为 75°，81°，…，135°。

3°分带法：从东经 1°30' 算起，自西向东按经差每 3°为一投影带，全球共分为 120 个投影带，我国位于 24~46 带，各带的中央经线分别为 72°，75°，78°，…，135°。

（3）坐标网的规定

为了制作和使用地图的方便，高斯-克吕格投影的地图上绘有两种坐标网。

① 地理坐标网（经纬网）。规定 1：1 万~1：10 万比例尺的地形图上，经纬线只以图廓的形式表现，经纬度数值注记在内图廓的四角，在内外图廓间，绘有黑白相间或仅用短

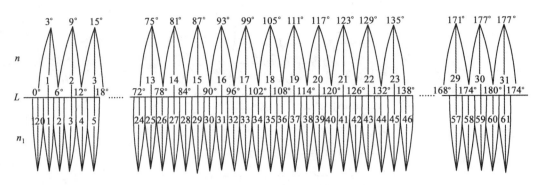

图 1-2-26　高斯-克吕格投影分带示意图

线表示经差、纬差 1' 的分度带，需要时将对应点相连接，就可以构成很密的经纬网。

在 1：20 万~1：100 万地形图上，直接绘出经纬网，有时还绘有供加密经纬网的加密分割线。纬度注记在东西内外图廓间，经度注记在南北内外图廓间。

②直角坐标网（方里网）。直角坐标网是以每一投影带的中央经线作为纵轴（x 轴），赤道作为横轴（Y 轴）。纵坐标以赤道为 0 起算，赤道以北为正，以南为负。我国位于北半球，纵坐标都是正值。横坐标本应以中央经线为 0 起算，以东为正，以西为负，但因坐标值有正有负，不便于使用，所以又规定凡横坐标值均加 500km 即等于将纵坐标轴向西移 500km。横坐标从此纵轴起算，则都成了正值。然后，以千米为单位，按相等的间距作平行于纵、横轴的若干直线，便构成了图面上的平面直角坐标网，又叫方里网，如图 1-2-27（a）所示。纵坐标注记在左右内外图廓间，由南向北增加；横坐标注记在上下内外图廓间，由西向东增加。靠近地图四角注有全部坐标值。横坐标前两位为带号，其余只注最后两位千米数，如图 1-2-27（b）所示。

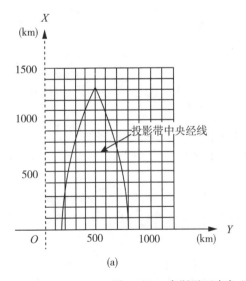

(a)

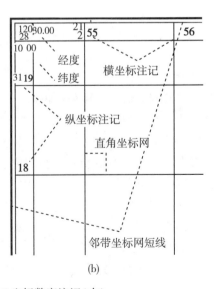

(b)

图 1-2-27　高斯平面直角坐标系（左）坐标数字注记（右）

我国规定在 1∶1 万~1∶10 万地形图上必须绘出方里网，其方里网密度如表 1-2-4。

表 1-2-4　　　　　　　　　　　　方里网密度表

密度 ＼ 比例尺	1∶1 万	1∶2.5 万	1∶5 万	1∶10 万
图上距离(cm)	10	4	2	2
实地距离(km)	1	1	1	2

③ 邻带补充坐标网。由于高斯-克吕格投影的各带坐标系间是互相独立的，各带的坐标经线向该投影带的中央经线收敛，它和坐标纵线有一定的夹角，如图 1-2-25(a)所示，所以，相邻两带的图幅拼接时，直角坐标网就形成了折角，如图 1-2-28(a)所示，这就给拼接使用地图带来了很大困难。为了解决相邻图幅拼接使用的困难，规定在一定的范围内，把邻带的坐标延伸到本带的图幅上，这就使一些图幅上有两个方里网系统，一个是本带的，另一个是邻带的，如图 1-2-28(b)所示。为了区别，图廓内绘本带方里网，图廓外绘邻带方里网的一小段，相邻两图幅拼接时，可将邻带方里网连绘出来。这样，相邻图幅就具有统一的直角坐标系统。

高斯-克吕格投影适用于纬度较高的国家，在低纬度和中纬度的地区，其误差就显得大了一些，所以目前很多国家采用与其相近的通用横轴墨卡托投影。

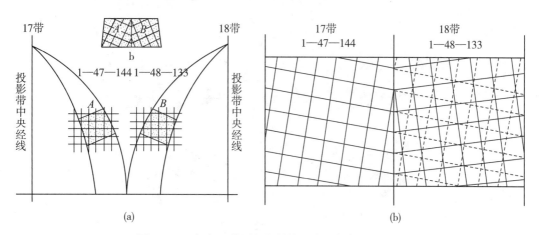

图 1-2-28　相邻两带图幅的拼接连绘出的邻带方里网

2.5.5　世界地图常用投影

目前用于编制世界地图的投影，从大类看，主要有多圆锥投影、圆柱投影和伪圆柱投影。我国用于编制世界地图的投影有等差分纬线多圆锥投影和正切分纬线多圆锥投影。欧美一些国家及日本主要采用摩尔威特投影。另外，常用投影还有用于编制世界海图的墨卡托投影。

1. 等差分纬线多圆锥投影

该投影是中国地图出版社于1963年设计的一种任意性质的、不等分纬线的多圆锥投影。赤道和中央经线投影后是互相垂直的直线,其他纬线为对称于赤道的同轴圆弧,其圆心均在中央经线的延长线上,其他经线为对称于中央经线的曲线,其经线间隔随离中央经线距离的增加而按等差级数递减;极点投影成圆弧,其长度为赤道的1/2。该投影是属于面积变形不大的任意投影,从整体构图上有较好的球形感。陆地部分变形分布比较均匀,其轮廓形状比较接近真实,并配置在较为适中的位置,完整地表现了太平洋及沿岸国家,突出了我国与太平洋各国之间的联系。中央经线和+44°纬线的交点处没有角度变形,我国境内绝大部分地区的角度变形在10°以内,只有少数地区可达13°左右,如图1-2-29(a)所示。面积比等于1的等变形线自西向东贯穿我国中部,我国境内绝大部分地区的面积变形在10%以内,如图1-2-29(b)所示。多年来,我国利用此投影编制出版了多种世界政区图和其他类型的世界地图。

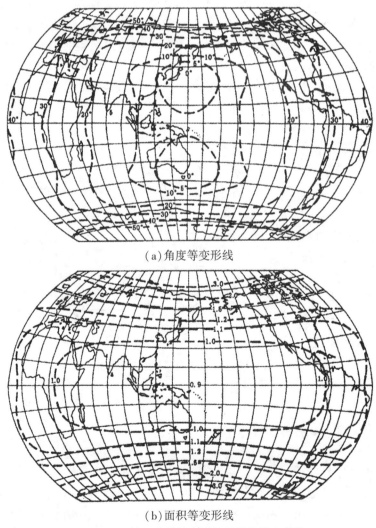

(a)角度等变形线

(b)面积等变形线

图 1-2-29 等差分纬线多圆锥投影的等变形线

1976 年中国地图出版社又设计出了一种投影，它是一种任意性质、不等分纬线的多圆锥投影，称为正切差分纬线多圆锥投影。总体看来，世界的大陆轮廓形状无明显变形。我国的图形形状比较正确，中国地图出版社 1981 年出版的 1：1400 万世界地图，使用的就是该投影。

2. 正轴等角圆柱投影

正轴等角圆柱投影又称墨卡托（Mercator）投影。它是由墨卡托在 1569 年专门为航海目的而设计的，故命名为墨卡托投影。其设计思想是：令一个与地轴方向一致的圆柱相切于或割于地球，将球面上的经纬网按等角条件投影于圆柱表面上，然后将圆柱面沿某一条经线剪开展开成平面，即得墨卡托投影，如图 1-2-30(a) 所示。该投影的经纬线是互相垂直的平行直线，经线间隔相等，纬线间隔由赤道向两极逐渐扩大。图上任取一点，由该点向各方向长度比皆相等，如图 1-2-30(b) 所示。在正轴等角切圆柱投影中，赤道为没有变形的线，随纬度增高面积变形增大。在正轴等角割圆柱投影中，两条割线为没有变形的线，在两条标准纬线之间变形为负值，离标准纬线愈远变形愈大，赤道上负向变形最大，两条标准纬线以外呈正变形，同样，离标准纬线愈远变形愈大，到极点为无限大。

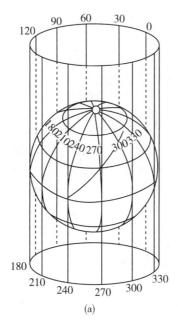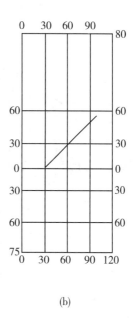

(a)　　　　　(b)

图 1-2-30　正轴等角切圆柱投影

墨卡托投影的最大特点是：在该投影图上，不仅保持了方向和相对位置的正确，而且能使等角航线表示为直线，因此对航海、航空具有重要的实际应用价值。只要在图上将航行的两点间连一直线，并量好该直线与经线的夹角，一直保持这个角度，即可到达终点。

3. 桑逊投影

桑逊投影是将纬线设计成间隔相等的平行直线，经线设计成对称于中央经线的正弦曲线，具有等积性质的伪圆柱投影，如图 1-2-31 所示。此投影最早用于编制世界地图，但更适合编制位于赤道附近南北延伸的地图，例如非洲地图、南美洲地图等。

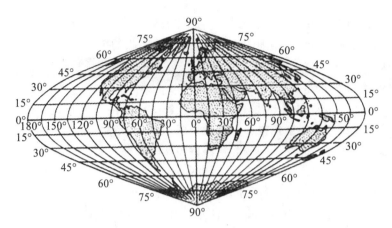

图 1-2-31　桑逊投影(等积伪圆柱投影)

4. 摩尔威特投影

摩尔威特投影是一种等积性质的伪圆柱投影,由德国摩尔威特(K. B. Monweide)于 1805 年设计而得名。它用于编制世界地图或东西半球图,如图 1-2-32 所示。

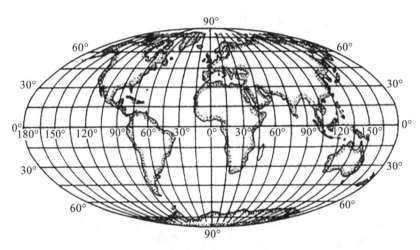

图 1-2-32　摩尔威特投影

5. 古德投影

由于伪圆柱投影都存在远离中央经线变形增大的缺陷,为了使投影后的变形减小,并且使各部分变形分布相对均匀,美国古德(J. R Goode)于 1923 年提出了一种分瓣伪圆柱投影方法来绘制世界地图,如图 1-2-33 所示。如果以表现大洋为主的世界地图,则要求各大洋部分保持完整,而将大陆割裂开来。

6. 摩尔威特-古德投影

古德除了将某一种伪圆柱投影进行分瓣外,还采用了桑逊投影和摩尔威特投影结合在一起的分瓣方法,称为摩尔威特-古德投影;在国外(美、日)出版的世界地图集中的世界

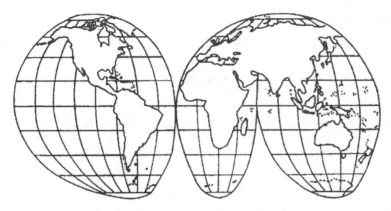

图 1-2-33　古德投影(分瓣伪圆柱投影)

地图经常采用这种投影,如图 1-2-34 所示。

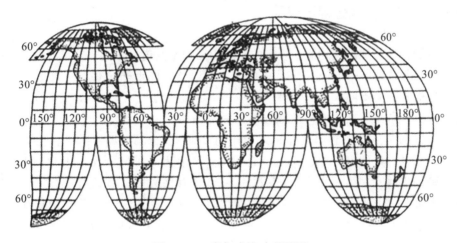

图 1-2-34　摩尔威特-古德投影

2.5.6　中国全图常用投影

中国全图常用的地图投影有斜轴等积方位投影、斜轴等角割方位投影和斜轴等距方位投影等。根据它们的投影特征及其变形规律,分别用于编制不同内容的地图。

1. 正轴等面积割圆锥投影

该投影无面积变形,常用于行政区划图及其他要求无面积变形的地图,如土地利用图、土地资源图、土壤图、森林分布图等。中国地图出版社出版的中国全国和各省、自治区或大区的行政区划图采用的都是这种投影。

2. 正轴等角割圆锥投影

该投影保持了角度无变形的特性,常用于我国的地势图与各种气象、气候图,以及各省、自治区或大区的地势图。

3. 斜轴等面积方位投影

我国编制的将南海诸岛包括在内的中国全图以及亚洲图或半球图常采用该投影。

2.6　地图分幅与编号

为了不遗漏、不重复地测绘各地区的地形图，也为了能科学地管理、使用大量的各种比例尺地形图，必须将不同比例尺的地形图，按照国家统一规定进行分幅和编号。

所谓地形图分幅和编号，就是以经纬线（或坐标格网线）按规定的方法，将地球表面划分成整齐的、大小一致的、一系列梯形（矩形或正方形）的图块，每一图块叫做一个图幅，并给予统一的编号。地形图的分幅分为两类：一类是按经纬线分幅的梯形分幅法，也称国际分幅法；另一类是按坐标格网分幅的矩形分幅法。前者用于中、小比例尺的国家基本图分幅，后者用于城市大比例尺图的分幅。

2.6.1　梯形图幅分幅与编号

地形图的梯形分幅由国际统一规定的经线为图的东西边界，统一规定的纬线为南北边界。由于各条经线（子午线）向南、北极收敛，所以整个图形略呈梯形。其划分方法和编号随比例尺的不同而不同。

1. 1991 年前国家基本比例尺地形图的分幅与编号

图 1-2-35 所示是我国 1991 年前的基本比例尺地形图分幅与编号系统。它是以 1∶100 万地形图为基础，延伸出 1∶50 万、1∶25 万、1∶10 万三种比例尺；在 1∶10 万地形图基础上又延伸出两支：第一支为 1∶5 万及 1∶2.5 万比例尺；第二支为 1∶1 万比例尺。1∶100 万地形图采用行列式编号，其他六种比例尺的地形图，都是在 1∶100 万地形图的图号后面，增加一个或数个自然序数（字符或数字）编号标志而成，如图 1-2-35 所示。

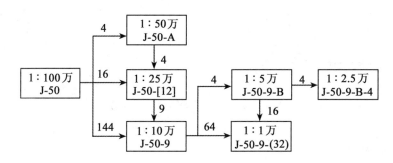

图 1-2-35　我国基本比例尺地形图的分幅与编号系统

（1）1∶100 万地形图的分幅和编号

1∶100 万地形图的分幅和编号是国际上统一规定的，从赤道起向两极纬差每 4°为一列，将南北半球分别分成 22 列，依次以拉丁字母 A，B，C，D，…，V 表示，为区别南、北半球，在列号前分别冠以"n"和"s"，我国领土处于北半球，故图号前的"n"全部均可省略；由经度 180° 起，从西向东，每经差 6° 为一行，将全球分成 60 行，依次用阿拉伯数字 1，2，3，4，…，60 表示，如图 1-2-36 所示，采用"横列号-行号"编号法。

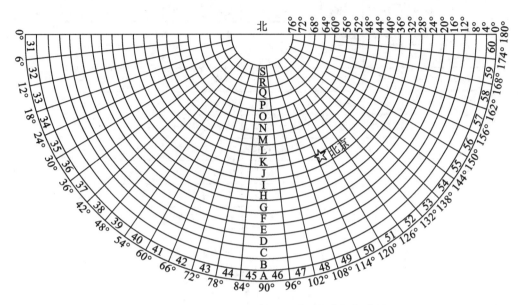

图 1-2-36　1∶100 万比例尺地形图的分幅与编号

　　我国领域内的 1∶100 万地形图，共计 77 幅，编号如图 1-2-37 所示。以北京所在的 1∶100万地形图编号为例，标准写法为"J-50"。

　　(2)1∶50 万、1∶25 万、1∶10 万地形图的分幅与编号

　　这三种比例尺地形图的编号都是在 1∶100 万地形图的图号后分别加上各自的代号构成，如图 1-2-38 所示。覆盖全国的这三种比例尺地形图图幅分别为 257 幅、819 幅、7176 幅，并已全部测绘成图。

　　每幅 1∶100 万地图分为 2 行 2 列，共 4 幅 1∶50 万地形图，分别以 A、B、C、D 表示，图 1-2-38(a)中 1∶50 万地形图编号的标准写法为"J-50-A"。

　　每幅 1∶100 万地图分为 4 行 4 列，共 16 幅 1∶25 万地形图，分别以[1]，[2]，…，[16]表示，图 1-2-38(b)中 1∶25 万地形图编号的标准写法为"J-50-[12]"。

　　每幅 1∶100 万地图分为 12 行 12 列，共 144 幅 1∶10 万地形图，分别用 1，2，3，…，144 表示，图 1-2-38(c)中 1∶10 万地形图编号的标准写法为"J-50-9"。

　　每幅 1∶50 万地形图包括 4 幅 1∶25 万地形图、36 幅 1∶10 万地形图；每幅 1∶25 万地形图包括 9 幅 1∶10 万地形图，但它们的图号都没有直接的联系。

　　(3)1∶5 万和 1∶2.5 万地形图的分幅与编号

　　这两种地形图的图号是在 1∶10 万地形图图号的基础上延伸出来的。

　　每幅 1∶10 万地形图分为 4 幅 1∶5 万地形图，分别以 A、B、C、D 表示，其图号是在 1∶10 万地形图图号后加上各自的数字代号构成，标准写法为"J-50-9-B"，如图 1-2-39(a)所示。

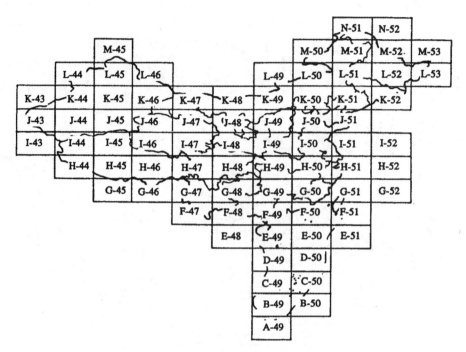

图 1-2-37　1∶100 万地形图的分幅与编号

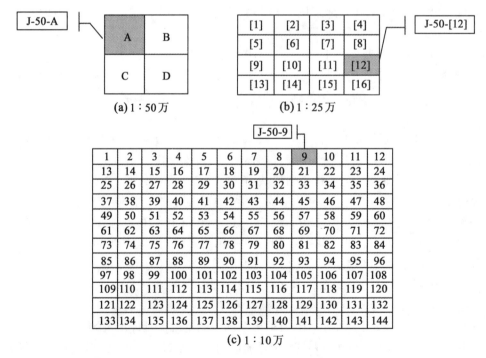

(a) 1∶50万　　　　　(b) 1∶25万

(c) 1∶10万

图 1-2-38　1∶50 万、1∶25 万、1∶10 万地形图的分幅与编号

每幅 1∶5 万地形图分为 4 幅 1∶2.5 万地形图，分别以 1、2、3、4 表示，其编号是在 1∶5 万地形图图号后面再加上 1∶2.5 万地形图的数字代码构成，标准写法为"J-50-9-B-4"，如图 1-2-39(b)所示。

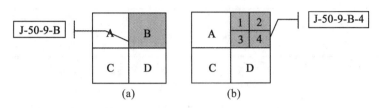

图 1-2-39 1∶5 万、1∶25 万地形图分幅与编号

(4)1∶1 万地形图的分幅与编号

每幅 1∶10 万地形图分为 8 行 8 列，共计 64 幅 1∶1 万地形图，分别以(1)，(2)，(3)，…，(64)表示，其编号是在 1∶10 万地形图图号后加上各自的代号构成，图 1-2-40 中 1∶1 万地形图编号的标准写法为"J-50-9-(32)"。

J-50-9-(32)

(1)	(2)	(3)	(4)	(5)	(6)	(7)	(8)
(9)	(10)	(11)	(12)	(13)	(14)	(15)	(16)
(17)	(18)	(19)	(20)	(21)	(22)	(23)	(24)
(25)	(26)	(27)	(28)	(29)	(30)	(31)	(32)
(33)	(34)	(35)	(36)	(37)	(38)	(39)	(40)
(41)	(42)	(43)	(44)	(45)	(46)	(47)	(48)
(49)	(50)	(51)	(52)	(53)	(54)	(55)	(56)
(57)	(58)	(59)	(60)	(61)	(62)	(63)	(64)

图 1-2-40 1∶1 万地形图的分幅与编号

在 1991 年前的地形图分幅与编号方法制定时，1∶5000 地形图还没有列入国家基本比例尺地形图，所以没有按旧方法划分的 1∶5000 比例尺地图的分幅与编号。

2. 2012 年前国家基本比例尺地形图分幅与编号

为了便于计算机检索和管理，1992 年国家标准局发布了《国家基本比例尺地形图分幅和编号》(GB/T 13989—92)国家标准，自 1993 年 7 月 1 日起实施。

(1)分幅与编号的特点

这一新的分幅编号标准与 1991 年前的分幅与编号相比，具有以下不同的特点：

① 1∶5000 地形图被列入国家基本比例尺地形图系列，扩大了原先分幅与编号范围。

② 分幅虽仍以 1∶100 万地形图为基础，经纬差亦没有改变，但划分方法却不同，即全部由 1∶100 万地形图逐次加密划分而成；此外，由旧的纵行、横列改成了现在的横行、纵列。

③ 编号仍以 1∶100 万地形图编号为基础，由下列相应比例尺的行、列代码所构成，

并增加了比例尺代码(见表1-2-5),因此,所有1:5000~1:50万地形图的图号均由5个元素、10位码组成。编码系列统一为一个根部,编码长度相同,方便于计算机处理。

表1-2-5　　　　　　　　　　各种比例尺的代码

比例尺	1:50万	1:25万	1:10万	1:5万	1:2.5万	1:1万	1:5千
代码	B	C	D	E	F	G	H

(2)分幅方法

我国基本比例尺地形图分幅与编号新方法均以1:100万地形图为基础,按规定的经差和纬差划分图幅,见表1-2-6。

1:100万地形图的分幅按照国际1:100万地图分幅的标准进行,每幅1:100万地形图的标准分幅是经差6°、纬差4°(纬度在60°~76°之间为经差12°、纬差4°;纬度在76°~88°之间为经差24°、纬差4°)。

每幅1:100万地形图分为2行2列,共4幅1:50万地形图,每幅1:50万地形图的分幅为经差3°、纬差2°。

每幅1:100万地形图划分为4行4列,共16幅1:25万地形图,每幅1:25万地形图的分幅为经差1°30′、纬差1°。

每幅1:100万地形图划分为12行12列,共144幅1:10万地形图,每幅1:10万地形图的分幅为经差30′、纬差20′。

每幅1:100万地形图划分为24行24列,共576幅1:5万地形图,每幅1:5万地形图的分幅为经差15′、纬差10′。

每幅1:100万地形图划分为48行48列,共2304幅1:2.5万地形图,每幅1:2.5万地形图的分幅为经差7′30″、纬差5′。

每幅1:100万地形图划分为96行96列,共9216幅1:1万地形图,每幅1:1万地形图分幅为经差3′45″、纬差2′30″。

每幅1:100万地形图划分为192行192列,共36864幅1:5000地形图,每幅1:5000地形图的分幅为经差1′52.5″、纬差1′15″。

表1-2-6　　　　　　　　　　各种比例尺地形图梯形分幅

比例尺	图幅大小		比例尺代号	1:100万图幅包含该比例尺地形图的图幅数(行数×列数)	某地图图号
	经差	纬差			
1:500000	3°	2°	B	2×2=4幅	K51 B 002002
1:250000	1°30′	1°	C	4×4=16幅	K51 C 004004
1:100000	30′	20′	D	12×12=144幅	K51 D 012010
1:50000	15′	10′	E	24×24=576幅	K51 E 020020
1:25000	7.5′	5′	F	48×48=2304幅	K51 F 047039
1:10000	3′45″	2′30″	G	96×96=9216幅	K51 G 094079
1:5000	1′52.5″	1′15″	H	192×192=36864幅	K51 H 187157

（3）编号原则

① 1∶100 万地形图的编号。与 1991 年前编号方法基本相同，只是行和列的称呼相反。1∶100 万地形图的图号是由该地所在的行号（字符码）与列号（数字码）组合而成，如北京所在的 1∶100 万地形图图号的标准写法为"J50"。

② 1∶50 万~1∶5000 地形图的编号。1∶50 万~1∶5000 比例尺地形图的图号均由 5 个元素、10 位码构成，如图 1-2-41 所示。

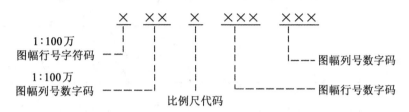

图 1-2-41　1∶50 万~1∶5 千地形图图号的构成

1∶50 万~1∶5000 地形图的编号均以 1∶100 万地形图编号为基础，采用行列编号方法。即将 1∶100 万地形图按所含各比例尺地形图的经差和纬差划分成若干行和列，横行从上到下、纵列从左到右按顺序分别用阿拉伯数字（数字码）编号。表示图幅编号的行、列代码均采用三位数字表示，不足三位时前面补 0，取行号在前、列号在后的排列形式标记，加在 1∶100 万图幅的图号之后。

（4）编号方法

① 图解编号方法。把图号为 J-50 的百万分之一地形图划分为 4 行 4 列，得到 1∶25 万地形图共计 16 幅，某一幅位于第 3 行、第 2 列，那么该图幅的图号为 J50C003002，如图 1-2-42 所示。

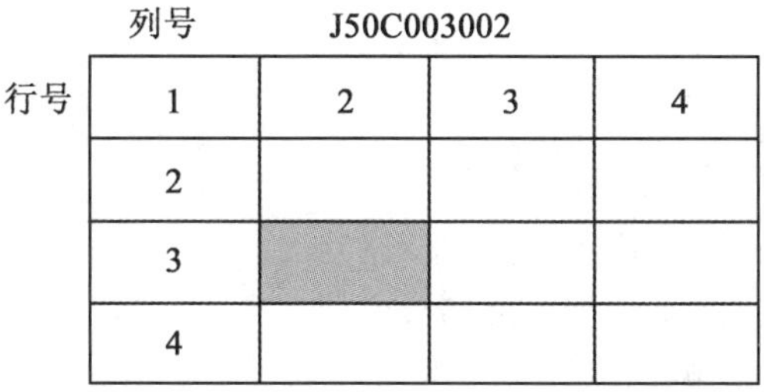

行号 \ 列号	1	J50C003002 2	3	4
1				
2				
3		▨		
4				

图 1-2-42　1∶25 万比例尺地形图的分幅编号方法

把图号为 J-50 的百万分之一地形图划分为 12 行 12 列，得到 1∶10 万地形图共计 144 幅，如果某一幅该比例尺地形图位于第 11 行、第 10 列，那么该图幅的图号标准写法为 J50D011010，如图 1-2-43 所示。

同样，把图号为 J50 的百万分之一地形图划分为 192 行、192 列，得到 1∶5000 地形图共计 36864 幅，位于第 188 行、51 列的 1∶5000 地形图的编号为 J50H88051。

② 公式计算编号的方法。分以下几种情况讨论：

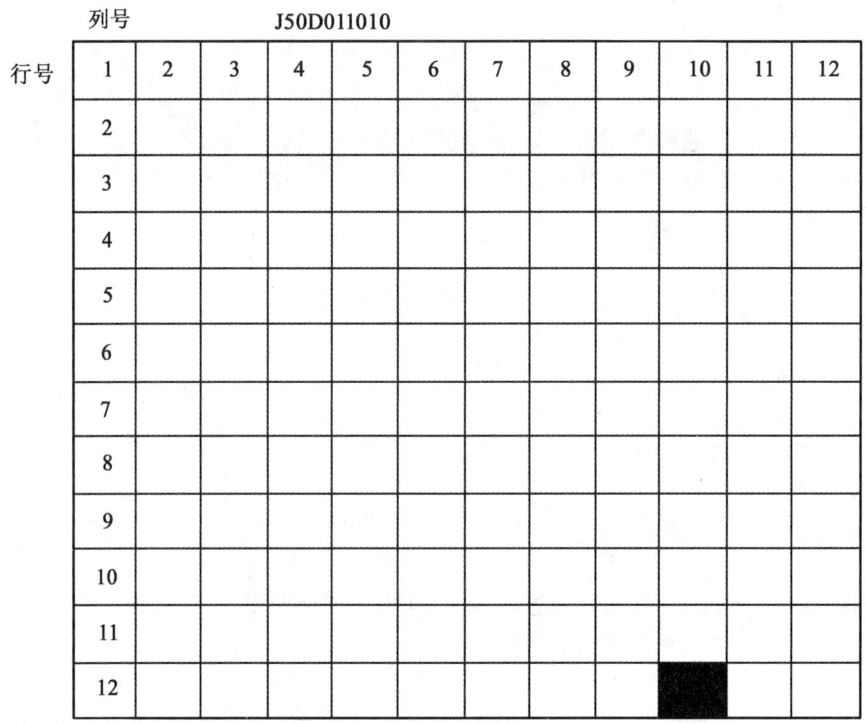

列号   J50D011010

行号	1	2	3	4	5	6	7	8	9	10	11	12
2												
3												
4												
5												
6												
7												
8												
9												
10												
11												
12											■		

图 1-2-43　1∶10 万比例尺地形图的分幅编号方法

一是，已知某点的经纬度或图幅西南图廓点的经纬度。

例题一：某点的经度为 114°33′44″，纬度为 39°22′30″，计算所在图幅的编号。

求解过程：第一步，利用下列公式计算其所在 1∶100 万的图幅编号：

$$\begin{cases} a = \left[\dfrac{\varphi}{4°}\right] + 1 \\[2mm] b = \left[\dfrac{\lambda}{6°} + 31\right] \end{cases}$$

式中：[ ]——表示分数取整数；

a——1∶100 万图幅所在纬度带的字符码；

b——1∶100 万图幅所在经度带的数字码；

λ——某点的经度或图幅西南图廓点的经度；

φ——某点的纬度或圈幅西南图廓点的纬度。将该点的经纬度坐标值代入上式，则有：

$$\begin{cases} a = \left[\dfrac{39°}{4°}\right] + 1 = 10 \\[2mm] b = \left[\dfrac{114°}{6°} + 31\right] = 50 \end{cases}$$

该点所在的 1∶100 万图幅的图号为 J50。

第二步，利用下列公式计算所求比例尺地形图在 1∶100 万图号后的行、列编号：

$$\begin{cases} c = \left[\dfrac{4°}{\Delta\varphi}\right] - \left[\left(\dfrac{\varphi}{4°}\right)\right] \div \Delta\varphi \\ d = \left[\left(\dfrac{\lambda}{6°}\right) \div \Delta\lambda\right] + 1 \end{cases}$$

式中：[ ]——表示分数取整数；

c——所求比例尺地形图在 1∶100 万地形图编号后的行号；

d——所求比例尺地形图在 1∶100 万地形图编号后的列号；

λ——某点的经度或图幅西南图廓点的经度；

φ——某点的纬度或图幅西南图廓点的纬度；

$\Delta\lambda$——所求比例尺地形图分幅的经差；

$\Delta\varphi$——所求比例尺地形图分幅的纬差。

求该点所在的 1∶25 万地形图的编号。

$$\Delta\varphi = 1°,\ \Delta\lambda = 1°30'$$

$$\begin{cases} c = \dfrac{4°}{1°} - \left[\dfrac{3°22'30''}{1°}\right] = 001 \\ d = \left[\dfrac{33'45''}{1°30'}\right] + 1 = 001 \end{cases}$$

该点所在的 1∶25 万地形图的编号为 J50C001001。

求该点所在的 1∶10 万地形图的编号。

$$\Delta\varphi = 20',\ \Delta\lambda = 30'$$

$$\begin{cases} c = \dfrac{4°}{20'} - \left[\dfrac{3°22'30''}{20'}\right] = 002 \\ d = \left[\dfrac{33'45''}{30'}\right] + 1 = 002 \end{cases}$$

该点所在的 1∶10 万地形图的编号为 J50D002002。

求该点所在的 1∶1 万地形图的编号。

$$\Delta\varphi = 2'30'',\ \Delta\lambda = 3'45''$$

$$\begin{cases} c = \dfrac{4°}{2'30''} - \left[\dfrac{3°22'30''}{2'30''}\right] = 015 \\ d = \left[\dfrac{33'45''}{3'45''}\right] + 1 = 010 \end{cases}$$

该点所在的 1∶1 万地形图的编号为 J50G015010。

二是，已知图号计算该图幅西南图廓点的经纬度。

按下式计算该图幅西南图廓点的经、纬度：

$$\begin{cases} \lambda = (b - 31) \times 6° + (d - 1) \times \Delta\lambda \\ \varphi = (a - 1) \times 4° + \left(\dfrac{4°}{\Delta\varphi} - c\right) \times \Delta\varphi \end{cases}$$

式中：λ——图幅西南图廓点的经度；

φ——图幅西南图廓点的纬度；

a——1∶100 万图幅所在纬线带的字符所对应的数字码；

b——1∶100万图幅所在经度带的数字码；

c——该比例尺地形图在1∶100万地形图编号后的行号；

d——该比例尺地形图在1∶100万地形图编号后的列号；

$\Delta\varphi$ ——该比例尺地形图分幅的纬差；

$\Delta\lambda$ ——该比例尺地形图分幅的经差。

例题二：已知某图幅图号为J508001001，求其图幅西南图廓点的经、纬度。

求解过程：

$$A = 10,\ b = 50,\ c = 001,\ d = 001,\ \Delta\varphi = 2°,\ \Delta\lambda = 3°,$$

$$\lambda = (50 - 31) \times 6° + (1 - 1) \times 3° = 114°$$

$$\varphi = (10 - 1) \times 4° + \left(\frac{4°}{2°} - 1\right) \times 2° = 38°$$

该图幅西南图廓点的经度、纬度分别为114°、38°。

三是，不同比例尺地形图编号的行列关系换算。

由较小比例尺地形图编号中的行、列代码计算所包含的各种大比例尺地形图编号中的行、列代码。

最西北角图幅编号中的行、列代码按下式计算：

$$\begin{cases} c_{大} = \dfrac{\Delta\varphi_{小}}{\Delta\varphi_{大}} \times (c_{小} - 1) + 1 \\[3mm] d_{大} = \dfrac{\Delta\varphi_{小}}{\Delta\varphi_{大}} \times (d_{小} - 1) + 1 \end{cases}$$

最东南角图幅编号中的行、列代码按下式计算：

$$\begin{cases} c_{大} = c_{小} \times \dfrac{\Delta\varphi_{小}}{\Delta\varphi_{大}} \\[3mm] d_{大} = d_{小} \times \dfrac{\Delta\varphi_{小}}{\Delta\varphi_{大}} \end{cases}$$

式中：$c_{大}$——较大比例尺地形图在1∶100万地形图编号后的行号；

$d_{大}$——较大比例尺地形图在1∶100万地形图编号后的列号；

$c_{小}$——较小比例尺地形图在1∶100万地形图编号后的行号；

$d_{小}$——较小比例尺地形图在1∶100万地形图编号后的列号；

$\Delta\varphi_{大}$——较大比例尺地形图分幅的纬差；

$\Delta\varphi_{小}$——较小比例尺地形图分幅的纬差。

例题三：1∶10万地形图编号中的行、列代码为004001，求所包含的1∶2.5万地形图编号的行、列代码。

$$c_{小} = 004,\ d_{小} = 001,\ \Delta\varphi_{小} = 20',\ \Delta\varphi_{大} = 5'$$

最西北角图幅编号中的行、列代码：

$$c_{大} = \frac{20'}{5'} \times (4 - 1) + 1 = 013$$

$$d_{大} = \frac{20'}{5'} \times (1 - 1) + 1 = 001$$

最东南角图幅编号中的行、列代码：

$$c_{大} = \frac{4 \times 20'}{5'} = 016$$

$$d_{大} = \frac{1 \times 20'}{5'} = 004$$

所包含的 1 : 2.5 万地形图编号的行、列代码为：

013001	013002	013003	013004
014001	014002	014003	014004
015001	015002	015003	015004
016001	016002	016003	016004

由较大比例尺地形图编号中的行、列代码计算该图包含的较小比例尺地形图编号中的行、列代码。其较小比例尺地形图编号中的行、列代码计算公式：

$$\begin{cases} c_{小} = \left[\dfrac{c_{大}}{\left(\dfrac{\Delta\varphi_{小}}{\Delta\varphi_{大}} \right)} \right] + 1 \\[4mm] d_{大} = \left[\dfrac{d_{大}}{\left(\dfrac{\Delta\varphi_{小}}{\Delta\varphi_{大}} \right)} \right] + 1 \end{cases}$$

式中：$c_{小}$——较小比例尺地形图在 1 : 100 万地形图编号后的行号；

$\quad d_{小}$——较小比例尺地形图在 1 : 100 万地形图编号后的列号；

$\quad c_{大}$——较大比例尺地形图在 1 : 100 万地形图编号后的行号；

$\quad d_{大}$——较大比例尺地形图在 1 : 100 万地形图编号后的列号；

$\quad \Delta\varphi_{小}$——较小比例尺地形图分幅的纬差；

$\quad \Delta\varphi_{大}$——较大比例尺地形图分幅的纬差。

例题四：1 : 2.5 万地形图编号的行、列代码分别为 016004 和 013003，计算包含该图的 1 : 10 万地形图编号中的行、列代码。

$$c_{大} = 016, \ d_{大} = 004, \ \Delta\varphi_{小} = 20', \ \Delta\varphi_{大} = 5'$$

$$c_{大} = \left[\frac{16}{\left(\frac{20'}{5'} \right)} \right] = 004$$

$$d_{大} = \left[\frac{4}{\left(\frac{20'}{5'} \right)} \right] = 001$$

分子能被分母整除时，即没有余数时不加 1。

$$c_{大} = 013, \ d_{大} = 003$$

$$c_{大} = \left[\frac{13}{\left(\frac{20'}{5'} \right)} \right] + 1 = 004$$

$$d_{大} = \left\lceil \frac{3}{\left(\frac{20'}{5'}\right)} \right\rceil + 1 = 001$$

所求的 1∶10 万地形图编号中的行、列代码分别为 004 和 001。

3. 现行国家基本比例尺地形图分幅与编号

现行的国家基本比例尺地形图分幅和编号标准是 GB/T 13989—2012《国家基本比例尺地形图分幅和编号》，该标准 2012 年 6 月 29 日发布，2012 年 10 月 1 日起实施。

随着国民经济的快速发展，国家对基础地理信息的需求在广度和深度上提出了新的要求，新的标准引出了对于大比例尺地形图测制的规范化问题，特别是对大比例尺地形图的分幅和编号方面规范化、标准化的迫切要求。

新标准的应用非常广泛，经过对旧版标准的修订、完善后，其内容范围完整涵盖了我国 1∶500 至 1∶100 万大、中、小基本比例尺地形图分幅和编号的相关内容和要求，其应用范围更加全面、规范，具有科学性和适用性。

新标准一方面针对 1∶2000、1∶1000、1∶500 地形图的分幅提出了经、纬度分幅和编号，正方形、矩形分幅和编号两种方案，并且推荐使用经、纬度分幅和编号方案。采用 1∶2000、1∶1000、1∶500 地形图的经、纬度分幅，不仅使 1∶2000、1∶1000、1∶500 地形图的分幅和编号与 1∶5000 至 1∶100 万基本比例尺地形图的分幅、编号方式相统一，而且使得大比例地形图的编号具有唯一性，更加有利于数据的管理、共享和应用，基本上可以解决上述大比例地形图在分幅方面存在的问题。

新标准也充分考虑了与 GB/T 20257.1—2007 标准的协调，同时也为了使标准之间有着较好过渡和延续，标准保留了 1∶2000、1∶1000、1∶500 正方形和矩形分幅与编号的方案。

针对新旧标准的以上不同之处，这里仅对新增的 1∶2000、1∶1000、1∶500 地形图的分幅与编号做一些说明。

（1）1∶2000、1∶1000、1∶500 地形图经、纬度分幅与编号

① 1∶2000、1∶1000、1∶500 地形图经、纬度分幅。

1∶2000、1∶1000、1∶500 地形图宜以 1∶100 万地形图为基础，按规定的经差和纬差划分图幅。

每幅 1∶100 万地形图划分为 576 行 576 列，共 331776 幅 1∶2000 地形图，每幅 1∶2000 地形图的范围是经差 37.5″、纬差 25″，即每幅 1∶5000 地形图划分为 3 行 3 列，共 9 幅 1∶2000 地形图。

每幅 1∶100 万地形图划分为 1152 行 1152 列，共 1327104 幅 1∶1000 地形图，每幅 1∶1000 地形图的范围是经差 18.75″、纬差 12.5″，即每幅 1∶2000 地形图划分为 2 行 2 列，共 4 幅 1∶1000 地形图。

每幅 1∶100 万地形图划分为 2304 行 2304 列，共 5308416 幅 1∶500 地形图，每幅 1∶500 地形图的范围是经差 9.375″、纬差 6.25″，即每幅 1∶1000 地形图划分为 2 行 2 列，共 4 幅 1∶500 地形图。

1∶2000、1∶1000、1∶500 地形图经、纬度分幅的图幅范围、行列数量和图幅数量关系见表 1-2-6。

表 1-2-6　1 ： 100 万 ~ 1 ： 500 地形图的图幅范围、行列数量和图幅数量关系

比例尺	1：100万	1：50万	1：25万	1：10万	1：5万	1：2.5万	1：1万	1：5千	1：2千	1：1千	1：5百
图幅范围 经差	6°	3°	1°30′	30′	15′	7′30″	3′45″	1′52.5″	37.5″	18.75″	9.375″
图幅范围 纬差	4°	2°	1°	20′	10′	5′	2′30″	1′15″	25″	12.5″	6.25″
行列数量关系 行数	1	2	4	12	24	48	96	192	576	1152	2304
行列数量关系 列数	1	2	4	12	24	48	96	192	576	1152	2304
图幅数量关系（图幅数量=行数×列数）	1	4 (2×2)	16 (4×4)	144 (12×12)	576 (24×24)	2304 (48×48)	9216 (96×96)	36863 (192×192)	331776 (576×576)	1327104 (1152×1152)	5308416 (2304×2304)
		1	4 (2×2)	36 (6×6)	144 (12×12)	576 (24×24)	2304 (48×48)	9216 (96×96)	82944 (288×288)	331776 (576×576)	1327104 (1152×1152)
			1	9 (3×3)	36 (6×6)	144 (12×12)	576 (24×24)	2304 (48×48)	20736 (144×144)	82944 (288×288)	331776 (576×576)
				1	4 (2×2)	16 (4×4)	64 (8×8)	256 (16×16)	2304 (48×48)	9216 (96×96)	36864 (192×192)
					1	4 (2×2)	16 (4×4)	64 (8×8)	576 (24×24)	2304 (48×48)	9246 (96×96)
						1	4 (2×2)	16 (4×4)	144 (12×12)	576 (24×24)	2304 (48×48)
							1	4 (2×2)	36 (6×6)	144 (12×12)	576 (24×24)
								1	9 (3×3)	16 (4×4)	144 (12×12)
									1	4 (2×2)	36 (6×6)
										1	4 (2×2)

② 1：2000、1：1000、1：500 地形图经纬度分幅的图幅编号。

1：2000 地形图经纬度分幅的图幅编号方法与 1：50 万～1：5000 地形图的图幅编号方法相同，具体见前述章节。

1：2000 地形图经、纬度分幅的图幅编号亦可根据需要，以 1：5000 地形图编号分别加短线，再加数字 1、2、3、4、5、6、7、8、9 表示，其编号示例如图 1-2-44 所示，图中阴影区域所示图幅编号为 H49H192097-5。

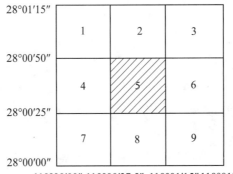

图 1-2-44　1：2000 地形图的经、纬度分幅顺序编号

1：1000、1：500 地形图经、纬度分幅的图幅编号均以 1：100 万地形图编号为基础，采用行列编号法。1：1000、1：500 地形图经、纬度分幅的图号由其所在 1：100 万地形图的图号、比例尺代码(表 1-2-7)和各图幅的行列号共 12 位码组成。1：1000、1：500 地形图经、纬度分幅的编号组成见图 1-2-45。

表 1-2-7　　　　　　　　　　　　**1：2000～1：500 地形图的比例尺代码**

比例尺	1：2000	1：1000	1：500
代码	I	J	K

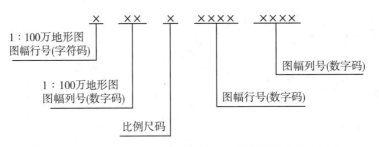

图 1-2-45　1：1000、1：500 地形图经、纬度分幅的编号组成

2.5.2　正方形或矩形图幅分幅与编号

1. 正方形或矩形图幅分幅

为满足规划设计、工程施工等需要而测绘的大比例尺地形图，大多数采用正方形或矩

形分幅法，它是按统一的坐标格网线整齐行列分幅。图幅大小见表 1-2-8。1：2000、1：1000、1：500 地形图除采用经、纬度分幅与编号外，还可以采用该分幅方法。

常见的图幅大小为 50cm×50cm、50cm×40cm 或 40cm×40cm，每幅图中以 10cm×10cm 为基本方格。一般规定对 1：2000、1：1000 和 1：500 比例尺的图幅，采用纵、横各 50cm 的图幅，即实地为 1km²、0.25km²、0.0625km² 的面积。以上均为正方形分幅，也可采用纵距为 40cm、横距为 50cm 的分幅，总称为矩形分幅。

表 1-2-8　　　　　　　　　　几种大比例尺图的图幅大小

比例尺	正方形分幅		矩形分幅	
	图幅大小（cm²）	实地面积（km²）	图幅大小（cm²）	实地面积（km²）
1：2000	50×50	1	50×40	0.8
1：1000	50×50	0.25	50×40	0.2
1：500	50×50	0.0625	50×40	0.05

2. 正方形或矩形图幅分幅的图幅编号

正方形或矩形图幅分幅的图幅编号常用的方法有以下两种：

（1）图幅西南角坐标公里数编号法

坐标公里数编号法即采用图幅西南角坐标公里数，x 坐标在前，y 坐标在后。其中，1：1000、1：2000 比例尺图幅坐标取至 0.1km（如 245.0-112.5），而 1：500 图则取至 0.01km（如 12.80-27.45）。以每幅图的图幅西南角坐标值 x、y 的公里数作为该图幅的编号，如图 1-2-46 所示为 1：1000 比例尺的地形图，按图幅西南角坐标公里数编号法编号。其中画阴影线的两幅图的编号分别为 2.5-1.5 和 3.0-2.5。

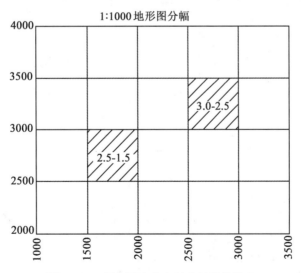

图 1-2-46　图幅西南角坐标公里数编号法

（2）基本图幅编号法

将坐标原点置于城市中心，用 X、Y 坐标轴将城市分成Ⅰ、Ⅱ、Ⅲ、Ⅳ四个象限，如图 1-2-47（a）所示。以城市地形图最大比例尺 1：500 图幅为基本图幅，图幅大小为 50cm×40cm，实地范围为东西 250m、南北 200m。行号按坐标的绝对值 $x=0\sim200$m 编号为 1，$x=200\sim400$m 编号为 2，依此类推；列号按坐标的绝对值 $y=0\sim250$m 编号为 1，$y=250\sim500$m 编号为 2。x，y 编号中间以斜杠"/"分割，成为图幅号。

如图 1-2-47（b）所示为 1：500 比例尺图幅在第一象限中的编号；每 4 幅 1：500 比例尺的图构成 1 幅 1：1000 比例尺的图，因此，同一地区 1：1000 比例尺的图幅的编号如图 1-2-47（c）所示。每 16 幅 1：500 比例尺的图构成一幅 1：2000 比例尺的图，因此同一地区 1：2000 比例尺的图幅的编号如图 1-2-47（d）所示。

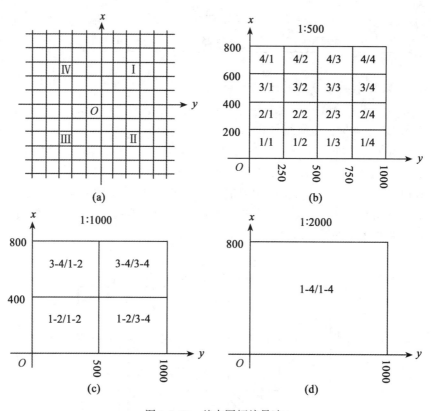

图 1-2-47　基本图幅编号法

这种编号方法的优点是：看到编号就可知道图的比例尺，其图幅的坐标值范围也很容易计算出来。例如，有一幅图编号为Ⅱ39-40/53-54，已知为一幅 1：1000 比例尺的图，位于第二象限（城市的东南区），其坐标值的范围是：

x：-200m×$(39-1)\sim-200$m×$40=-7600\sim8000$m

y：250m×$(53-1)\sim-250$m×$54=-13000\sim13500$m

另外，已知某点坐标，即可推算出其在某比例尺的图幅编号。例如，某点坐标为（7650，-4378），可知其在第四象限，由其所在的 1：1000 比例尺地形图图幅的编号可以

算出

$N1 = [int(abs(7650))/400] \times 2 + 1 = 39$

$M1 = [int(abs(-4378))/500] \times 2 + 1 = 17$

所以其在 1∶1000 比例尺图上的编号为Ⅳ39-40/17-18。

例如，某测区测绘 1∶1000 地形图，测区最西边的 Y 坐标线为 74.8km，最南边的 X 坐标线为 59.5km，采用 50cm×50cm 的正方形图幅，则实地 500m×500m，于是该测区的分幅坐标线为：由南往北是 X 值为 59.5km、60.0km、60.5km……的坐标线，由西往东是 Y 值为 75.3km、75.8km、76.3km……的坐标线。所以，正方形分幅划分图幅的坐标线须依据比例尺大小和图幅尺寸来定。

(3)其他图幅编号方法

如果测区面积较大，则正方形分幅一般采用图廓西南角坐标公里编号法，而面积较小的测区则可选用流水编号法或行列编号法。

① 流水编号法：从左到右，从上到下以阿拉伯数字 1、2、3……编号，如图 1-2-48 中第 13 图可以编号为"××-13"(××为测区名称)。

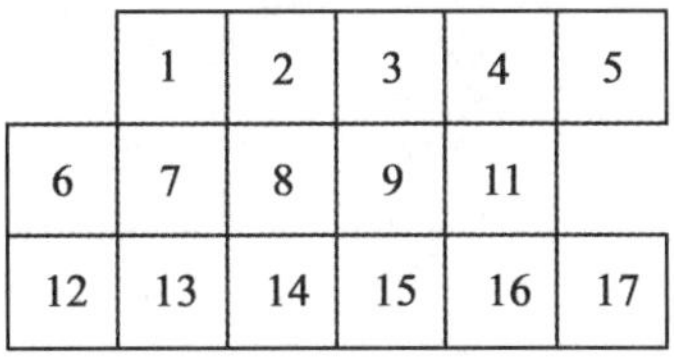

图 1-2-48　流水编号法 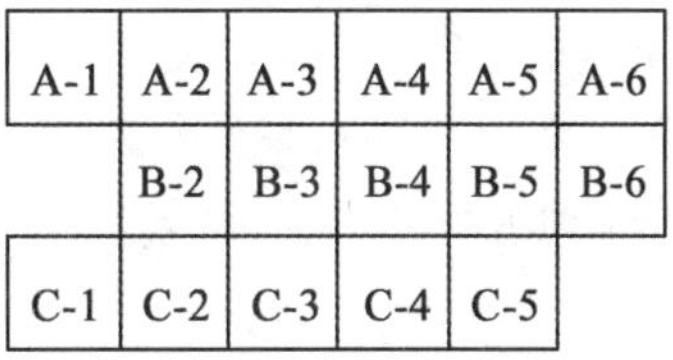　　　　　图 1-2-49　行列编号法

② 行列编号法：一般以代号(如 A、B、C……)为行号，右上到下排列；以阿拉伯数字 1、2、3……作为列代号，从左到右排列。图幅编号为：行号-列号，如图 1-2-49 中的"B-5"。

◎思考题

1. 自然球体、大地球体和旋转椭球体的关系是怎样的？

2. 空间参照系有哪几种类型？

3. 地图比例尺有什么作用？

4. 简要说明地图投影的概念。地图投影的方法有哪几种？

5. 地图投影按变形性质分为哪几类？各有什么特征？

6. 我国基本比例尺地形图都选用哪几种投影？说明它们的投影原理。

7. 说明高斯-克吕格投影变形分布规律。为什么要采用分带投影的方法？说明 6 度带和 3 度带的分带规定。

8. 简述现行国家基本比例尺地形图分幅与编号的方法。

第3章 地图符号及地图内容表示

【项目概述】

地图符号是地图的语言，是一种图形语言，它是表示地图内容的基本手段，它由形状不同、大小不一、色彩有别的图形和文字组成。地图符号不仅具有确定客观事物空间位置、分布特点以及质量和数量特征的基本功能，而且还具有相互联系和共同表达地理环境诸要素总体特征的特殊功能。本章主要介绍了两个方面的内容，一是地图语言系统，包括地图符号、色彩、地图注记三个方面；二是普通地图和专题地图的内容及其表示方法。

【教学目标】

◆ **知识目标**

1. 掌握地图符号的基本概念、基本特征及分类方法

2. 掌握普通地图内容及和表示方法

3. 掌握专题地图内容及和表示方法

◆ **能力目标**

1. 能进行不同类型地图符号使用

2. 会依据地形图图式，进行地形图内容的表示和编辑

3. 能根据制图要求，进行专题地图内容的表示和编辑

4. 能对地图数据进行处理，使其满足制图要求

3.1 地 图 符 号

地图，是一种信息的传输工具，它实现了从制图的地理环境到用图者认识的地理环境之间的信息传递。地图语言是地图作为信息传输工具不可缺少的媒介。

在地图语言中，最重要的是地图符号及其系统，其被称为"图解语言"。构成地图语言的地图色彩，除有充当地图符号的功能外，还有装饰美化地图的功能。地图注记也是地图语言的组成部分，其实质是借用自然语言的文字记录形式，来加强地图语言的传输效果，完成地图信息的传递。

3.1.1 地图符号

1. 地图符号的概念及其形成

地图内容是通过符号来表达的，地图符号是表示地图内容的基本手段，在图上表示制图对象空间分布、数量、质量等特征的标志，是信息的载体，它由形状不同、大小不一、

色彩有别的图形和文字组成。

地图符号属于表象性符号，它以其视觉形象指代抽象的概念。地图符号和文字相比，明确直观、形象生动，很容易被人们理解和掌握。客观世界的事物错综复杂，想要无一遗漏地表述它们是不可能的，人们可根据需要对它们进行归纳和抽象，用简单的符号形象地加以表达。因此，地图符号实质是科学抽象的结果，它的形成过程是对制图对象的第一次综合。

地图符号的形成过程，实质上是一种约定的过程。任何符号都是在社会上被一定的社会集团或科学共同体所承认和共同遵守的，某种程度上具有"法定"意义。国家以法定的图式和规范形式统一了普通地图的符号及用法。

专题地图在内容和形式上与普通地图有较大的区别，发展较晚。由于专题地图涉及的内容极其广泛，制图对象的性质和形式特点极其多样，差别很大，因而符号也更是多种多样。除地理底图基本要素的符号一般与普通地图近似外，专题要素的符号往往自成系统、各有特点，加上地图的服务面还在不断拓宽，涉及的制图对象日益广泛，专题符号形式还在不断变更和创新，所以专题地图符号的规范化和标准化比较困难，进展也较缓慢。其中，地质图符号系统的标准化已经解决，各国规定了基本统一的地质符号体系。近些年来，我国和世界各国一样，正在着手对一些基础性专题地图，如土地利用现状图、土壤图、地貌图、土地资源图等进行研究，以解决其符号标准化和规范化的问题，有的已经取得了进展，如《全国 1∶100 万土地利用现状图》的规范和符号系统。

2. 地图符号的分类

地图符号是一个开放的大系统，随着地图内容的扩展、地图形式的多样化，地图符号还在不断变革、补充和完善，地图符号的类别也更多。现在地图符号可以从不同的角度进行分类。

(1)按符号表现的制图对象的几何特征分类

按地图符号的几何性质，可将符号分为点状符号、线状符号和面状符号，如图 1-3-1 所示。

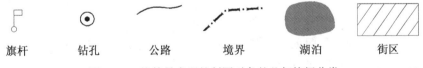

旗杆　　　钻孔　　　公路　　　境界　　　湖泊　　　街区

图 1-3-1　按符号表现的制图对象的几何特征分类

点状符号是一种表达不能依比例尺表示的小面积事物(如油库、气象站等)和点状事物(如控制点等)所采用的符号。点状符号的形状和颜色表示事物的性质，点符号的大小通常反映事物的等级或数量特征，但是符号的大小和形状与地图比例尺无关，它只具有定位意义。

线状符号是一种表达呈线状或带状延伸分布事物的符号，如河流，其长度能按比例尺表示，而宽度一般不能按比例尺表示，需要进行适当的夸大。因而，线状符号的形状和颜色表示事物的质量特征,其宽度往往反映事物的等级或数值。这类符号能表示事物的分布位置、延伸形态和长度,但不能表示其宽度。

面状符号是一种能按地图比例尺表示出事物分布范围的符号。面状符号用轮廓线(实线、虚线或点线)表示事物的分布范围,其形状与事物的平面图形相似,轮廓线内加绘颜色或说明符号以表示它的性质和数量,并可以从图上量测其长度、宽度和面积。

符号的点、线、面特征与制图对象的分布状态并没有必然的联系。虽然在一般情况下,人们总是寻求用相应几何性质的符号表示对象的点、线、面特征,但是不一定要能做到这一点,因为对象用什么符号表示既取决于地图的比例尺,也取决于组织图面要素的技术方案。例如,河流在大比例尺地图上可以表现为面,而在较小比例尺地图上只能表现为线;城市在大比例尺地图上表现为面,而在小比例尺地图上则表现为点。

(2)按符号与地图比例尺的关系分类

按符号与地图比例尺的关系可将符号分为依比例符号、不依比例符号和半依比例符号,如图1-3-2所示。

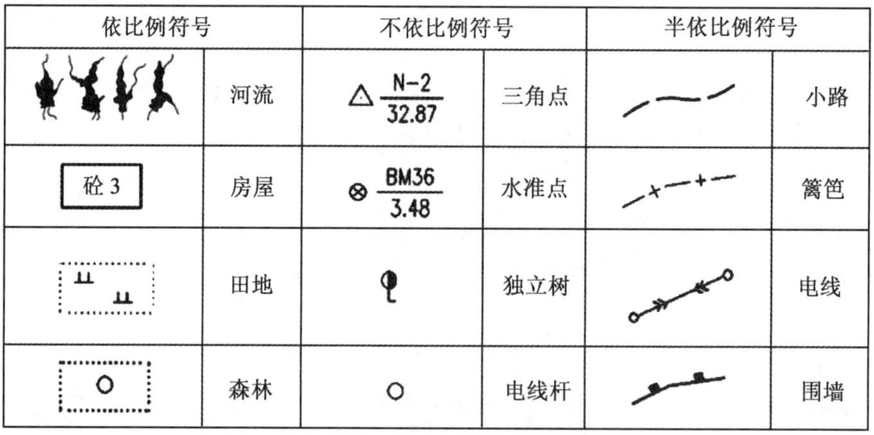

图1-3-2 按符号与地图比例尺的关系分类

依比例符号又叫轮廓符号或面状符号,是指把地物的轮廓按测图比例尺缩绘在图上的相似图形,如房屋、河流、田地、森林等。依比例符号不仅能反映出地物的平面位置,而且能反映出地物的形状和大小。

半依比例符号又叫线状符号,用以表示如道路、垣栅、堤、小河等线状地物。这种符号在多数情况下只能依比例表示其长度,但不能依比例表示其宽度,因此,在图上只可量测长度,不能量测宽度。

不依比例符号又叫记号性符号或点状符号。有些重要地物的轮廓较小,若按测图比例尺缩小,则无法以保持与实地形状相似的平面图形表示,故不考虑其实际大小,而采用规定的符号表示,这种符号叫不依比例符号,如三角点、水准点、独立树、电线杆等。不依比例符号只表示地物的中心或中线的平面位置,不表示物体的形状和大小。

半制图对象是否能按地图比例尺用与实地相似的面积形状表示,取决于对象本身的面积大小和地图比例尺的大小。随着地图比例尺的缩小，有些依比例符号将逐渐转变为半依比例符号或不依比例符号，不依比例符号将相对增加，而依比例符号则相对减少。

（3）按符号表示的地理尺度分类

按符号表示的地理尺度可将符号分为定性符号、等级符号和定量符号。

定性符号是指虽然依比例符号可以反映出对象的实际大小，但这种大小是由对象在图面上的形状自然确定的，所以普通地图符号除数学注记外，绝大多数属于定性符号。

定量符号是以表现对象数量特征（包括间隔尺度和比率尺度）为主的符号。凡定量符号都必须在图上给定一个比率关系（并非地图比例尺），借助这一比率关系可以目估或量测其数值。

等级符号是指表现顺序尺度的符号仅表现大、中、小等概略顺序的符号。

（4）按符号的形状特征分类

按符号的形状特征可将符号分为几何符号、艺术符号、线状符号、面状符号、图表符号、文字符号等，如图 1-3-3 所示。

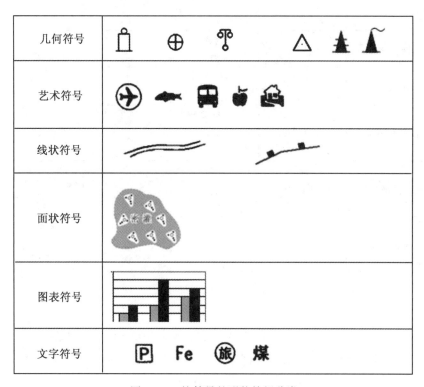

图 1-3-3　按符号的形状特征分类

几何符号是用基本几何图形构成的较为简单的记号性符号。

艺术符号是与被表示对象相似、艺术性较强的符号，又可分为象形符号和透视符号两类。

线状符号是用不同的线型和粗细来表示属性的一种表示方法，如地质构造线的表示。

面状符号是由各类结构图案组成，或由不同颜色形成不同的色域符号。

图表符号主要是反映对象数量特征概念的定量符号，大多由较简单的几何图形构成，统计图表属于此类。

文字本身是一种符号，地图上的文字虽仍然保留着其原有的性质，但它们毕竟又具备地图的空间特性，因而无疑是地图符号的一种特殊形式。

3. 地图符号的定位

每一个符号在图上都表示实地上一定的物体，其符号的定位就是物体的真实位置。通常，在设计符号时就已经规定好了符号的定位点和定位线，这些点和线的位置就是地物的准确位置。下面从点状符号、线状符号、面状符号分别举例说明地图符号的定位情况。

点状符号的定位点根据图形特点确定定位点，以定位点代表相应物体的真实位置，如图 1-3-4 所示。

类别	定位点	符号及名称		
有一点的符号	在点上	三角点 △	高程点 ●163.24	
几何图形符号	图形中心	探井	钻孔 ◉	医院 ⊕
底部宽大符号	底部中心	水塔	纪念碑	假石山
底部直角符号	直角顶点	阔叶独立树	风车	加油站
组合图形符号	下方图形中心	路灯	窑	塔式照射灯
其他符号	图形中央	灌木林	清真寺	水磨房

图 1-3-4　点状符号的定位

线状符号以其主线表示实地物体的真实位置，若是成轴对称的线状符号，定位线在符号的中心线；若是非成轴对称的线状符号，则定位线在符号的底线，如图 1-3-5 所示。

轴对称线状符号		非轴对称线状符号	
～～	公路	～	不依比例围墙
╪═╪═	依比例窄轨铁路	⊥⊥⊥	斜坡

图 1-3-5　线状符号的定位

面状符号是按物体的真实轮廓描绘的，边界本身就可以标明物体的真实位置。

3.1.2　地图色彩

色彩在地图上的应用使色彩成为地图语言的一个重要方面。地图上运用色彩可增强地图各要素分类、分级的概念，反映制图对象的质量与数量的多种变化；利用色彩与自然地物景色的象征性，可增强地图的感受力；运用色彩可简化地图符号的图形差别和减少符号的数量(例如，用黑、棕、蓝三色实线表示道路、等高级和水涯线)；运用色彩还可使地图内容相互重叠，从而区分为几个层面，提高了地图的表现力和科学性。

1. 色彩三属性的利用

自然界的一切色彩可分为两大类，一类是黑、白及各种灰色；另一类是除了黑、白、灰以外的各种颜色，称为彩色。

自然界的色彩灿烂绚丽、种类繁多，但都具有共同的三个属性，即色相、亮度、纯度。

色相又称色别，是指色彩的相貌，即色彩的类别，如品红、黄、青、绿、橙、紫等。在地图上，多用不同的色相来表示不同类别的对象。例如，蓝色表示水系，绿色表示植被，棕色表示地貌。在专题地图上，多用不同的色相来区别不同对象的质量特征，其分类概念特别明显。

亮度又称明度，是指色彩本身的明暗程度。在地图上，多用不同的亮度来表现对象的数量差异，特别是同一色相的不同亮度，更能明显地表达数量的增减。例如，用蓝色的深浅表示海部的深度变化。

纯度又称色度或饱和度，是指色彩接近标准色的纯净程度。色彩的纯度越高，色彩就越鲜艳；反之，纯度越低，色彩就越暗淡。例如，地图上用许多颜色组合表示对象的分布范围时，一般小面积、少量分布的对象多使用纯度较高的色彩，以求明显突出；大面积范畴设色时，通常应使其纯度偏弱，以免过分明显而刺眼。

2. 色彩的感觉与象征意义的利用

色彩在地图上的运用，对现代地图来说具有举足轻重的意义。为了充分发挥色彩的表现力，使地图内容表达得更科学、外表形式更完美，就必须利用色彩的感觉。

色彩能给人以不同的感觉，而其中有些感觉是趋于一致的，如颜色的冷暖，给人以兴奋与沉静、远与近等感觉。

色彩的冷暖感是指人们对自然现象色彩的联想所产生的感觉。通常将色彩分为暖色、冷色和中性色。红、橙、黄等色称为暖色；蓝、蓝绿、蓝紫等色称为冷色；黑、白、灰、金、银等色称为中性色。色彩的冷暖感在地图上运用得很广泛。例如，在气候图上，总是把降水、冰冻、1月份平均气温等现象用蓝、绿、紫等冷色来表现；日照及7月份平均气温等常用红、橙等色来表现，等等。

颜色的兴奋与沉静感是指强暖色往往给人以兴奋的感觉，强冷色往往给人以沉静的感觉，而介于两者之间的弱感色(如绿、黄绿等)色彩柔和，可让人久视而不易疲劳，给人以宁静、平和之感。

颜色的远近感是指在人眼观察地图时，处于同一平面上的各种颜色，会给人以不同远近的感觉。例如，暖色似乎较近，给人以凸起之感觉，常称为前进色；冷色则给人以远离而凹下之感觉，常称为后退色。在地图设计中，常利用颜色的远近感来区分内容的主次，将地图内容表现在几个层面上。通常，用浓艳的暖色将主要内容置于第一层面，而次要内容用浅淡的冷色或灰色将其置于第二或第三层面上。

3. 色彩的配合

通常，一幅地图由点、线、面三类符号相互配合而成。面状符号常具有背景之意义，宜使用饱和度较小的色彩；点状符号和线状符号（包括注记）则常使用饱和度大的色彩，使其构成较强烈的刺激，而易为人们所感知。在这个原则基础上，再结合色相、亮度和饱和度的变化，表现各种对象的质、量和分布范围等。在色彩配合工作时，应注意以下三个方面：

① 正确利用色彩的象征意义。在地图符号设计时，正确利用色彩的象征意义，将有利于加强地图的显示效果，丰富地图内容。例如，在自然地理图上，可用绿色符号或衬底表示植被要素，以反映植被的自然色彩；以蓝色符号并辅以白色，以表示雪山地貌；等等。

② 对于符合地图上的主题或主要要素的符号，应施以鲜明、饱和的色彩，而对于基础和次要要素的符号，则宜用浅淡的色彩。通过色彩对比，起到突出主题或主要要素的作用。不同用途的地图符号，其色调亦应有所差别。

③ 顾及印刷和经济效果。地图上使用彩色符号，虽能收到良好的效果，但并非色数越多越好。色数过多，不仅会使读者感到眼花缭乱、降低读图效果，而且还会提高地图的成本，延长成图时间和增大套印误差。为此，可在地图上运用网点、网线的疏密和粗细变化来调整色调。这样既可减少色数，又可使地图色彩丰富，收到省工、省时、节约成本和提高地图表现力的效果。一般来讲，一个符号采用单纯的颜色，而不采用多色来表现单个符号。

3.1.3　地图注记

在地图上起说明作用的各种文字、数字，统称地图注记，是地图语言之一。地图注记由字体、字色、字大、字隔、位置、排列方向等因素组成。在地图注记时，应遵循"主次分明、互不混淆、不压盖重要地物、整齐美观、符合规范或习惯、图面注记的密度与被注记地理事物的密度一致"的原则。

1. 注记的种类

地形图注记的内容非常丰富，但概括起来可分为如下三种类型：

① 名称注记：用于注释地物的名称，如居民地名称注记"南京"，河名注记"黄河"等。名称注记按所注地物特点，又分为：点状注记，如山峰注记、居民地注记等；线状注记，如河流注记、公路注记、铁路线注记等；面状注记，如湖泊注记、行政区域注记等。

② 说明注记：用于补充说明符号的不足，当用符号还不能区分具体内容时使用。如果园中的注记"苹""橘"表示果园中的果树为苹果、橘子等。

③ 数字注记：用于注释要素的数量，如经纬度度数、等高线的高程值等。

2. 注记的要素

(1)字体

字体是指地图上注记的体裁，主要有宋体及其变形体、等线体及其变形体、仿宋体、隶书、新魏体及美术体等，如图 1-3-6 所示。字体的不同主要用于区分不同事物的类别，例如，多用宋体和等线体表示居民地等地理名称，水系名称用左斜体，山脉用耸肩体，山峰名称用长中等线体，等等。

字体		式样	用途
宋体	正宋	成都	居民地名称
	宋变	湖海　长江	水系名称
		山西　淮南	图名　区域名
		江苏　杭州	
等线体	粗中细	北京　开封　青州	居民地名称细等作说明
	等变	太行山脉	山峰名称
		珠穆朗玛峰	山峰名称
		北京市	区域名称
仿宋体		信阳县　周口镇	居民地名称
隶体		中国　建元	图名　区域名
魏碑体		浩陵旗	
美术体		台湾省图	名称

图 1-3-6　地图注记的字体

(2)字色

字色是注记所用颜色，主要用于强化分类的概念，如我国地形图上河名、等高线的高程注记等，都要随其要素用色。

(3)字大

字大是指注记字体的大小在一定程度上反映被注记对象的重要性和数量等级。地物之间的等级关系是人为确定的，表达了人对地物之间关系的认识。地物之间的隶属关系在注记上表现为注记字体大小上的不同，等级高的地物，其相应名称级别、地位越高，其作用亦越大，因而赋予其注记大而明显；反之，则小。

(4)字隔

字隔是指字与字的间隔距离。地图上凡注记点状地物时，都使用小字隔注记；注记线状地物，如河流、道路时，则采用较大字隔沿线状物注出；注记面状地物时，常根据所注面积的大小而变更其字隔，但一般不超过字大的 5 倍，若过大，则不便于连接起来阅读。

由此可见，地图注记的字隔在某种程度上隐含了所注对象的点、线、面的分布特征。

（5）字位

字位是指注记说明对象时所放置的位置，不同形状物体的注记位置如图1-3-7所示。

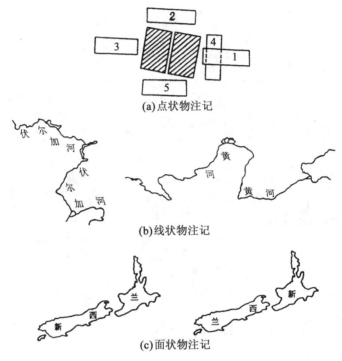

图 1-3-7　不同形状地物注记位置

点状地物注记时，应以点状符号为中心，在其上下左右四个位置中的任意适当位置配置注记，其中，以上、左、右三者较佳。

线状地物注记要紧挨地物，采用较大字隔沿线状物注出，当线状物很大时，必须分段重复注记。

面状地物注记字位应与地物的最大轴线相符，首尾两字至区域轮廓线的距离应相等，所注图形较大时，亦分区重复注记。

在排列方向上，字列为同一注记的排列形式，有水平字列、垂直字列、雁形字列、屈曲字列四种，如图1-3-8所示。

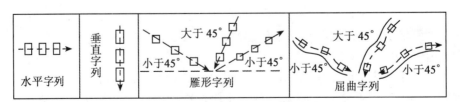

图 1-3-8　注记排列示意图

3.2 普通地图内容表示

普通地图的内容包括数学要素、地理要素、图外要素三大类。普通地图的内容中，地理要素是地图的主体。这一节里，主要介绍地理要素的表示方法。

3.2.1 自然地理要素的表示

1. 水系的表示

(1)海洋要素的表示

地图上表示的海洋要素主要包括海岸和海底地貌，有时也表示海流、海底底质以及冰界、海上航行标志等。

① 海岸。由沿岸地带、潮浸地带和沿海地带三部分组成。沿海地带和潮浸地带的分界线即为海岸线，它是多年大潮的高潮位所形成的海陆分界线。在地形图上，海岸线通常都以蓝色实线来表示；低潮线一般用点线概略地绘出。潮浸地带上各类干出滩是地形图上的表示重点。海岸线以上的沿岸地带，主要通过等高线或地貌符号显示。沿海地带重点是表示该区域范围内的岛礁和海底地形。图 1-3-9 所示为地形图上海岸的表示方法。

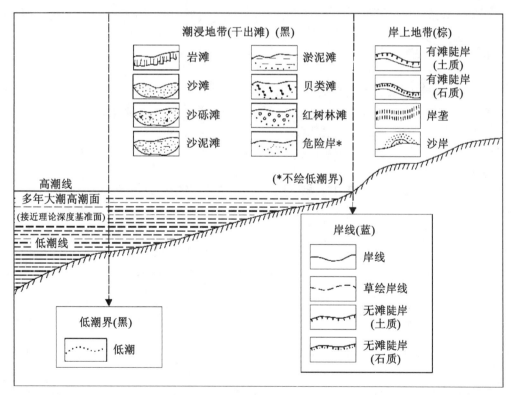

图 1-3-9 地形图上海岸的表示方法

② 海底地貌。可以用水深注记、等深线、分层设色和晕渲等方法来表示。

水深注记是水深度注记的简称,许多资料上还称为水深。海图上的水深注记有一定的规则,普通地图上也多引用。例如,水深点不标点位,而是用注记整数位的几何中心来代替;不足整米的小数位用较小的字注记在整数后面偏下的位置,中间不用小数点,例如,23_5表示水深 23.5m。

等深线是从深度基准面起算的等深点的连线,画法同陆地等高线的绘制,图 1-3-10 所示是我国海图上所用的等深线的符号。

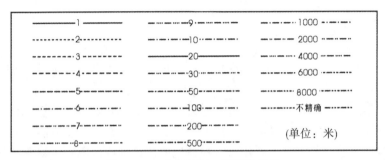

图 1-3-10 我国海图上等深线符号

(2)陆地水系的表示

陆地水系包括井、泉及储水池,河流、运河及沟渠,湖泊、水库及池塘和水系的附属物。井、泉及储水池这些水系物体形态都很小,在地图上一般只能用蓝色记号性符号表示其分布位置,有的还加上有关的说明注记。河流、运河及沟渠在地图上都是用线状符号配合注记来表示的。

① 河流的表示。地图上通常要表示出河流的大小、形状及水流状况。

当河流较宽或地图比例尺较大时,只要用蓝色水涯线符号正确地描绘河流的两条岸线,其水部用与岸线同色的网点表示就基本上能满足要求。河流的岸线是指常水位所形成的岸线,如果雨季的高水位与常水位相差很大,则在大比例尺地图上还要求同时用棕色虚线来表示高水位岸线。

时令河是季节性的河流,用蓝色虚线表示;消失河段用蓝色点线表示;干河床属于一种地貌形态,用棕色虚线符号表示。

由于比例尺的关系,一些河流在地图上只能用单线表示。用单线表示河流时,通常用 0.1~0.4mm 的渐变线表示。究竟是线粗为多少由河流的长度而定。当河宽在图上大于 0.4mm 时,可用双线表示,单双线符号相对应的实地河宽见表 1-3-1。

表 1-3-1　　　　　不同比例尺中河流单双线符号相对应的实地河宽

比例尺 实地宽 图上宽	1:2.5 万	1:5 万	1:10 万	1:25 万	1:50 万	1:100 万
0.1~0.4mm 单线	10m 以下	20m 以下	40m 以下	100m 以下	200m 以下	400m 以下
双线	10m 以上	20m 以上	40m 以上	100m 以上	200m 以上	400m 以上

为了使单线河与双线河衔接，以及出于美观的需要，也常用 0.4mm 的不依比例尺双线符号使单线符号自然地过渡到依比例尺的双线表示，如图 1-3-11 所示。

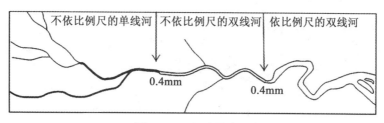

图 1-3-11　河流的表示

在小比例尺地图上，河流有两种表示方法：一是与地形图相同的方法，只是单线符号往往稍加粗，不依比例尺的双线河使用较长，要到一个能清楚表示河床特征的宽度处为止；二是采用不依比例尺的单线配合真形单线符号来表示，如图 1-3-12 所示，这种表示方法能真实地反映河流宽窄，河流图形显得生动而真实。

图 1-3-12　真形单线河段符号

② 运河及沟渠的表示。运河及沟渠在地图上都是用平行双线或等粗的实线表示，并根据地图比例尺和实地宽度分级使用不同粗细的线状符号。

③ 湖泊、水库及池塘。地图上用蓝色水涯线配合浅蓝色水部来表示湖泊、水库及池塘等面状分布的水系物体。季节性有水的时令湖的岸线不固定，则用蓝色虚线配合浅蓝色水部来表示。湖水的性质往往是借助水部的颜色来区分，例如，用浅蓝色和浅紫色分别表示淡水和咸水。水库通常是根据其容量用比例尺真形或者不依比例尺的记号性符号表示，如图 1-3-13 所示。

④ 水系的附属物。水系的附属物包括两类：一类是自然形成的，如瀑布、石滩等；另一类是附属建筑物，如渡口、徒涉场、水闸、拦水坝、加固岸、码头、轮船停泊场等。这些物体在地图上用半依比例尺或不依比例尺的符号表示，在较小的地图上则多数不表示。

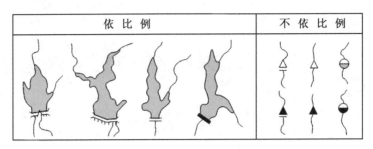

图 1-3-13　地图上常见的水库的表示

2. 地貌的表示

地貌是地理环境中最基本的要素之一，它不仅影响和制约着其他自然地理要素的分布，而且极大地影响人文地理要素的分布与发展。地图上表示地貌在军事上也有极重要的意义。

地图上地貌的表示方法主要有写景法、晕渲法、等高线法、分层设色法等。

（1）写景法

以绘画写景的形式表示地貌起伏和分布位置的地貌表示法称为写景法。

现代地貌写景法有三种绘制方法，第一种是根据等高线素描的地貌写景，第二种是根据等高线作密集而平等的地形剖面叠加形成地貌写景图，第三种为计算机制图立体写景的方法。

绘图者根据等高线素描的手法塑造地貌形态进行写景法表示地貌，这种方法手法简便，但受绘图者对等高线的理解和绘画技巧的影响，对绘图者要求要有一定的绘画素养。作图流程如图 1-3-14 所示。

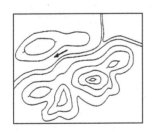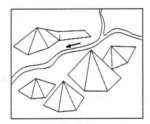

图 1-3-14　根据等高线素描的地貌写景图

根据等高线作密集而平行的地形剖面，然后按一定的方法叠加，获得由剖面线构成的写景图骨架，经艺术加工也可制成地貌写景图，如图 1-3-15 所示。

电子计算机应用于制图，为绘制立体写景图创造了有利的条件。根据 DEM 自动绘制连续而密集的平面剖面变得十分方便。这种方法的优点是排除了绘图员主观因素的影响，图形精度较高、形态生动。此外，还可以选择视点的方位和高度，获得不同的立体写景效果。图 1-3-16 所示为自动绘图仪绘制的立体写景图。

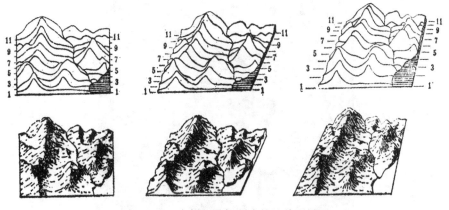

图 1-3-15　由剖面叠加所成的地貌写景图

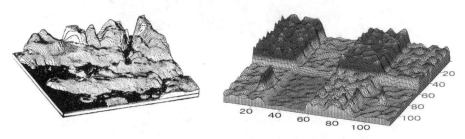

图 1-3-16　自动绘图仪绘制的立体写景图

（2）晕渲法

晕渲法是显示地貌立体的主要方法之一。它的原理是：根据假定光源对地面照射所产生的明暗程度，用浓淡不一的墨色或彩色沿斜坡渲绘其阴影，造成明暗对比，显示地貌的分布、起伏和形态特征。

晕渲法的优点是能生动直观地表示地貌形态，容易建立地貌的立体感。晕渲法的缺点是不能直接测量坡度，也不能明显地表示地面高程的分布。图 1-3-17 所示为晕渲法表示的地貌。

（3）等高线法

① 等高线的含义和种类。等高线是地面上高程相等点的连线在水平面上的投影。用等高线来表现地面起伏形态的方法，称为等高线法，又称为水平曲线法。等高线原理如图 1-3-18 所示。

在图上，用这样一组有一定间隔的等高线来表示地面的高程，表达地貌基本形态及其变化。两条相邻等高线间的高差称为等高距。用等高线表示地貌形态的详细程度主要取决于比例尺或等高距的大小。

地形图上的等高线分为首曲线、计曲线、间曲线和助曲线四种。首曲线是按基本等高距测绘的等高线，用实线来描绘。计曲线是为了计算高程方便加粗描绘的等高线，通常是每隔四条基本等高线描绘一条计曲线。间曲线为半等高距等高线，用来表示基本等高线不能反映而又是重要的局部形态，地形图上常以长虚线表示。助曲线用来表示别的等高线表

图 1-3-17　晕渲法表示的地貌

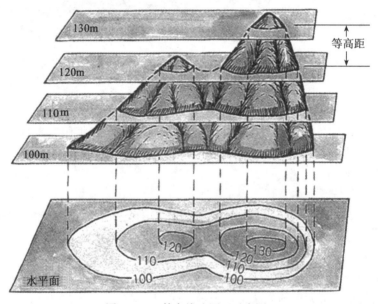

图 1-3-18　等高线法原理示意图

示的重要微小形态，一般把助曲线绘制在 1/4 基本等高距，用短曲线表示。等高线的种类如图 1-3-19 所示。

②　等高线的特点如下：

每一条等高线代表的是一个高程面，同一条等高线上各点的高程均相等。

每一条等高线都是连续闭合曲线，即使在小范围内不闭合，但在较大范围内最终还是要闭合起来的。

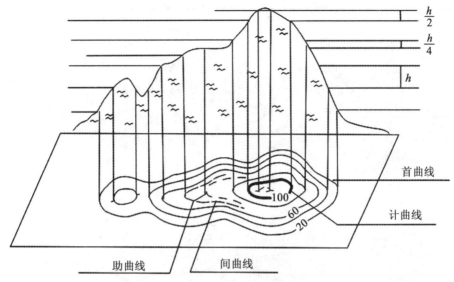

图 1-3-19　等高线的种类

等高线的图形特点代表着实地地貌的具体特征，其尖、圆、直、疏、密等均具有实际意义。例如，弯曲的形状反映地貌的基本形态及地面切割特征（弯曲的方向表示山脊或谷地，弯曲的程度表示地面的切割程度）；等高线的疏密反映地面的坡度（在等高距一定的条件下，等高线的数量反映地面的相对高度。在等高距一定的条件下，等高线数量多则地面相对高度大，数量少则相对高度小）。

等高线与实地地貌保持水平相似关系，因此平面位置准确，可供图上量测与判读。

③ 地貌的等高线表示。在等高线地形图上，根据等高线不同的弯曲形态，可以判读出地表形态的一般状况。等高线呈封闭状时，高度是外低内高，则表示为凸地形（如山峰、山地、丘顶等）；等高线高度是外高内低，则表示的是凹地形（如盆地、洼地等）。等高线是曲线状时，等高线向高处弯曲处为山谷；等高线向低处凸出处为山脊。数条高程不同的等高线相交一处时，该处的地形部位为陡崖。由一对表示山谷与一对表示山脊的等高线组成的地形部位为鞍部。等高线密集的地方表示该处坡度较陡；等高线稀疏的地方表示该处坡度较缓。典型地貌的等高线表示如图 1-3-20 所示。

用等高线表示地貌还应加注适当数量的等高线注记和高程点注记。等高线注记应选注在适当的位置，使字头指向山顶，但不得倒置。在斜坡方向不易判读的地方和凹地，用最低一条等高线绘出示坡线。

④ 特殊地貌符号及其表示。用特殊地貌符号表示地貌是对等高线表示地貌的补充，它弥补了等高线的不足。恰当地运用特殊地貌符号，能明显、生动地反映出地貌的特殊景观，乃至某些细小的特征。但是特殊地貌符号本身很难显示一种确切的数量概念，往往要加注数字说明，并与等高线配合来表示地貌，起到互相补充的作用。

特殊地貌符号多达几十种，其中沙地地貌就分为三种。在实测地形图过程中，要弄清各种特殊地貌符号所表示实地地貌形态、质地的区别，各种数量指标的差异、符号定位及定向的不同规定，才能正确运用特殊地貌符号。关于各种特殊地貌符号所表示的地貌形态

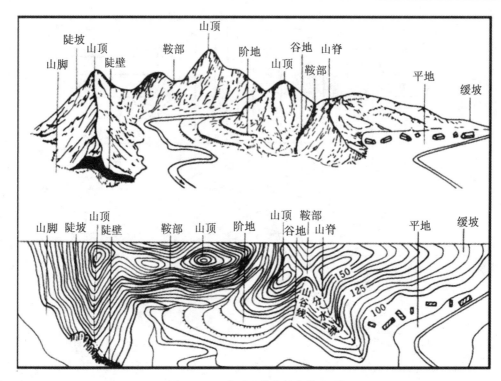

图 1-3-20　典型地貌的等高线表示

及其表示法，在《1∶500、1∶1000、1∶2000 地形图图式》《1∶5000、1∶10000 地形图图式》和《1∶25000、1∶50000、1∶100000 地形图图式》等中均有说明，这里不一一列举。

等高线法表示地貌的优点是方法科学，可以量算高差和坡度；缺点是缺乏立体效果，两条等高线之间的微地形无法详细表示。

（4）分层设色法

分层设色法是以一定的颜色变化次序或色调深浅来表示地貌的方法。将地貌按高度划分若干带，各带规定具体的色相和色调，称为色层。为划分的高度带选择相应的色系，称为色层表。在地图上，按色层表给不同高度带以相应颜色。目前，常见的色层表为绿褐色系，低地丘陵用黄色，山地用褐色，雪山和冰川用白色或蓝色等。该方法能醒目地显示地势各高程带的范围、不同高程带地貌单元的面积对比，具有立体感，如图 1-3-21 所示。

此法由制图学家雷马虚克发明。设色的原则是按地面由低到高，以绿、黄、棕等颜色分别表示平原、高原和高山，以浓淡不同的蓝色表示海洋的不同深度带。该法的优点是能概括地表示图内区域的地形大势，在分层设色法绘制的小比例尺地图中，平原、丘陵、山地等的分布状态一目了然，阅读很方便。

目前，我国常用的地形图中，200m 等高线以下填绘深绿色，200～500m 等高线间填绘浅绿色，500～1000m 等高线间填绘浅黄色，1000～2000m 等高线间填绘深黄色，2000～3000m 等高线间填绘浅赭色。

3. 土质和植被的表示

土质泛指地表覆盖层的表面性质，植被则是地表植物覆盖的简称。土质和植被是一种

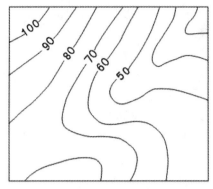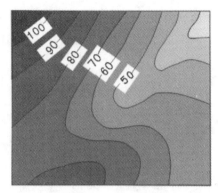

图 1-3-21　分层设色法表示地貌

面状分布的物体，地形图上常用地类界、说明符号、底色和说明注记相配合来表示。

地类界是指不同类别的地面覆盖物体的界线，图上用点线符号绘出其分布范围。

底色是指在森林、幼林等植被分布范围内套印绿色。

说明符号是指在植被的分布范围内用符号说明其种类和性质。

说明注记是指在大面积土质和植被范围内加注文字和数字注记，以说明其质量和数量特征。

3.2.3　社会人文要素的表示

普通地图上的社会人文要素包括独立地物、居民地、交通网和境界等内容。

1. 独立地物的表示

在实地形体较小、无法按比例表示的一些地物，统称为独立地物。地图上表示的独立地物主要包括工业、农业、历史文化、地形等方面的标志。

独立地物一般高出于其他建筑物，具有比较明显的方位意义，对于地图定向、判定方位等意义较大。独立地物在大比例尺地形图上表示得较为详细，见表 1-3-2。随着地图比例尺的缩小，表示的内容逐渐减少，在小比例尺地图上，主要以表示历史文化方面的独立地物为主。

表 1-3-2　　　　　　　　　　　　　　独立地物的表示内容

工业标志	烟囱，石油井，盐井，天然气井，油库，煤气库，发电厂，变电所，无线电杆、塔，矿井，露天矿，采掘场，窑
农业标志	水库，风车，水轮泵，饲养场，打谷场，储藏室
历史文化标志	革命烈士纪念碑、像，彩门，牌坊，气象台、站，钟楼，鼓楼，城楼，古关寨，亭，庙，古塔，碑及其他类似物体，独立大坟，坟地
地形方面的标志	独立石，土堆，土坑
其他标志	旧碉堡，旧地堡，水塔，塔形建筑物

独立地物由于实地形体较小，无法以真形显示，所以大多是用侧视的象形符号来表示。图 1-3-22 所示是我国 1∶2.5 万~1∶10 万地形图上独立符号的举例。

纪念碑　牌坊　烟囱　水塔　气象站　水磨房

钟楼、鼓楼　塔　庙　旧碉堡　文物碑石　独立大坟

图 1-3-22　我国 1∶2.5 万~1∶10 万地形图上独立符号的举例

在地形图上，独立地物必须精确地表示其实地位置，所以符号都规定了符号的主点，便于定位。当独立地物符号与其他符号绘制位置有冲突时，一般保持独立地物符号准确位置，其他物体移位绘出。街区中的独立地物符号，一般可以中断街道线、街区，留空绘出。

2. 居民地的表示

居民地是人类居住和进行各种活动的中心场所。在地图上应表示出居民地的形状、建筑物的质量特征、行政等级和人口数。

(1) 居民地的形状

居民地的形状包括内部结构和外部轮廓，在普通地图上都尽可能地按比例尺描绘出居民地的真实形状。

居民地的内部结构主要依靠街道网图形、街区形状、水域、种植地、绿化地、空旷地等配合显示。其中，街道网图形是显示居民地内部结构的主要内容。随着地图比例尺的缩小，有些较大的居民地往往还可用很概括的外围轮廓来表示，而许多中小居民地就只能用圈形符号来表示了。图 1-3-23 所示为普通地图上居民地的表示。

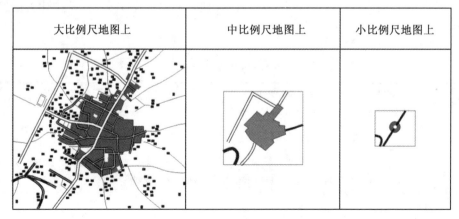

大比例尺地图上	中比例尺地图上	小比例尺地图上

图 1-3-23　居民地内部结构和外部轮廓的表示

（2）居民地建筑物质量特征

在大比例尺地形图上，由于地图比例尺大，可以详尽区分各种建筑物的质量特征，如表示出独立房屋、突出房屋和街区。图 1-3-24 所示为我国地形图上居民地建筑物质量特征的表示法。随着地图比例尺的缩小，表示建筑物质量特征的可能性随之减小。

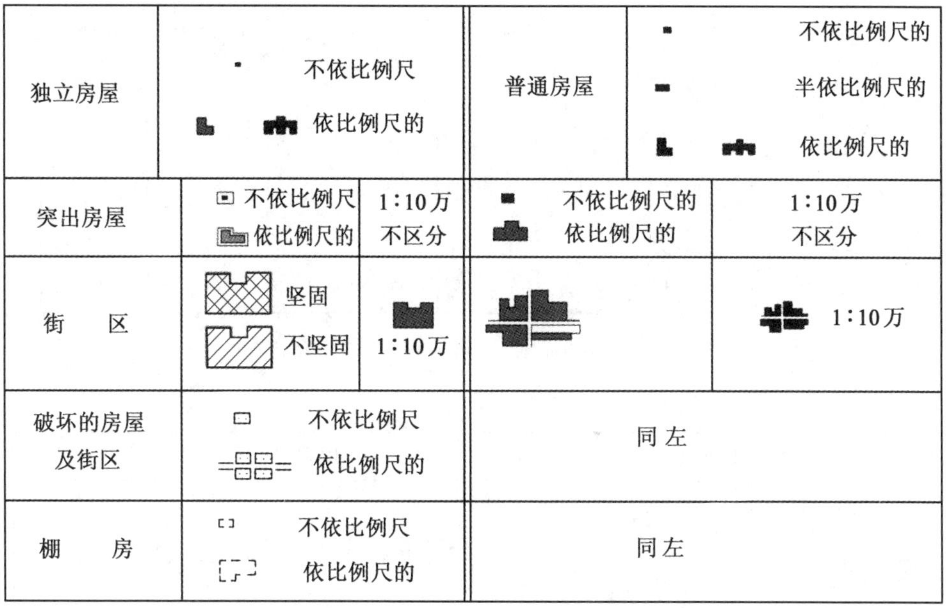

独立房屋	不依比例尺 依比例尺的	普通房屋	不依比例尺的 半依比例尺的 依比例尺的
突出房屋	不依比例尺 依比例尺的	1:10万 不区分	不依比例尺的 依比例尺的	1:10万 不区分
街 区	坚固 不坚固	1:10万		1:10万
破坏的房屋 及街区	不依比例尺 依比例尺的	同 左
棚 房	不依比例尺 依比例尺的	同 左

图 1-3-24　我国地形图上居民地建筑物质量特征的表示

（3）居民地的行政等级

居民地的行政等级是国家法定标志，表示居民地驻有某一级行政机构。

地图上表示行政等级的方法有很多，例如，可以用地名注记的字体、字大来表示，居民地用圈形符号的图形和尺寸的变化来区分，这种方法适用于不需要表示人口数的地图上。当地图比例尺较大，有些居民地还可用平面轮廓图形来表示时，仍可用圈形符号表示其相应的行政等级。当居民地轮廓图形很大时，可将圈形符号绘于行政机构所在位置；当居民地轮廓范围较小时，可把圈形符号描绘在轮廓图形的中心位置或轮廓图形主要部分的中心位置上。图 1-3-25 列举了我国地图上表示行政等级的几种常用方法。

（4）居民地的人口数

地图上表示居民地的人口数，能够反映居民地的规模大小及经济发展状况。

居民地的人口数量通常是通过注记字体、字大或圈形符号的变化来表示的。在小比例尺地图上，绝大多数居民地用圈形符号表示，这时，人口分级多以圈形符号图形和大小变化来表示，同时配合字大来区分。图 1-3-26 列举了表示居民地人口数的几种常用方法。

当地图上需要同时表示出居民地的行政意义和人口数时，通常用名称注记的字体、字大变化表示行政意义，用符号的变化表示人口数分级。

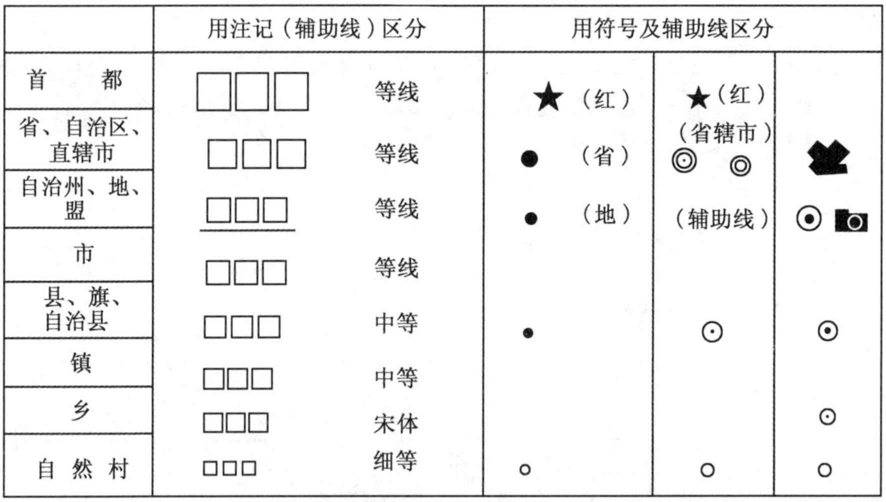

	用注记（辅助线）区分		用符号及辅助线区分		
首　都	▢▢▢	等线	★（红）	★（红）	
省、自治区、直辖市	▢▢▢	等线	●（省）	（省辖市）◎　◎	⬟
自治州、地、盟	▢▢▢	等线	•（地）	（辅助线）	◉　◨
市	▢▢▢	等线			
县、旗、自治县	▢▢▢	中等	•	◉	◉
镇	▢▢▢	中等			
乡	▢▢▢	宋体			◉
自然村	▫▫▫	细等	○	○	○

图 1-3-25　表示行政等级的几种常用方法举例

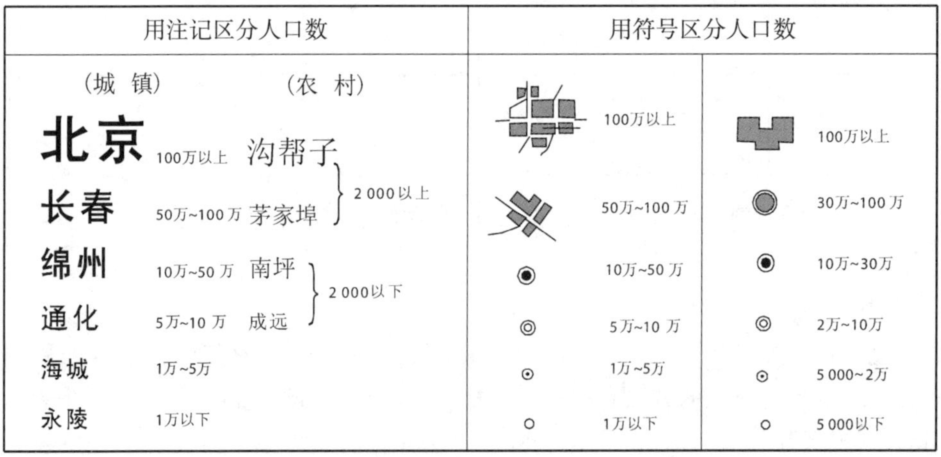

用注记区分人口数		用符号区分人口数			
（城　镇）　　　（农　村）					
北京 100万以上 沟帮子		⬛	100万以上	⬛	100万以上
长春 50万~100万 茅家埠	}2 000以上	⬛	50万~100万	◉	30万~100万
绵州 10万~50万 南坪		◉	10万~50万	◉	10万~30万
通化 5万~10万 成远	}2 000以下	◎	5万~10 万	◎	2万~10万
海城 1万~5万		◉	1万~5万	◉	5 000~2万
永陵 1万以下		○	1万以下	○	5 000以下

图 1-3-26　居民地人口数的几种常用方法举例

3. 交通网的表示

交通网是各种交通运输线路的总称，包括陆地交通、水路交通、空中交通和管线运输等几类。在地图上应正确表示交通网的类型和等级、位置和形状、通行程度和运输能力以及与其他要素的关系等。

（1）陆地交通

陆地交通地图上表示为铁路、公路和其他道路三类。

① 铁路。在大比例尺地图上，要区分单线和复线铁路、普通铁路和窄轨铁路、普通牵引铁路和电气化铁路、现有铁路和建筑中铁路等；而在小比例尺地图上，铁路只区分主要铁路和次要铁路两类。我国大、中比例尺地形图上，铁路皆用传统的黑白相间的符号来表示。其他的一些技术指标，如单轨、双轨用加辅助线来区分，标准轨和窄轨以符号的尺

寸来区分,已成和未成的铁路用不同符号来区分等。小比例尺地图上,铁路多采用黑色实线来表示。图 1-3-27 所示为我国地图上使用的铁路符号示例。

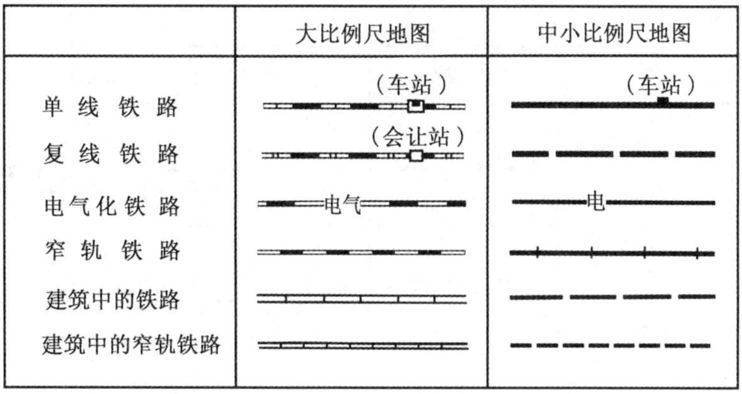

图 1-3-27　我国地图上使用的铁路符号示例

② 公路。分为主要公路和简易公路两类,主要以双线符号表示,再配合符号宽窄、线号粗细、色彩的变化和说明注记等反映其他各项技术指标。例如,注明路面的性质、路面的宽度。在大比例尺地形图上,还要详细表示涵洞、路堤、路堑、隧道等道路的附属建筑物。

新图式上,依据交通部的技术标准来划分,可将公路分为汽车专用公路和一般公路两大类。汽车专业公路包括高速公路、一级公路和部分专用的二级公路;一般公路包括二级、三级、四级公路。图 1-3-28 所示是我国新的 1∶2.5 万~1∶10 万地形图上公路的表示示例。

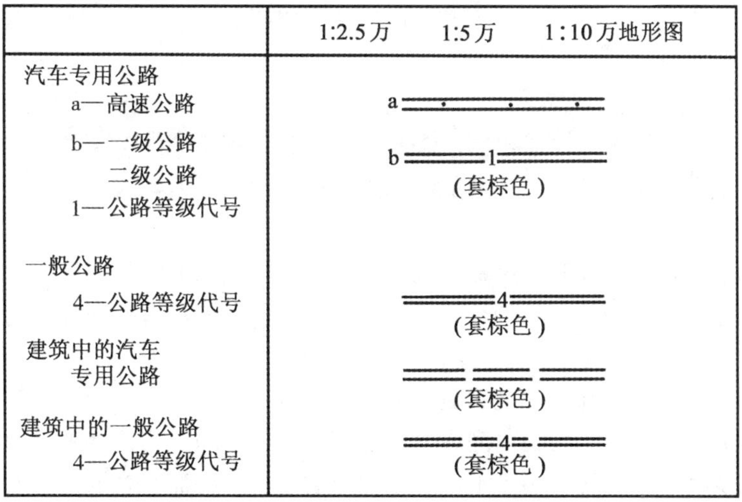

图 1-3-28　我国新的 1∶2.5 万~1∶10 万地形图上公路的表示示例

③ 其他道路。这是指公路以下的低级道路，包括大车路、乡村路、小路、时令路、无定路等。低级道路在地形图上也根据其主次分别用实线、虚线、点线并配合线号的粗细区分，如图 1-3-29 所示。

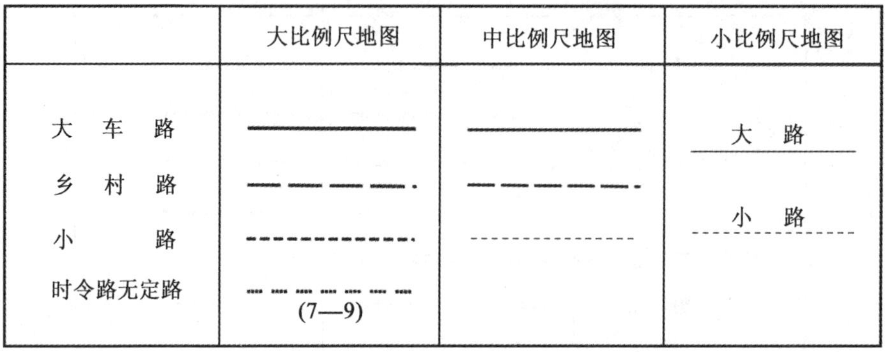

	大比例尺地图	中比例尺地图	小比例尺地图
大　车　路			大　　路
乡　村　路			
小　　路			小　路
时令路无定路	(7—9)		

图 1-3-29　我国地图上低级道路的表示示例

在小比例尺地图上，低级道路表示得更为简略，通常只分为大路和小路。

（2）水路交通

水路交通主要可分为内河航线和海洋航线两种。地图上常用短线（有的带箭头）表示河流通航的起讫点。在小比例尺地图上，有时还标明定期和不定期通航河段，以区分河流航线的性质。

一般在小比例尺地图上才表示海洋航线。海洋航线常由港口和航线两种标志组成。港口只用符号表示其所在地，有时还根据货物的吞吐量区分其等级。航线多用蓝色虚线表示，分为近海航线和远洋航线。近海航线沿大陆边缘用弧线绘出，远洋航线常按两港口间的大圆航线方向绘出，但应注意绕过岛礁等危险区。相邻图幅的同一航线方向要一致，要注出航线的起讫点的名称和距离。当几条航线相距很近时，可合并绘出，但需加注不同起讫点的名称。

（3）空中交通

在普通地图上，空中交通是由图上表示的航空站体现出来的，一般不表示航空线。我国规定，地图上不表示航空站和任何航空标志。国外地图一般都较详细地表示。

（4）管线运输

管线运输主要包括管道和高压输电线两种，它是交通运输的另一种形式。

管道运输分为地面和地下两种。我国地形图上目前只表示地面上的运输管道，一般用线状符号加说明注记来表示。

在大比例尺地图上，高压输电线是作为专门的电力运输标志，用线状符号加电压等说明注记来表示的。另外，作为交通网内容的通信线，也是用线状符号来表示的，并同时表示出有方位的线杆。在比例尺小于 1∶20 万的地图上，一般都不表示这些内容。

4. 境界的表示

地图上，境界分为政区境界和其他境界。政区境界包括国界，省、自治区、中央直辖市界，自治州、盟、省辖市界，县、自治县、旗界等；其他境界包括地区界、停火线界、禁区界等。

地图上所有境界线都是用不同结构、不同粗细与不同颜色的点线符号来表示的，如图
1-3-30 所示。

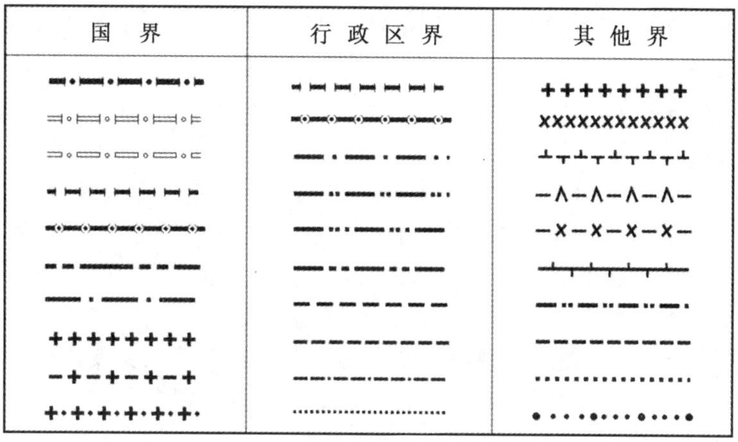

图 1-3-30　表示境界的符号示例

3.3　专题地图内容的表示

专题地图是突出而较完备地表示一种或几种自然或社会经济现象，从而使地图内容专
题化、用途专门化的地图，主要由地理基础底图和专题要素构成。地理基础底图主要用来
显示制图现象的地理背景和空间位置，专题要素是专题地图表示的主题，其内容和形式是
多种多样的。

3.3.1　专题地图的特性和类型

1. 专题地图的特性

（1）内容广泛

专题地图主要表示各种专题现象，也能表示普通地图上某一个要素，如水系、交通网
等。所表示的内容十分广泛，既能表示自然地理现象，又能表示社会人文要素；既能表示
各种具体、有形的现象，又能表示抽象、无形的现象；既可表示静态的现象，也可反映动
态变化；既可反映历史事件，又可预测未来变化。

（2）具有地理底图

专题地图由专题内容与地理底图两部分组成。其中，地理底图是以普通地图为基础，
根据专题内容的需要重新编制的。

（3）图形丰富，图面配置多样

由于用途、目的及编制特点的不同，专题地图图型及图面配置的变化相当丰富。专题
地图有 10 种对点状、线状、面状符号的表示方法，在色彩运用及地图的图名、图例、主

图与副图、附图、附表及其他表现内容的配置关系上，专题地图比普通地图更为复杂多变。

（4）新颖图种多，与相关学科的联系更密切

以我国专题地图的发展状况看，专题地图的图种涉及人口、社会经济、自然资源、环境、医学、教育等领域。编图所需的数据源很多就是相关学科的现场调查资料、统计数据以及研究成果结论。

2. 专题地图的类型

（1）按内容性质分类

专题地图按内容性质分类，可分为自然地图、社会经济（人文）地图和其他专题地图。

① 自然地图：反映制图区中的自然要素的空间分布规律及其相互关系的地图，主要包括地质图、地貌图、地势图、地球物理图、水文图、气象气候图、植被图、土壤图、动物图、综合自然地理图（景观图）、天体图、月球图、火星图等。

② 社会经济（人文）地图：反映制图区中的社会、经济等人文要素的地理分布、区域特征和相互关系的地图，主要包括人口图、城镇图、行政区划图、交通图、文化建设图、历史图、科技教育图、工业图、农业图、经济图等。

③ 其他专题地图：不宜直接划归自然或社会经济地图的，而用于专门用途的专题地图，主要包括航海图、宇宙图、规划图、工程设计图、军用图、环境图、教学图、旅游图等。

（2）按内容结构形式分类

① 分布图：反映制图对象空间分布特征的地图，如人口分布图、城市分布图、动物分布图、植被分布图、土壤分布图等。

② 区划图：反映制图对象区域结构规律的地图，如农业区划图、经济区划图、气候区划图、自然区划图、土壤区划图等。

③ 类型图：反映制图对象类型结构特征的地图，如地貌类型图、土壤类型图、地质类型图、土地利用类型图等。

④ 趋势图：反映制图对象动态规律和发展变化趋势的地图，如人口发展趋势图、人口迁移趋势图、气候变化趋势图等。

⑤ 统计图：反映不同统计区制图对象的数量、质量特征、内部组成及其发展变化的地图。

3.3.2 专题地图的表示方法

在自然界和人类社会中，凡是具有空间分布特征的现象，都能用专题地图表示。从现象的时间和空间分布的角度，可将地表现象归纳为呈点状、线状和面状分布、动态变化4大类，其表示方法共有10种。

1. 定点符号法

定点符号法用来表示呈点状分布的要素。它是用各种不同图形、尺寸和颜色的符号表示各自独立的、以整体概念显示的各个物体的空间分布及其质量和数量特征。一般用符号图形和色彩表示现象的质量特征，用尺寸表示数量指标，将符号定位于现象的实际位

置上。

　　定点符号按图形可分为几何符号、文字符号和艺术符号，如图 1-3-31 所示。几何符号由简单的几何图形构成，其结构简单、区别明显、便于定位、易于比较。文字符号是用物体名称的缩写或名称的第一、第二个字母来表示的，能顾名思义，便于识别和阅读。艺术符号可分为象形符号和透视符号。象形符号是用简单而形象化的图形表示物体或现象，符号生动直观、易于记忆。透视符号是按物体透视关系绘成的符号，形象生动、通俗易懂。艺术符号常用于宣传图和旅游图上。

图 1-3-31　定点符号的种类及表示方法

2. 线状符号法

　　线状符号法用于表示呈线状分布的现象，如河流、海岸线、交通线、地质构造线、山脊线等，图 1-3-32 所示为线状符号法示例。

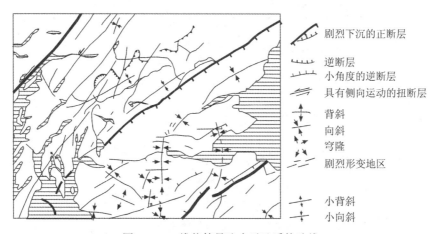

图 1-3-32　线状符号法表示地质构造线

线状符号用不同颜色或不同的结构表示线状要素的质量特征，其粗细只表示其重要程度，如主要、次要等，并不含有明确的数量概念。

用线状符号表示要素的位置时，有三种不同的情况：一是严格定位的，线状符号表示在现象的中心线上，如海岸线、陆上交通线、地质构造线等；二是不严格定位的，如航空线，只是两点间的连线；三是线状符号的一边沿实际位置描绘，另一边向内或向外扩展，形成一定宽度的色带，前者如海岸类型，后者如境界线色带等。

3. 范围法

范围法表示呈间断成片分布的面状现象，如森林、沼泽、湿地、某种农作物的分布和动物分布等。

范围法用真实的或隐含的轮廓线表示现象的分布范围，在范围内再用颜色、网纹、符号乃至注记等手段区分其质量特征。

根据所表示的专题现象的特征，范围法可以分为精确范围法和概略范围法两类。精确范围法表示有明确界线的现象，其轮廓用实在的线状符号表示。概略范围法表示没有固定界线或分布界线模糊、不易确定的现象，如动物分布。图 1-3-33 所示是精确范围法和概略范围法的几种表示形式。

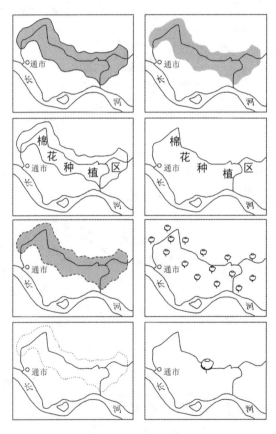

图 1-3-33　范围法表示棉花的分布

范围法只表示现象的质量特征，不表示其数量特征，即表示不同现象的种类及其分布的区域范围，不表示现象本身的数量。

4. 质底法

质底法表示连续分布、布满于整个区域的面状现象，如地质现象、土地利用状况和土壤类型等，其表示手段与范围法几乎相同，同样是在轮廓界线内用颜色、网纹、符号、注记等表示现象的质量特征。

采用该法时，首先按现象的不同性质，将制图区域进行分类或分区，制成图例；再在图上绘出各类现象的分布界线；然后把同类现象或属于同一区域的现象按图例绘成同一颜色或同一花纹。图上每一界限范围内所表示的专题现象只能属于某一类型或某一区划，而不能同时属于两个类型或区划。

质底法主要显示现象间质的差别，而不表示数量大小。质底法中对各种现象的设色有比较严密的规定，要反映现象的多级分类的概念，因此要从分类系统的角度来设计颜色。

5. 等值线法

等值线法是一种很特殊的表示方法，它是用等值线的形式表示布满全区域的面状现象。最适于用等值线表达的是地形起伏、气温、降水、地表径流等布满整个制图区域的均匀渐变的自然现象。

等值线是表达专题要素数值的等值点的连线，如等高线、等温线、等降水线、等气压线、等磁线等。图 1-3-34 所示是用等温线表示某地 1 月份气温情况。

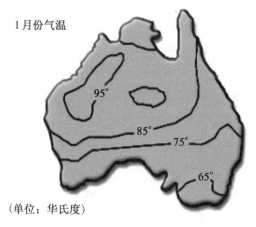

（单位：华氏度）

图 1-3-34　等值线法的表示

由于等值线强调的是数量指标，在使用等值线表示时，应保持数据的统一性，即要求同样的起算基准、同样的观测时制（日均、月均、年均、多年平均）及同样的精度标准。等值线的间隔通常保持常数，这样可以根据等值线的疏密判断现象变化的速率。

6. 定位图表法

用图表的形式反映定位于制图区域某些点上周期性现象的数量特征和变化的方法，称为定位图表法。常见的定位图表有风向频率图表、风速玫瑰图表、温度和降水量的年变化图表，如图 1-3-35 所示。

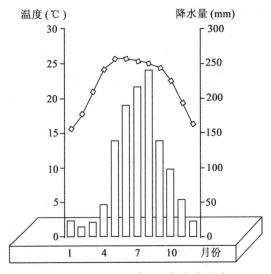

图 1-3-35 温度和降水量年变化图表

定位图表反映的虽然只是在某点上观测的数据,但因为它反映的是一定空间的自然现象,是周围一定区域范围内面上现象的代表性反映,因此,分布在制图区域中各处的若干定位图表,可以反映该区域面状分布现象的空间变化。

7. 点数法

对制图区域中呈分散的、复杂分布的现象,如人口、动物分布以及某种农作物和植物分布,当无法勾绘其分布范围时,可用点子的多少反映其数量指标,用点子的集中程度反映现象分布的密度,这种方法称为点数法,又称为点值法、点描法。

用点数法作图时,点子的排布有两种形式,一是均匀布点法,二是定位布点法。均匀布点法是在一定的区域单元内均匀布点,而不考虑地理背景;定位布点法则是按专题要素的分布与地理背景的关系,按实际分布状况布点,如图 1-3-36 所示。

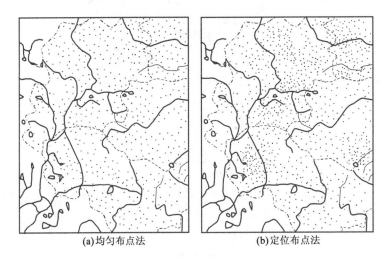

图 1-3-36 均匀布点法与定位布点法

8. 运动线法

运动线法又称为动线法，它是用矢状符号和不同宽度、颜色的条带表示现象移动的方向、路径、数量质量特征。自然现象(如洋流、寒潮、气团变化)、社会现象(如移民、货物运输、资本输入输出)等，都适合用动线法表示它们的移动。

以运动线顶端的矢部表示运动方向是非常直观的，其后端的运动线的位置表示现象移动的路径，线的宽度表示其数量特征，线的颜色或形状表示其质量特征，表示方法如图 1-3-37 所示。

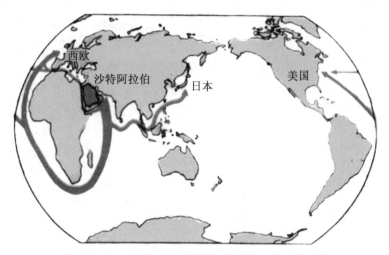

图 1-3-37　运动线法表示沙特阿拉伯的石油运输路线

9. 分级统计图法

在制图区域内，按行政区划或自然区划区分出若干制图单元，根据各单元的统计数据并对它们进行分组，用不同的色阶或晕线网纹反映各分区现象的集中程度或发展水平的方法，称为分级统计图法，也称为分级比值法，其表示方法如图 1-3-38 所示。

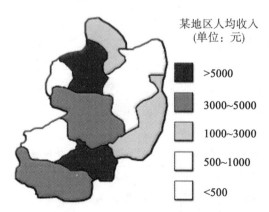

图 1-3-38　分级统计图法表示专题现象

　　分级统计图法是一种统计制图方法，是一种概略的表示方法，因此对具有任何空间分布特征的现象都适用。但分级统计地图只能表示单元之间的差异，不能显示单元内部的差别。因此，单元划分得越小，越能比较准确地反映现象分布的真实状况。

　　用于分级的指标可以是绝对指标，如人口总数、粮食总产、国民生产总值等，也可以是相对指标，如人口密度、粮食单产、人均收入等。

　　10. 分区统计图表法

　　分级统计图法是利用分级，以不同级别单元的颜色的色阶差来反映它们的差别；而分区统计图表法则是另一种形式，它是在各分区单元内按统计数据描绘成不同形式的统计图表，置于相应的区划单元内，以反映各区划单元内现象的总量、构成和变化。

　　由于它同样是属统计制图的范畴，所以也是一种概略的表示方法，对任意一种空间分布现象均适用。当统计单元划分较小时，反映的现象也较为细致。

　　统计图表的形式可以是柱状、饼状、圆环、扇形，以及其他较为规则、易于计量的几何形状，如图 1-3-39 所示是农业用地构成图表，即反映农作物播种面积及构成的圆形结构图表。

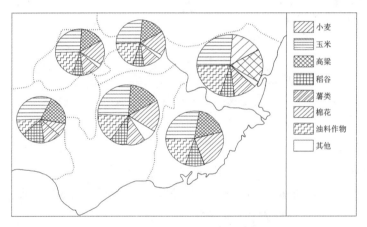

图 1-3-39　农业用地构成图表

　　专题地图内容的 10 种表示方法是针对不同的时间、空间分布特征，以及数量、质量特征要求而产生的，表示方法有着严格的区别，但在形式上，某些表示方法也有着十分相似的地方。只有认识了它们的实质，才能在专题制图时准确而恰当地使用它们。表 1-3-3 列出了不同表示方法对现象空间分布特征的适用范围。

表 1-3-3　　　　　　　　　　不同表示方法对现象空间分布特征的适用范围

表示方法 现象空间分布	定点 符号法	线状 符号法	范围法	质底法	等值 线法	定位 图表法	点数法	运动 线法	分级统 计图法	分区统 计图表法
点状分布	✓							✓	✓	✓

续表

表示方法 现象空间分布		定点 符号法	线状 符号法	范围法	质底法	等值 线法	定位 图表法	点数法	运动 线法	分级统 计图法	分区统 计图表法
线状分布		✓					✓		✓	✓	✓
线状分布	呈间断分布		✓				✓		✓	✓	✓
	布满全制图区域			✓	✓	✓			✓	✓	✓
	分散分布							✓	✓	✓	✓

◎ **思考题**

1. 地图符号有几种分类方法？各是怎样分类的？

2. 色彩的三属性是什么？

3. 地图注记的基本要素有哪些？

4. 什么是地形图？什么是地理图？二者之间有什么区别？各有什么特点？

5. 普通地图上河流如何表示？

6. 地图上地貌的表示方法有几种？各是如何表示地貌的？

7. 等高线有几种？各种等高线是怎样表示地貌的？

8. 什么是专题地图？专题地图有什么特性？什么是定点符号？它如何分类？

9. 用线状符号表示要素的位置时，可分为几种情况？

10. 范围法与质底法有什么异同？

11. 等值线法表示专题现象时，如何保持数据的统一性？

12. 试表述不同表示方法对现象空间分布特征的适用范围。

第4章 地图概括

【项目概述】

地图是以缩小的形式反映客观世界的，它不可能把真实世界中所有现象无一遗漏地表现出来，因而就存在着许多地理事物与地图清晰易读要求的矛盾，这种矛盾随着比例尺的缩小而越发显得突出。因此，必须对地图内容进行客观与主观的概括，可见，地图内容科学性的核心问题就是地图概括。从这一角度来看，可以说，地图是一种思维产品。本章介绍了地图概括的含义，以及地图概括的数量分析方法，重点介绍了地图概括的方法，说明了地图概括的现代发展。

【教学目标】

◆ 知识目标

1. 熟悉地图概括的方法
2. 掌握地图概括的影响因素
3. 掌握地图概括的设计方法

◆ 能力目标

1. 能进行不同类型地图要素的选取
2. 能进行不同类型地图要素的概括
3. 能根据制图要求，进行地图概括的设计
4. 能对地图数据进行处理，使其满足制图要求

4.1 地图概括概述

地图是将地理环境诸要素按一定的数学法则，运用符号系统，并经地图概括，缩绘于平面上的图形，以传递各种自然和社会现象的数量和质量的时空分布规律及动态变化。因此，地图最重要、最基本的特征是以缩小的形式表达地面事物的空间结构。这个特征表明，地图不可能把地面全部事物毫无遗漏地表示出来，地图上所表示的地面状况是经过概括后的结果。地图在不同用途和比例尺变换的过程中势必删繁就简、舍末逐本，以求客观地反映地理实体，达到地图内容的详细性与清晰性的对立统一、几何精确性与地理适应性的对立统一。以城市为例，在大比例尺地形图上，可以比较详细地表示出街道、街区平面图形特点，突出建筑物和经济文化设施等；在中比例尺地形图上，只能表示出一些主要街道、街区平面图形的主要特征，其他标志已不能表示出来了；在小比例尺地形图上，仅能显示出城市的总轮廓；比例尺再缩小，就变为用一个点状符号来表示其所在的位置了。由此可知，地图概括的实质就是采取简单扼要的手法，把空间信息主要的、本质的数据提取

后联系在一起，形成新的概念。地图概括又称为制图综合，是指对客观事物进行选取和概括。选取又称为取舍，是指从大量的客观事物中选出最重要的事物表示在图上，而舍去次要的事物。概括就是对客观事物的形状、数量和质量特征的化简。形状化简是指去掉轮廓形状的碎部，以突出事物的总体特征；数量和质量特征的化简是指减少分类和分级的数量，以缩减客观事物的差别。

选取和概括不是任意的，而是根据地图比例尺、用途和制图区域的地理特征，对地图上各要素及共同内在联系加以分析研究，选取和强调主要的事物和本质的特征，而舍去次要的事物和非本质的特征。因此，地图概括可分为比例概括和目的概括。比例概括是由于地图比例尺缩小，图形随之缩小后，有些图形缩小到难以清楚地表达出来，必须根据地图缩小的程度进行选取和概括，即考虑地图比例尺进行地图概括；目的概括是因为地球表面客观事物的重要性并不完全取决于它的图形大小，它的选取和概括也不完全由比例尺决定，还需通过编图者对其重要性的判断来确定取舍或化简，即考虑编图目的和所反映的内容的重要程度进行地图概括。

对地图概括产生影响的主要因素有地图的用途和主题、比例尺、地图区域地理特征、数据质量和图解限制等。

① 地图的用途和主题不同，需要在图面上反映在空间数据的广度和深度也不同，因此地图的用途是地图概括的主导因素，地图的主题则决定某要素在图上的重要程度，因而也影响地图概括。

② 地图比例尺是决定地图概括数量特征的主要因素，比例尺限定了制图区域的幅面，限制了图上能表示要素的总量，因而也决定了要素数量指标的选取。

③ 地图区域的地理特征各异，例如，在我国的西北干旱区，河流、井、泉附近成为人们生活和生产的主要基地，制图规范对这些地区规定必须表示全部河流、季节河和泉水出露的地点。

④ 数据质量，以及数据的种类、特点都直接影响地图概括的质量，制图时若资料收集完备和准确，则有利于地图概括方法的选择。

⑤ 图解限制，是指地图的内容受符号的形状、尺寸、颜色和结构的直接影响，并制约着概括程度和概括方法。

总之，地图概括的程度受到各种因素的影响，除了上述各种客观因素的影响外，还受到制图者个体对客观事物认识过程的差异及制图者的经验和综合素质等主观因素的影响。

地图概括意义体现在两大矛盾的协调，即地图图幅有限性和制图对象的丰富性，以及地图几何精确性与地理适应性。地图概括的水平和质量，对地图恰当地反映各地理要素的特征及分布、保证地图质量具有重要意义。因此，地图概括在地图编制中占有重要地位，它是地图编制的重要环节。无论是编制普通地图还是专题地图，无论是内业编图还是外业测图，都少不了地图概括过程。正确地概括能使地图恰当地反映出各地理要素的特征、分布规律与相互联系，提高地图质量。

4.2 地图概括方法

在地图制图中，为完成地图概括的过程，逐渐形成了一些约定的方法，主要方法有选取和概括，其中，概括包括数量特征概括、质量特征概括和图形特征概括。

4.2.1　选取

选取又称为取舍，是地图概括最重要的和最基本的方法。选取就是从大量的、复杂多样的制图对象中选取一部分，而舍去另一部分。选取是有很强的目的性的，是根据地图的主题、用途、内容和比例尺等要求，按制图大纲规定的数量或质量指标，选取大的、重要的、有代表性的对象表示在地图上，舍去小的、次要的，或与地图主题无关的内容。

1. 选取原则

选取是指选取较大的、主要的内容，而舍去较小的、次要的或与地图主题无关的内容，包括选取和舍去两部分内容。

选取主要有两个方面：一是选取主要的类别，如编制地势图时，主要选取水系、地形，而居民地、交通线、境界等应适当选取；二是选取主要类别中的主要事物，如地势图上的水系，要选取干流及较重要的支流，以表示水系的类型及特征，政区图上的居民地要选取行政中心及人口数量多的。

舍去也有两个方面：一是舍去次要的类别，如政区图上舍去地形要素；二是舍去已选取的类别中的次要事物，如舍去水系中短小支流或季节性河流，舍去居民地中的自然村等。

因此选取的原则有三点：

① 选取与地图主题相关的内容，舍去无关的内容；

② 选取反映地图主题的主要类别，舍去次要类别；

③ 选取主要类别中的主要事物，舍去已选取的类别的次要事物。

这里应当指出，所谓主要与次要，是相对的，它随地图的主题、用途、比例尺的不同而异。例如，在地势图中，水系与地形是主要内容，应详细表示；居民地和交通线是次要内容，可适当表示或不表示交通线。而在政区图上，居民地和交通线是主要内容，应详细表示；水系是次要内容，可适当表示；地形要素可不表示。

2. 选取顺序

合理的选取顺序，是保证地图内容正确选取的条件，一般按制图对象的主次关系、数量或质量指标的高低顺序进行。

（1）从整体到局部

进行选取时，要首先从整体着眼，然后从局部入手。如河流的选取，总是先从制图区域整体出发进行河网密度分区，规定不同密度区的选取标准，然后按分区，从局部入手，选取一条条河流，由主流到支流逐级进行，最后再从全局看各个部分的小河数量是否反映出各区的不同河网密度状况，河网类型表达得是否正确。就是对一条大河的选取，也要先整体后局部地进行，首先保留构成该河主流基本骨架的特征，去掉一些小的弯曲，然后按指标和平面结构类型选取支流和其他小河，这样才能使地图上的河网从整体到局部都得到正确的显示。

（2）从主要到次要

地图上所表示的各个要素，根据地图的主题和用途，有主要与次要之分。例如地形图上的居民地，其方位物和街道干线是主要的，而街道支线、小街区是次要的；又如在交通运输图上，连接大城市的运输量大的交通干线是主要的，而支线运输量小的则是次要的。选取时，要遵循先主要后次要的顺序进行。

（3）从高级到低级

例如在普通地图上，对居民地的选取，应按行政等级次序选取，首先是首都，其次是省级政府所在地，再次是县市级政府所在地；又如土壤类型图，先选土类，然后选亚类，再选土种。

（4）从大到小

如在地图上选取湖泊、水库，先选取大的，后选取小的，这样可以保证大的事物首先入选。

总之，选取时要从总体出发，首先选取主要的、高级的、大型的事物，再依次选取次要的、低级的、小型的事物，最后还要从整体上进行分析，观察是否反映了制图区域的总体特征。

按照一定的方法和顺序进行选取，既可以保证地图上具有丰富的内容，表示出制图对象的主次关系，又能使地图载负量适当，清晰易读。

3. 选取方法

在同类事物中具体确定选取哪些主要的、等级高的对象，舍去次要的、等级低的对象，是一项十分复杂的工作。因为主要和次要、等级高和等级低都是相对的，在实施时必然会带有很大的主观性。为了确保同类地图所表达的内容基本统一，使地图具有适当的载负量，需要确定选取标准，通常有以下几种方法来制定选取标准：

（1）资格法

资格法以一定的数量或质量指标作为选取的资格。例如，规定河、湖、居民地的选取资格为：图上河流长度 1cm，湖泊面积 $2mm^2$，居民地人口数量 500 人，达到此数量的则选取，不够的则舍去。这属于以数量指标作为选取资格。若以居民地的行政等级、河流的通航情况作为选取资格，规定乡、镇政府驻地以上的选取，以下的舍去；通航的河流选取，不通航的舍去，这属于以质量指标作为选取资格。制图对象的数量指标和质量指标都可以作为确定选取资格的标志。数量指标通常包括长度、面积、高程或高差、人口数量、产量或产值等；质量指标通常包括等级、品种、性质、功能等。

资格法标准明确、简单易行，在制图中得到了广泛的应用。但是此方法也有一定的不足，其缺点在于：第一，资格法只以一个指标作为衡量选取的条件，不能全面衡量制图对象的重要程度，不能保证具有重要意义的小事物被选取。例如，一条同样大小的河流处在西北和江南等不同的地理环境中，其重要程度会相差甚远；第二，按同一个资格进行选取，难以控制各地区图面载负量的差别，无法预计选取后的地图容量，很难控制各地区间的对比关系。

为了弥补资格法的不足，通常在不同的区域确定不同的选取标准，或对选取标准规定一个范围。例如，甲地区和乙地区具有不同的河网密度和河系类型，对于不同密度的地区规定不同的选取标准，如甲地区为 8mm，乙地区为 10mm，用以保持不同地区河网密度的正确对比。同等密度的地区，由于河系类型不同，其长短河流的分布也会不同，这就需要给出一个活动范围，如甲地区 6~10mm，乙地区 8~12mm，用来照顾各地区内部的局部特点。至于资格法的第二个缺点，其自身很难克服，需要用定额法作为补充或配合使用。

（2）定额法

定额法规定单位面积内应选取的事物总数量，即按照选取顺序进行选取，以不超出总量指标为限的一种选取方法，如规定每平方分米内居民地应选取的个数、规定平原区域高程点数量选取指标为 10 个/100cm² 等。定额法既可保证地图上具有相当丰富的内容，又不影响地图的易读性。规定选取定额时，要考虑制图对象的意义、区域面积、分布特点、符号大小和注记字体规格等因素的影响。例如，规定居民地选取数量时，要考虑居民地分布的特点，一般都以居民地分布密度或人口密度分布状况为基础，对于密度大的地区，单位面积内选取的数量多，对于密度小的地区，选取的数量少，这才比较合理。

定额法也有明显的不足，其缺点是难以保证选取数量同所需要的质量指标相协调，即无法保证在不同地区保留相同的质量资格。例如，编制省区行政区划图时，要求选取乡镇级以上的居民地，但是由于不同地区乡镇的范围大小不一、数量多少不等，若按定额选取，将会出现有的地区乡镇级居民地选完后，还要选取一些自然村才能达到定额指标，而另外的地区乡镇级居民地却超过定额数，以至于无法保证全部选取，这就形成了各地区质量标准的不统一。

为了弥补这个缺点，使用定额法时通常规定一个选取范围——最高指标与最低指标，以调整不同区域间的选取差别。例如，100cm² 内选取 80~100 个居民地，在这个范围内调整，使不同区域可采用相同的质量标准，也可以保持分布密度不同的相邻区域在选取后保持密度的逐渐过渡。

按定额法选取，解决选取多少制图对象的问题；按资格法选取，解决选取哪些制图对象的问题，两种方法都有各自的局限性，只用其中一种方法进行选取，很难获得完美的选取结果，因此，在实际工作中常将两者结合起来使用，取长补短。同时，为了使确定的选取资格或定额具有足够的准确性，人们尝试使用各种各样的数学方法，包括数理统计法、根式定律法、图解计算法、等比数列法、回归分析法等，上节内容对这些方法进行了具体介绍。这些数学方法并不是孤立存在的，在地图内容选取的过程中应相互补充、相互配合、协调运用。

4. 选取的基本规律

① 地图内容越多，制图要素密度就越大，其选取的标准定得就越低，被舍去目标的绝对数量就越多。

② 要保持制图对象的分布特点，既尊重指标，又灵活掌握。

③ 制图要素密度系数损失的绝对值和相对量都应从高密度区向低密度区逐渐减少。

④ 在保持各密度区之间具有最小辨认系数的前提下，保持各地区间的密度对比关系。

4.2.2　概括

概括是对制图对象的数量、质量和图形特征进行化简，因此包括了数量特征的概括、质量特征的概括和图形特征的概括三部分。

1. 数量特征的概括

数量特征概括就是将制图对象按数量进行分级，即根据制图对象的数量，按一定的界限进行分级表示的过程。经过数量特征的概括，减少了制图对象的数量差别，增大了数量指标内部变化的间距，对于数量指标低于规定等级的事物不予表示。随着地图比例尺的缩小，制图对象的数量分级必须减少。例如，区域人口密度分布图。制图比例尺大，数量分级数多；反之亦然。

数量特征概括是根据制图比例尺的差异，对制图对象数量等级进行细分或合并的过程。具体方法如下：

分级：对选取的制图对象按数量分布差异进行分等划级的过程(图 1-4-1)。

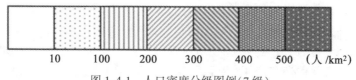

图 1-4-1　人口密度分级图例(7 级)

合并：根据制图需要对制图资料中有关数量等级进行合并的过程。一般在从太比例尺图向小比例尺图缩编中，则需要对制图对象数量等级进行适当合并(图 1-4-2)。

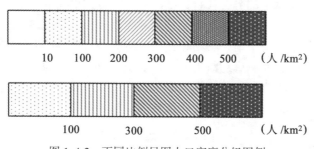

图 1-4-2　不同比例尺图人口密度分级图例

在对制图对象进行数量特征概括时，分级数和分级界限是核心问题。

分级数对数量特征概括有很多影响，分级越多，可以准确地保持制图对象的数量分布特征，但对数量的概括程度就越小，易分散地图读者的注意力；反之，分级数越少，对数量的概括程度就越大，可增强地图的易读性，但会掩盖同一级别中制图对象的数量差异。因此，分级数一般为 5~7 级比较适宜，最少一般不低于 3 级，最多一般不超过 9 级。在分级数确定以后，就要确定分级界限了。在保持数量分布特征的前提下，各分级界限应尽可能地规则变化，这样便于理解和记忆。同时，为了使每一个数据都能准确地被划分在相应的等级内，分级界限应采用"左闭右开"或者"左开右闭"的形式。

在用等值线表示数量特征的地图上，进行数量概括时就要扩大等值线间距值，如地形图上的等高线，其等高距在 1：5 万图上为 10 米，在 1：10 万图上为 20 米，在 1：25 万图上为 50 米，在 1：50 万图上为 100 米。又如气温图上等温线间隔，可由 2° 化简为 4° 等。在用点值法表示数量特征的地图上，概括时就要扩大点值，如在人口图上将一点代表 500 人化简为一点代表 1000 人。在用符号尺寸大小(如圆形符号大小、线状符号的粗细)表示数量特征的地图上，概括时可将连续的变为分级的，进而减少分级级数，如按人口数量将某一地区的居民地划分为 7 级；1 万人以下，1 万~5 万人，5 万~10 万人，10 万~30 万人，30 万~50 万人，50 万~100 万人，100 万人以上，进行概括时，将级数减少为 5 级，1 万人以下，1 万~10 万人，10 万~50 万人，50 万~100 万人，100 万人以上。

进行数量特征概括时，不仅要考虑地图比例尺和用途，而且要特别注意考虑事物数量分布的特点及保持具有质量意义的分级界限。例如，某制图区域居民地人口数量的统计资料表明，0.8 万~3.5 万人口的居民地占居民地总数的比例很小，而 80%的居民地人口数均为 6 万~18 万，由于人口数量等级的划分应是连续的，且分级界限应是完整的数字，故 5 万和 20 万应作为分级界限，以反映该区居民地人口数量的分布特征。一个居民地，除了人口数量以外，还具有行政、工业、交通、文化等方面的意义，所以按人口数量进行分级时，应尽量把各方面情况相近似的居民地划分到同一等级中去。例如，我国规定居民地人口数在 100 万以上者为"大城市"，故 100 万应作为一个分级界限；又如气温图，扩大等温线间距时，必须保留带有特征意义的等温线，我国划分亚热带、暖温带、温带和寒温带的指标之一是最冷月 16℃、0℃、−8℃、−28℃ 等几条等温线，显然这些等温线是具有特征意义的，必须保留这几条等温线。

2. 质量特征的概括

地图上各事物的质量差别通常是以分类来体现的。质量特征的化简就是减少一定范畴内事物的质量差别，用概括的分类代替详细的分类，即按事物的性质合并类型或等级相近的事物。例如，将针叶林、阔叶林和混交林合并为森林；将甘蔗、棉花、油菜的作物区合并为经济作物区；将喀斯特山地、喀斯特丘陵、喀斯特台地、喀斯特溶蚀堆积盆地合并为喀斯特地貌；将棉纺织工业、麻纺织工业、丝纺织工业等合并为纺织工业，等等。制图比例尺大，制图对象分类更详细，反之则更概括。

质量特征概括是根据制图需要，按质量特征对制图对象进行分类、归并的过程。具体方法有：

(1) 分层归类

地图上的分类可分为两种情况，对于普通地图，制图部门独立地制定图例、图式，使普通地理要素按不同的比例尺纳入规范要求。对于专题地图，则遵从该专题的学科分类。在比例尺变换时，专题作者需要和编图作者商讨在地图上表示专题分类的详细程度。

图 1-4-3 所示是 1971 年版 1∶10 万地形图中详细的水系分类。当比例尺变换至 1∶25 万时，这个分类仅保留了河流、运河、常年湖、水库，其他都在分类上消失。

(2) 类型合并

用概括的分类代替详细的分类，或者说将当前类型并入上一级的类型等级中，如将水田、旱地合并为耕地；将石桥、铁桥、木桥合并为桥。

经过层次归类的空间数据，具有明确的先后层次顺序，随着比例尺的缩小，按数据的质量特征来合并，减少类型数量。

3. 图形特征的概括

图形特征概括是根据制图需要，对制图对象图形特征进行简化概括的过程。制图对象的形状在地图上是用平面图来表示的，其图形特征包括内部结构及外部轮廓两个方面。随着地图比例尺的缩小，图形将变得模糊不清，为此，要对表示制图对象形状的平面图形的内部结构和外部轮廓进行简化，而保留制图对象本身所固有的、典型的特征，使表示制图

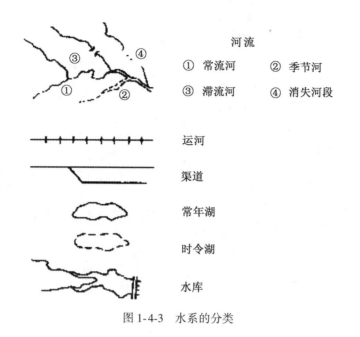

图 1-4-3 水系的分类

对象的平面图形简洁、清晰，增强地图的易读性。

图形特征的概括用于化简呈线状和面状分布的事物，如河流、岸线、居民地平面图形、森林分布范围等。对某种事物进行图形特征概括时，要考虑到与其他事物的关系，使彼此之间能协调一致。例如，对湖泊进行图形化简时，要注意与地形、水系的关系。又如，对山谷水库概括时，要注意和等高线协调，删除不协调的碎部；对活水湖，要注意进水口与出水口有不同的特征，进水口多有冲积三角洲等。

图形特征概括的方法分为简化、夸大、位移、合并和分割等。

（1）简化

简化包括降维转换和碎部删除。

① 降维转换：表示数据的符号图形产生维量变化，称为图形等级转换。

点状符号是 1 维的数据，线状符号和面状符号是一种 2 维的数据，比例尺缩小或同级比例尺的制图目的不同时，运用符号表示数据的图形产生维量的变化，它对地图的载负量影响很大。

如图 1-4-4 所示，居民点从一个平面图形（2 维）转换为圆圈符号（1 维），河流从双线的线状符号变为单线（同是 2 维），实测的桥梁（2 维）转换为桥梁符号（1 维），都是降维的结果。

② 碎部删除：去除那些因比例尺缩小而无法清晰显示的图形碎部特征，如图 1-4-5 所示。

碎部删除原则是：保持轮廓图形和弯曲形状的基本特征，保持弯曲转折点的相对精确性，保持不同地段弯曲程度的对比。

任何线状地物或面状地物，其轮廓都是点的连续，而这些点所构成的曲线中，只有能反映旧线弯曲形状特征的点才是特征转折点，是构成图形的支柱。只有保持这些转折点，

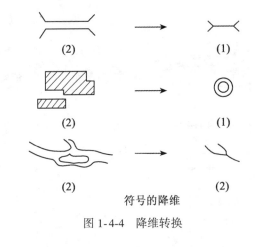

符号的降维

图 1-4-4　降维转换

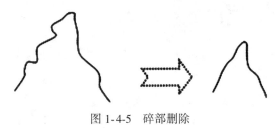

图 1-4-5　碎部删除

才能保持线状和面状地物的形状相似性。

　　删除就是去掉那些因比例尺缩小而无法清楚表示的碎部，如河流、等高线、居民地外部轮廓线等的小弯曲。但删除也不是绝对的，有时为了显示和强调事物平面图形的特征，将本来按比例应删除的小弯曲，反而夸大表示出来。例如多小弯曲的河流，若将小弯曲全部删除，这样的河流就变为平直的线段，失去了原来多弯曲的特征。为此，应在删除大量小弯曲的同时，适当夸大其中某些小的弯曲，以显示其弯曲的特征。

　　（2）夸大

　　有时候为了显示或强调物体的平面图形特征，本来应按比例删除的小弯曲，反而夸大表示。例如小比例尺地图上的一个湖群地区，在比例尺缩小以后，不对一些主要的湖泊适当放大，就显示不出这个湖区的地理特征。新编地图可能不适于量测，然而它反映了区域的地理面貌。夸大包括不依比例的放大与位移。

　　一些有许多微小弯曲的河流，如果按比例尺机械地化简，这些弯曲将会全部被删除，多弯曲河流将变成笔直的河段，反而歪曲了河流的特征，因此，必须对一些弯曲进行局部夸大（图 1-4-6）。其他地理要素概括时也会出现类似的情况。

　　（3）位移

　　为了保持地图上各地理要素相互位置关系的对比，当对某要素进行夸大表示时，其他地理要素也要做相应的位置调整。

　　例如粤北坪石金鸡岭路段：南面是武水，中间是京广铁路，北面是金鸡岭。在小比例尺地图上，武水位移量最小，而坪石、金鸡岭已经移到东边去了，如图 1-4-7 所示。

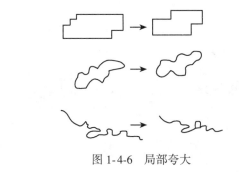

图 1-4-6 局部夸大

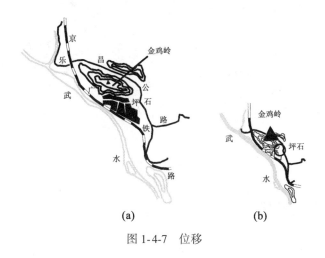

(a)　　　　　　　　(b)

图 1-4-7 位移

(4)合并

由于比例尺的缩小,将图上间隔小于规定尺寸的图形加以合并,如图1-4-8所示。

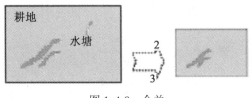

图 1-4-8 合并

合并就是将邻近的、间隔小到难以区分的同类事物的图形加以合并,以表示出事物的总体特征。例如化简居民地平面图形,可合并街区;又如两块林地间隔很小,可合并成为一片林地等。

合并与删除是一个问题的两个方面。删除等高线所表示的谷地,就等于两边山脊的合并。城市街道的删除就造成街区的合并。比例尺缩小以后,也造成森林的互相合并。

(5)分割

合并的结果可能导致图形某些特征的丢失,为了弥补这一缺陷,有时根据制图需要对合并后的图形再进行适当的分割,如图1-4-9所示。但分割造成图形的变形很大,故一般不常用。

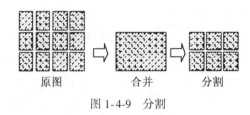

图 1-4-9 分割

4.3 地图概括的现代发展

计算机制图使现代地图的编制更多地摆脱手工劳动，它对地图概括提出的要求是：总结概括的规律，研究地图概括过程的计量化和模型化，充分利用地图数据库和地理信息系统，以解决概括的各种问题。

较早的机助制图作业是对空间数据的点和面的处理，利用点的删除构成新的图形。图1-4-10 所示是在若干个数据点中选择一个点，通过点总数减少构成新图。

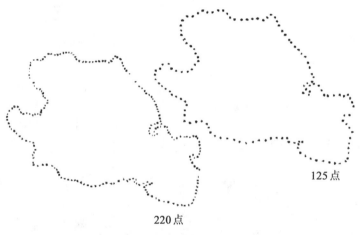

125 点

220 点

图 1-4-10 机助制图中点的删除

1973 年，Douglas-Peucker 简化线状数据点的连接，被认为是一种很好的概括方法。这种方法是从整体出发考察一条线段，如图 1-4-11 所示，首先选取线的两端点 A、B，然后计算线段内其余各点到两端点连线的垂直距离，如果这些点（如 C 点）到直线距离大于阈值就被保留，如小于阈值则删去。再从 C 点到 B 点考察有无新的大于阈值的点，设 D 点大于阈值，可被保留，新的线段 $ACDB$ 连接组成。

此外，曲线的平滑方法可以采用二次多项式平均加权法、张力样条函数插值法等。

曲面拟合的方法也常用于等值线模型的概括。

现代数学中的模糊集合论、图论、分形几何学的引入，促进了地图概括的进步。模糊综合评判方法计算地物的评判值，并研究它的结构模型，改进了等比数列法；图论的方法计算节点和边的强度值，对线划地物，如道路、河流的概括有相当帮助等；分形方法是

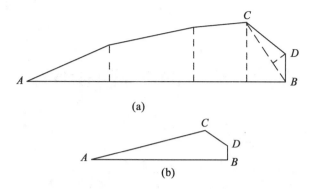

图 1-4-11　Douglas-Peucker 简化线状数据点算法

20 世纪 70 年代中期创立的，通过自相似性的研究和计算，可认为保持线状符号的分维数是地图概括的准则，也可以成为评价地图概括好坏的标准。

近年来，我国研究地图概括方法的学者已经成为一个群体，发表及出版了多篇地图概括的研究报告或专集。有学者对线状要素图形综合的渐进方法进行研究，提出了渐进式线状要素两种图形综合法，即基于三角形的纯几何渐近方法和基于图形基本单元"弯曲"的渐近方法，明显优于 Douglas-Peucker 的线状概括步骤。

市场上已有自动、半自动地图概括系统，一些地理信息系统可提供概括功能，能实施对线状符号的简化及面状符号的分割或合并。例如，Intergraph 公司研制的 MGE 系统、ESRI 公司研制的 ArcGIS 系统等，都为用户提供一定程度的自动概括功能。应用计算机处理的地图概括的算法和软件将成为地图编制的主要工具。

◎ **思考题**

1. 何谓地图概括？为什么要进行地图概括？
2. 影响地图概括的因素有哪些？
3. 什么是地图内容的选取？进行选取时，应遵循什么样的顺序？
4. 简述资格法和定额法的选取的不足。如何弥补？
5. 如何进行制图对象的质量特征和数量特征的概括？
6. 如何进行制图对象的图形特征的概括？
7. 进行地图概括的数量分析方法有哪些？

第5章　地图成图方法

【项目概述】

地图分为实测地图和派生地图。实测地图是使用测量的方法制作的地图；派生地图是使用各种资料用编绘的方法制作的地图，这是地图学研究的对象，本章将研究用各种资料编制地图及地图出版的方法。主要内容包括三方面，首先是传统技术编制地图，然后是计算机地图制图，最后是地图出版。

【教学目标】

◆ 知识目标

1. 熟悉传统技术编制地图内容和方法
2. 掌握计算机制图的内容和方法
3. 熟悉地图出版的内容

◆ 能力目标

1. 能利用传统技术编制地图
2. 能进行计算机制作地图

5.1　传统技术编制地图

根据地图制图资料和传统的地图编绘方法，编制地图称为常规制图。常规制图，无论是普通地图还是专题地图，其生产过程一般都包括地图设计、地图编绘、制印准备、地图制印四个阶段。尽管目前计算机地图制图已较广泛应用，计算机制图过程同常规传统地图编制有很大差别，地图编绘与地图整饰阶段二合为一，地图制版工序也大为简化，但我们对常规地图编制过程仍有必要具体了解，掌握传统与常规制图方法技术中存在的问题与制图方法技术的发展过程，对进一步提高计算机制图水平有所帮助。因此，本节仍较详细地介绍常规地图编制过程和方法。

1. 地图设计阶段

地图设计又称为编辑准备，它是地图制作前的准备工作，是保证地图质量的首要环节。地图设计和编辑准备阶段主要完成地图设计和地图正式编绘前的各项准备工作。一般包括根据制图的目的任务和用途，确定地图的选题、内容、指标和地图比例尺与地图投影；收集、分析编图资料；了解熟悉制图区域或制图对象的特点和分布规律；选择表示方法和拟订图例符号；确定制图综合的原则要求与编绘工艺，对于专题地图，还要提出底图编绘的要求和专题内容分类、分级的原则并确定编稿方式；最后写出地图编制设计文件——编图大纲或地图编制设计书，并制订完成地图编制的具体工作计划。

地图设计一般和编辑准备工作同时或交错进行，承担地图设计任务的地图编辑人员在接受制图任务后，一般按以下具体内容和基本程序开展工作：

① 确定地图的用途和对地图的基本要求。确定地图的用途是设计地图的起点，承担任务的编辑，从地图的使用方式、使用对象、使用范围入手，就地图的内容、表示方法、出版方式、价格等同委托单位充分交换意见。

② 分析已有地图资料。在接受任务之后，往往先要收集一些同所编地图性质上相类似的地图加以分析，作为设计新编地图的参考。

③ 收集整理和研究制图资料。根据内容对其完备性、精确性和现势性作出质量评价，区分出基本资料、补充资料或参考资料，并分别确定其运用的方法和使用程度。

④ 分析研究制图区域的地理特点。认识制图区域内各制图对象的地理分布规律和区域差异，为制图内容的科学分类、分级，内容的选取概括，以及规律的体现提供依据。

⑤ 设计地图的数学基础。包括设计或选择一个适合于新编地图的地图投影，确定地图比例尺和地图的定向等。

⑥ 地图的分幅和图面设计。图面设计是对主区位置、图名、图廓、图例、附图等的设计。

⑦ 地图内容及表示方法设计。选择地图内容及它们的分类、分级、应表达的指标体系和表示方法，针对上述要求设计图式符号并建立符号库，必须依据地图的类型和内容，设计符号和色标，确定线划粗细和注记字体等级。在设计符号和色彩时，必须注意使所设计的符号和色彩与制图对象建立一定联系，使各符号和色彩含义明确。各符号和色彩既要有系统性，又要有差异性，使读图者获得较好的感受。

⑧ 拟订地图内容的概括指标。规定各要素的选取指标、概括原则和程度。

⑨ 地图制作工艺设计。成图工艺方案较多，需根据地图类型、人员、设备、资料情况选择不同的工艺流程。

⑩ 样图试验。以上各项设计是否可行、其结果是否可以达到预期目的，常常要选择典型的区域做样图试验。

以上述各项工作为基础，积累了大量的数据、文件、图形和样图等，这时就可以着手编写地图的设计文件了。地图设计阶段的最终成果是完成地图编制设计书。

2. 地图编绘阶段

地图编绘阶段主要完成地图的编稿和编绘工作，是制作出版原图和印制地图的主要依据，是编制地图的中心环节。一般包括：资料处理，展绘数学基础，进行地图内容的转绘和编绘。编绘原图是地图编绘阶段的最终成果，它集中体现了新编地图的设计思想、主题内容及其表现形式。

地图编辑人员根据地图设计文件要完成的最终成果是编绘原图。

编绘方法一般有编稿法和连编带绘法两种。

编稿法是指在嵌贴有图形资料的裱糊版上进行多色编绘的一种方法。这种方法是适用于编图资料比较复杂，完备性、精确性以及现势性等方面参差不齐等条件下的一种作业方法，它可以通过编图人员的分析和处理，得到较高质量的原图。

连编带绘法是将编绘和清绘结合在一起的一种编绘方法，是适用于新编地图内容比较简单、概括程度也不大的情况下使用的一种作业方法。它对作业员的水平要求比较高，作业员既要有编绘的知识和经验，又要有较熟练的清绘技能。

无论是编稿法或连编带绘法，均采取线划要素版和注记版分开编绘的方法。具体做法是：编稿法是当线划要素版完成之后，蒙上磨砂胶片编写注记，然后通过照相晒蓝套合在一起；连编带绘法是待线划要素版编绘完成之后，蒙上胶片剪贴注记，完成出版原图的准备。

编绘作业程序在完成地图内容转绘之后，即可进行原图的编绘工作。具体应按地图设计文件的要求，进行地图内容各要素的取舍和化简。由于地图内容要素错综复杂，为了处理好各要素间的相互关系，正确显示地物的位置和轮廓形状，因此，在编绘时必须遵循一定顺序，分要素进行编绘作业。

以普通地图为例，编绘作业的一般程序是：

① 水系：先海岸、湖泊、水库、双线河流，后单线河流，由大到小逐级进行。

② 居民点：先大城市，后中、小城市及村镇，按大小依次进行。

③ 交通网：先干线主道，后支线次要线路，按主次逐级编绘。

④ 境界线：先国界，后省界、市界、县界等。

⑤ 等高线：先标出地形结构线，后按等高线概括要求进行取舍和化简。

⑥ 其他内容：如沙漠、沼泽、各种文化古迹等。

⑦ 各类注记编排。

⑧ 经纬线及其他有关整饰内容。

编绘原图的一般制作过程如图 1-5-1 所示。

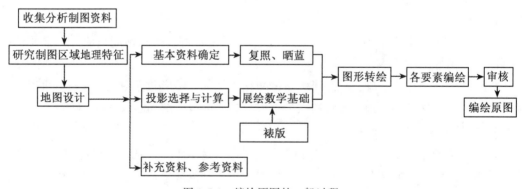

图 1-5-1　编绘原图的一般过程

3. 制印准备阶段

由于手工编绘原图，图解质量差，又是多色的，不能满足印刷的要求，因此在原图编绘和印刷之间产生了一个过渡性的工序，即制印准备，其主要任务是依据编绘原图清绘或刻绘出供印刷用的出版原图，以及制作与出版有关的分色参考图、半色调原图及试印样图。

地图制印准备阶段主要根据地图制印要求和编绘原图，重新清绘或刻绘出出版原图和半色调原图，完成印刷前的各项准备工作，包括按照印刷制版要求进行线划与符号清绘（或刻绘）、剪贴注记，完成印刷原图或出版原图的线划版、注记版。同时制作彩色样图及供分色制版的分色参考图等。由于编绘原图的质量不能满足直接用于制版印刷的要求，必须根据编绘原图重新制作适应于复制要求的清绘（或刻绘）原图，因此出版准备工作主要是制作供出版用的印刷原图或出版原图。

印刷原图按制作方法不同，分为清绘和刻绘两种。

（1）清绘

由于使用材料不同，清绘工作的作业程序也有所区别。

在绘图纸上清绘印刷原图，先将编绘原图经过照相，并将照相底片上的图形晒到裱糊在金属版上的图纸上，然后在裱版蓝图上按规定进行清绘，并剪贴注记制成印刷原图。印刷原图的一般制作过程如图 1-5-2 所示。

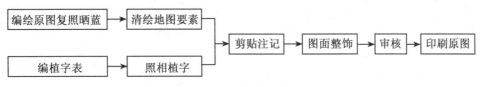

图 1-5-2　印刷原图的制作过程

在绘图薄膜上清绘印刷原图，一种方法是在晒有编绘原图图形的薄膜蓝图上进行清绘；另一种方法是直接在编绘原图上蒙绘。

根据分版情况不同，清绘工作进一步可分为一版清绘和分版清绘。一版清绘是将编绘原图上的全部内容清绘在一块图版上，这种方法只适用于单色图或简单的多色图的清绘工作。分版清绘是将编绘原图上的不同要素分别绘在两块以上的图版上，这种方法适用于复杂的多色地图的清绘工作。

还可以根据清绘时的比例尺情况，将清绘工作分为等大清绘和放大清绘。等大清绘即清绘比例尺与成图比例尺相同；放大清绘即清绘比例尺大于成图比例尺，放大比例一般为 $3:2$，$4:3$，$5:4$ 等，其目的在于提高清绘质量。

（2）刻绘

刻绘是将编绘原图的图形晒在流布有一层遮光刻图膜的片基上，然后用刻图工具，按设计要求，将蓝图刻成阴像版，即将线划符号部分的遮光膜刻透，注记采用透明注记剪贴，这样就可以直接用于晒制印刷版。刻绘法与清绘法比较，有速度快、质量高、操作简单、减少工序、节约经费等优点。

刻绘法同样也分为一版刻绘和分版刻绘，以及等大刻绘和放大刻绘。

4. 地图制印阶段

地图制印是将清绘或刻绘的出版原图，通过复照、翻版、分涂、制版、打样、印刷等工艺复制成大量的地图成品的生产过程，即地图的制版印刷。地图制印阶段主要是利用出版原图完成地图制版印刷工作，以便获得大量的印刷地图。地图的制版印刷是地图制图过程的最后一个环节，是地图制图各工序共同劳动成果的集中体现。

5.2 计算机地图制图

5.2.1 计算机地图制图概述

计算机地图制图系统是以计算机图形学、数据库技术、数字图像处理技术、多媒体技术等理论为基础，根据地图学原理，以计算机的硬、软件为工具，应用数学逻辑方法，研究地图空间信息的获取、变换、存储、处理、识别、分析和图形输出的理论方法和技术工艺，模拟传统的制图方法，进行地图的设计和编绘。

以计算机及计算机控制的输入、输出设备为主要工具，通过数据库技术和数字处理方法实现的地图制图，称为计算机地图制图。由于在制图过程中，系统内部都是以数字形式传递地理信息，并通过对数据的处理来完成图形变换，所以又称为全数字制图。从 20 世纪 50 年代开始，计算机技术引入地图学领域，经过理论探讨、应用试验、设备研制和软件发展，已形成地图学中一门新的制作地图的应用技术分支学科，即计算机地图制图学。随着现代科学技术的飞速发展，特别是电子技术与地图制印技术和 GIS 融为一体，使地图制图产生了革命性的变革，从计算机辅助制图到地图电子出版系统和虚拟三维现实技术的实现，使得全数字化地图制图以崭新的风貌展现在我们的面前。全数字化地图制图基本上解决了各类地图的自动编绘和快速成图的方法，尤其是机助制图编辑设计与自动制版印刷一体化生产体系的形成，实现了从传统手工制图到全数字化地图制图的飞跃。

计算机技术之所以能够应用于地图制图，是因为地图本身是按照一定的数学法则，经过概括，应用特有的符号系统将地球表面上的景物显示在平面图纸上的一种图形-数学模型。地图上所有的要素由空间转绘到平面上之后，仍然保持着精确的地理位置和平面位置；而且，图面上的所有呈点、线、面分布状态的要素，都可以理解为是点的集合。既然地图组成要素的基本单位是点，因此可以把地图上所有要素都转换成点的坐标(x、y 和特征 z)，这样就实现了地图内容的数字化。这些数字化了的地图内容记录下来，即构成了地图数字模型。计算机对数字形式的地图图形信息进行处理，然后将加工处理后的数据信息通过数控绘图机以地图图形形式输出，就是计算机制图的全过程。在这个过程中，由于计算机具有高速运算、巨大存储、智能模拟等功能，因此能代替大量手工劳动，大大加快了成图速度，使地图制图自动化。

计算机地图制图具有如下特点：

① 计算机地图制图易于校正、编辑、改编、更新和复制地图要素；

② 用数字地图信息代替了图形模拟信息，提高了地图的使用精度；

③ 数字地图的容量大，比一般模拟地图的地理信息多；

④ 增加了子地图的品种，拓宽了服务范围，可以利用数字地图记录的信息派生新的数据；

⑤ 计算机制图不仅减轻了作业人员的劳动强度，而且减少了制图过程中人的主观随意性，为地图制图进一步标准化、规范化奠定了基础；

⑥ 加快了成图速度，缩短了成图周期，改进了制图和制印的工艺流程；

⑦ 地图信息能够远程传输。

计算机地图制图是制图技术的变革，自然会引起制图工艺过程的变化，但其制图理论，如制图资料的选择、地图投影和地图比例尺的确定、地图内容和地图表示法、地图内容制图综合的原则等，同传统制图相比，并没有实质性的区别。传统地图生产过程包括地图设计、原图编绘、出版准备、地图制印四个阶段。计算机地图制图生产工艺过程包括地图设计、数据输入、数据处理和图形输出四个阶段。当前广泛应用的彩色地图桌面出版系统主要完成地图生产的出版准备和分色制版，与地图设计、地图综合等智能性过程联系不大。因此，传统工艺中地图设计工作必不可少，仍是后面其他工序的基础。计算机制图条件下不再有原图编绘和出版准备的严格界限，两个过程二合一。从传统意义上讲，数据输入、处理阶段的成果图既是编绘原图，也是出版原图。地图编辑中，制图综合仍需手工完成，手工编稿输入计算机进行矢量化。对于小区域大比例尺较简单的图幅，可在屏幕上以人机交互的方式完成。

5.2.2　计算机地图制图的基本过程

用计算机制作地图的过程，随着软、硬件的进步会不断变化，目前分为以下四个阶段：

1. 地图设计(编辑准备)

这一阶段的工作与传统的制图过程基本相同。根据对地图的要求收集资料和地图数据，并加以分析评价，确定地图投影和比例尺，选择地图内容和表示方法、图面整饰和色彩设计，确定使用的软件和数字化方法，最后成果是地图设计书。地图设计阶段也称为编辑准备。

2. 数据输入(数据获取)

这一阶段又称为数字化或数据获取，将作为编图的资料扫描输入计算机，或直接将地图数据(包括 GIS 数据库地图数据、野外数字测量地图数据、数字摄影测量地图数据、GPS 数据等)、图像数据(如遥感影像数据)输入计算机。其目的是将制图资料转换成计算机可以接受的数字形式，以数据库的形式记录在计算机的可存储介质上供调用。实现从图形或图像到数字的转化过程，称为数字化。地图图形数字化的目的是提供便于计算机存储、识别和处理的数据文件。地图图形数字化，其数据的表示方式有两种：一种是用跟踪数字化方法所采集的矢量方式；另一种是用扫描数字化方法所采集的栅格方式。地图数据获取是按照地图设计要求采集、输入各种所需的地图制图信息源，将其转换成数字信息，以便计算机存储、识别和处理的过程。该过程包括图形数据的获取和属性数据的获取。

3. 数据处理

通过对数据的加工处理，建立起新编地图的以数字形式表达的图形。一是数据预处理，对地图数据进行检查、纠正，统一坐标原点，进行投影变换，比例尺转换；二是为了实施地图编制而进行计算机处理，包括地图数学基础的建立，数据的符号化，地图要素的地图概括，图形编辑、地图符号、注记的配置和图廓整饰等。地图数据处理是指在数据获取以后到图形输出之前对地图数据进行的各种处理。地图数据处理阶段是对地图数据进行加工的全过程，它是计算机地图制图的中心环节。地图数据处理因制图的要求、种类、数据组织形式、设备特性等不同而有不同的处理内容。在相应软硬件的支持下，可采用人机交互、批处理和实时处理等多种方式进行。

4. 图形输出（数据输出）

数据输出阶段的任务是将计算机处理后的数据转换成图形或图像的过程，即将地图数据转变为图形输出装置可识别的指令，以驱动图形输出装置产生模拟的地图图形，它是计算机地图制图的最后环节。图形输出阶段是将数字地图变成可视的地图形式，图形的输出方式根据数据的不同来源、格式，不同的图形特点和使用要求，主要有：计算机屏幕上显示地图；打印机喷绘地图；地图数据传输到激光照排机，输出供制版印刷用的四色（CYMK）片；传到数字制版机（computer-to-plate，CTP），制成印刷版；传到数字印刷机可直接印出彩色地图。

在制图实践中，计算机地图制图的基本过程是地图数据获取、地图内容符号化、编辑修改与绘图检查、地图出版处理、分版胶片输出，如图 1-5-3 所示。

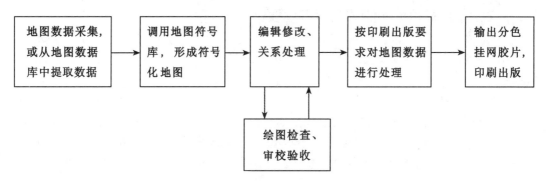

图 1-5-3　计算机地图制图的基本过程

第一步：数据采集或从现有数据库中采集。

① 在没有现成的地图数据文件可用的情况下，地图数据只有通过手扶跟踪数字化获取或对地图扫描后利用矢量化的方法来获取。用来进行数字化作业的底图一般都要把实地最新的变化标绘上去，要保证数字化底图的质量和精度。数字化底图的质量高低、内容的新旧程度和详细程度等，均对最终成图的质量有很大的影响。

② 从地图数据库中或现有数据文件中抽取数据，要根据地图生产的要求利用一定的软件来进行。如果成图比例尺和地图数据库的比例尺相同，成图的内容又与地图数据库中的内容相近，这方面的问题要小些，否则提取什么样的内容、怎样提取、取舍指标怎样控制、其他内容怎样补充等都需要研究，并要进行充分的试验。

③ 扫描数据的处理：精细、现势性好的地图资料采用扫描数字化的方法获取地图数据，后用矢量化软件将栅格数据转成矢量数据。对于一些卫片、航片的影像数据，经过一定的纠正后，一方面可以直接使用，利用它们同矢量数据的合成来生成影像地图；另一方面也可从这些影像上提取必要的信息，对地图内容进行补充。

④ 数据预处理：主要是对地图数据进行格式转换，对点位坐标进行变换和纠正，对地图数据进行必要的拓扑化处理和接边处理，对制图综合和数据提取解决不了的大量遗留问题进行后续处理。

第二步：地图设计、地图内容符号化。

地图设计是根据用户的需求以及地图的用途和资料的情况，对地图符号系统进行设计，确定截幅范围和图面配置式样，进行地图色彩的设计，确定各要素的印刷用色和压印关系。

地图内容符号化是按所设计的符号系统对地图内容进行符号化。在符号化的过程中，符号的大小、色彩、粗细以及相互之间的关系最好反映实际情况，严格按所要求的尺寸来显示和记录，这样作业人员才能准确地处理好地图上各要素相互之间的关系，解决诸如压盖、注记配置、移位、要素共边等问题，以保证所制作出来的地图质量。

第三步：图形编辑修改和绘图检查。

由于图形符号和地理信息还不完全相同，所以再好的符号化软件、再高质量的地图数据所形成的符号化地图，仍然需要采用图形编辑的方法进行修改。

由于在计算机屏幕上对地图内容进行检查较为困难，所以大多采用绘图的方法绘在纸张上对地图内容进行检查。

第四步：地图出版处理。

地图出版处理是将编辑修改后的地图内容按地图出版要求进行处理，形成可被胶片机接收的分色挂网数据，同时它还能生成彩色打样图像供内容检查使用。

目前要继续深入地开展对地图制图专家系统和模式识别的研究，努力提高地图生产自动化和智能化的水平，把最新的研究成果吸收到地图生产的软件当中。

5.3　地　图　出　版

5.3.1　传统地图的出版

传统的地图出版是包括印前、印刷和印后加工三个以物流形式为主要特征的生产过程，每一工艺过程都需要人工参与。其特点是生产周期长，速度慢，地图产品种类少，内容更新困难。

1. 地图出版印刷方法

地图制印特点是幅面较大、各种线划粗细不等、套印色数多、精度要求高，在复制过程中，有时需要在印刷版上进行修改。鉴于平版印刷可以满足上述要求，同时又有成本低、印刷速度快、印刷质量高等优点，因此目前制印地图均采用平版印刷方法。所谓平版印刷，就是印刷版上的印刷要素(图形)部分和空白(非图形)部分基本处于同一平面，但两者具有不同的特性，印刷要素亲油，空白部分亲水。在印刷时，利用油水相互排斥的原理，先涂水，使空白部分先吸附水，然后再涂油墨，由于空白部分有水而排斥油墨，印刷要素排斥水而吸附油墨。当印刷机转动时，上了油墨的印刷滚筒先与橡皮滚筒接触，并将印刷滚筒上的图形转印到橡皮滚筒上，然后再由压印滚筒使纸张与橡皮滚筒接触，将橡皮滚筒上的图形转印到图纸上。

2. 地图出版的主要工艺过程

地图平版印刷的工艺过程大体包括以下几道工序：复照、翻版、分涂、制版、打样、印刷，具体如图 1-5-4 所示。

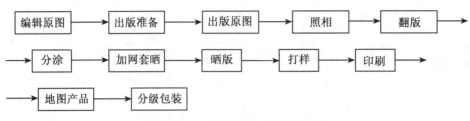

图 1-5-4 传统地图出版工艺流程

复照：将印刷原图通过干版照相(利用制好烘干的卤化银感光材料进行照相)或湿版照相(感光版临时制作，在整个照相过程中感光层都是湿润的)，获得符合印刷尺寸的作为翻版和直接晒制印刷版用的底版。

翻版：用复照底版或刻绘原图晒像，翻制供分涂或制版用的底版。一般要根据地图用色晒制若干块版，供分涂制版用。翻版用的感光材料有多种，其中最常用的是铬胶感光片，用这种感光片翻版称为铬胶翻版法。

分涂：出版多色地图时，要根据分色参考图制作分色用的底版，而在一张底版上只保留一种颜色的要素，将其他颜色涂去，同时对复照翻版过程中所产生的缺点进行修涂，以保证底版符合制版要求。

制版：根据分涂好的地图阴版或阳版制作供打样或印刷用的印刷版。目前常用的有蛋白版、聚乙烯醇版和重氮树脂感光版等不同制版方法。

打样：印刷版制成后，首先经少量的试印，提供用来检查地图的印刷版质量和套合精度以及供批复用的各种样图，为正式印刷提供标准。打样工作是在手动或自动打样机上进行的。打样图根据用途不同一般包括以下几种：线划套合样、分色样(线划分色样、普染分色样、分层设色样、彩色原图)、彩色试印样(版样)、清样(付印样)、照光样(印刷样)。

印刷：把经过打样审核无误后的印刷版安装在胶印机上印刷，从而获得大量地图成品。

具体的地图制印工艺过程因地图印刷用色多少不同，使用的印刷原图不同而有所差异。

5.3.2 电子地图出版

当计算机技术引入到地图出版领域以后，彻底改变了传统的地图出版过程，地图的生产方式转变成为了数字化模式，图 1-5-5 所示是电子地图出版工艺流程。电子地图的出版与传统地图生产相比，大大提高了地图生产效率，缩短了生产周期，又减少了大量中间环节，节约了材料，降低了生产成本，同时也极大地提高了地图产品的准确性和适时性，丰富了地图产品的种类，减少了地图的平时库存量。

电子地图出版系统同传统的地图编制出版以及常规地图制印工艺相比较，具有以下优

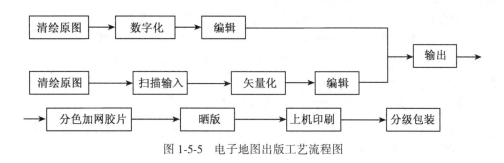

图 1-5-5　电子地图出版工艺流程图

越性与根本性变革：

① 实现了地图设计、编绘与分色制版及印刷一体化的全数字化、自动化生产，工艺流程大为简化，综合效率大幅度提高。常规的地图编制生产包括地图设计、编绘、清绘与地图制版、印刷两大阶段，前者包括地图编辑准备、地图编稿、地图编绘、刻绘整饰等具体阶段；后者包括复照、翻版、分版、修版、套考、晒版、打样、印刷等多道工序。而计算机出版系统减少了地图清绘、复照、翻版、分版、修版、套考、晒版等多道中间工序，既大大缩短了地图生产周期，又减少了材料的损耗，提高了地图编绘与制版质量。

② 实现了地图生产的标准化、规范化与数据化管理，地图产品质量有很大提高。由于地图设计与编辑均按线型库、符号库、色彩库、文字库所提供的统一标准，为地图标准化与规范化创造了条件，不仅便于地图生产的数据化管理，而且有利于国内外地图的使用。同时，地图出版系统的精度比传统手工制图与制版的精度提高了 1~2 个数量级，由 $\pm(0.1\sim0.3)$ mm 提高到 $\pm(0.01\sim0.05)$ mm，从而地图制印成品线划精细，套色准确，制印总体质量有很大提高。

③ 便于地图保存、修改与适时更新，有利于派生多种形式的地图产品。计算机制图的电子出版系统由于修改补充较容易，在设计编辑与制版过程中，直至正式印刷之前，还可对地图进行内容与形式的修改与补充，最大可能地保持地图的现势性。地图出版之后，只要保存原有数据库，以后地图的更新再版也比较简便。同时，有了全部数字化的地图，再出版电子地图集、互联网地图也比较容易。

5.3.3　地图集的设计与生产

地图集是具有统一设计原则和编制体例的一系列地图的汇集。地图集并不是许多地图的简单总和或机械凑合，而是为了某一用途和服务对象，依据统一的编制原则，系统地汇编而成的。因此，地图集具有一定的特点：有统一的思想结构和地理基础；有协调而完善的表示方法；图幅与图组编排的先后次序、各类地图的比重都按照逻辑性和系统性相互协调配合；图幅的配置和图例的表示都遵循一致的规格；各地图内容的取舍、制图综合的要求遵守统一规定；地图投影、比例尺、各图的选题、图型、表示方法、图幅大小、文字说明、地名索引以及图集的整饰装帧等，都是经过详细研究和精心设计的。

现代的地图集多种多样，根据不同的分类指标，地图集可相应分为不同的几种类型：

按图集的制图区域范围分类，可分为世界地图集、国家地图集、区域地图集、城市地图集。

按图集的内容分类，可分为普通地图集、专题地图集、综合性地图集。

按图集的用途分类，可分为教学地图集、军事地图集、参考地图集。

按图集面积大小分类，总面积大于 $15m^2$ 的为大型地图集，$5 \sim 10m^2$ 的为中型地图集，小于 $5m^2$ 的为小型地图集。

按成图方法分类，可分为常规地图集和多媒体电子地图集。

地图集的生产过程中，最重要的工作是地图集中的一系列设计工作，包括以下内容：

1. 地图集的开本设计

地图集的开本主要取决于地图集的用途和在某特定条件下的方便使用。通常，国家级的地图集用 4 开本，省（区）级用 8 开本，大城市地图集也有用八开本。其他特殊用途的便于携带的地图集也可设计为 24 开本等。

2. 地图集的内容设计

地图集内容目录的设计取决于地图集的性质与用途。普通地图集一般可分为三大部分，即总图部分、分区图部分和地名索引部分。总图是指反映全区总貌的政区、区位、地势、人口、交通等图；分区图是这类图集的主体；地名索引则视需要与可能进行编制。

综合性地图集由序图组、普通地图组及若干专题图组组成。

3. 地图集中各图幅的分幅设计

地图集中各图幅的分幅是指确定每幅地图应包括的制图区域范围，同时还应确定各区域占有的幅面大小。对于普通地图而言，制图区域应是一个完整的自然区划、经济区域或一个行政单位（省、市、县等），应充分利用地图集开本给予的幅面大小，将所要表达的制图区域完整地安排于一个展开幅面内，也可以安排在一个单页幅面内。专题图则不一样，应视表达主题而定。如果某主题可以将所有内容表示于一幅图中，则应与普通地图一样处理；如果某主题的内容需要用多幅地图分别予以表示，则视需要与可能，将其安排在一个或几个幅面内，这时各幅地图不可能固定地被要求占据多大的幅面，而应视图面布局设计而定。

4. 地图集中各图幅的比例尺设计

各分幅图的比例尺是根据开本所规定的图幅幅面大小和制图区域的范围大小来确定的。但地图集中的地图比例尺应该有统一的系统。总图与各分区图、各分区图与某些扩大图以及各分区图间比例尺都应保持某些简单的倍率关系。比例尺的种类要适量，不宜过多。

5. 地图集的编排设计

地图集中包含了众多的地图，这些地图的编排次序绝不是随意的，而应符合一定的逻辑次序。在编排时，先按图组排序，然后再在每一个图组内按图幅的内容安排次序。在普通地图集中，总图安排在前，分区图安排在后。在专题地图集中，则以序图组开始，总结性的图组殿后，中间按该专题的学科特点有序地安排。

6. 图型和表示法设计

图幅类型及图幅内容表达的设计是地图集设计工作中的重点之一，它的任务是设计什么样的图型和用什么样的表示方法去表达所规定的内容。普通地图的图型比较单一，表示方法比较固定。而综合地图则因表达内容的广泛和特殊，图型较多，有分布图、等值线图，类型图、区划图、动线图和统计图等多种，按其对内容表达的综合程度，又可分为解析型、合成型和复合型三类，表示方法更有十种之多。

7. 图面配置设计

地图集各幅地图的配置就是在一定的政治、技术原则下，充分利用地图的幅面，合理地安排地图的主体、附图、附表、图名、图例、比例尺、文字说明等。地图与图例、图表、照片、文字要依内容的主次、呼应等逻辑关系均衡、对称地安排。

8. 地图集投影设计

设计地图投影的基本宗旨在于保持制图区域内的变形为最小，或者投影变形误差的分布符合设计要求，以最大的可能保证必要的地图精度和图上量测精度。

9. 图式图例设计

主要包括三大方面：

① 普通地图集或单一性专题地图集(如地质图集)，要设计符合各种不同比例尺地图的统一的图式图例。

② 综合性的专题地图集。对每幅不同主题内容的地图要设计相应的图例符号，但应符合总的符号设计原则，整部地图集应具有统一的格调。

③ 各种现象分类、分级的表达，在图例符号的颜色、晕纹、代号的设计上必须反映分类的系统性。

10. 地图集的整饰设计

地图集的整饰设计包括：制定统一的版式设计和相对统一的线符粗细和颜色；统一确定各类注记的字体及大小；统一用色原则，并对各图幅的色彩设计进行协调；进行图集的封面设计、内封设计；确定图集封面的材料；确定装帧方法以及其他，如图组扉页、封底设计等。

◎ **思考题**

1. 简述传统地图编制的主要阶段。

2. 什么是计算机地图制图？

3. 简述计算机地图制图的主要阶段。

4. 地图集中的一系列设计工作包括哪些内容？

第二篇
地图制图方法

项目1 地图数据获取与处理

【项目概述】

地图数据获取与处理是地图制图的重要内容，其任务是将现有的纸质地图、外业观测成果、航空像片、遥感图像、文本资料等转换成数字形式，通常要经过验证、修改、编辑等处理。它可以有多种实现方式，包括数据转换、遥感数据处理以及数字测量等，其中已有地图的数字化录入，是目前广泛采用的手段，也是最耗费人力资源的工作。目前，地图的数字化录入主要有两种方式，即手扶跟踪数字化和扫描矢量化，本项目具体介绍扫描矢量化方式以及相关的内容。

本学习项目由地图数据获取、地图数据处理两个学习型工作任务组成。通过本项目的实施，为学生从事地图编制工作打下基础，使学生具备地图数据获取与处理的能力。

【教学目标】

◆ **知识目标**

1. 掌握扫描矢量化内容和方法
2. 掌握地图数据获取的内容和方法
3. 掌握地图数据处理的内容和方法

◆ **能力目标**

1. 能进行地图校正配准
2. 能根据普通地图编辑的需要，进行资料收集、图形处理等工作

任务1　地图数据获取

1.1　任务描述

地图数据来源、采集手段、生成工艺、数据质量都直接影响到地图制图的方法、成本和效率。地图数据的准确、高效的获取是地图编制的基础。地图数据的来源多种多样，获取手段和方法各不相同。本任务采用扫描矢量化这一目前较为常用的地图数字化方式进行地图数据获取。

1.2　教学目标

1.2.1　知识目标

掌握扫描矢量化的方法和注意事项；掌握自然要素（水系、地貌、土质植被等）和人

文要素(独立地物、居民地、交通网、政治行政境界等)的表示及获取方法。

1.2.2　技能目标

能进行地图校正配准，能利用地图制图软件对纸质地图进行矢量化数据获取。

1.3　相关知识

1.3.1　地图数据获取的目的

地图数据获取与处理是将现有的地图、外业观测成果、航空像片、遥感图像、文本资料等转换成现代地图制图可以处理与接收的数字形式，通常要经过验证、修改、编辑等处理。

不同数据获取需要用到不同的设备。例如，对于文本数据，通常用交互的方式通过键盘录入，也可用扫描仪扫描后用字符识别软件自动录入；对于矢量地图数据，可用平板数字化仪，采用手扶跟踪的方法输入，也可用扫描仪扫描成图像后，用栅格数据矢量化的方法自动追踪输入；等等。

1.3.2　地图数据获取的主要技术

1. 实测地图数据获取方式

野外数据采集是地图数据获取的一个基础手段。对于大比例尺的地形图而言，野外数据采集更是主要手段。

(1)平板测量

平板测量获取的是非数字化数据。平板测量包括小平板测量和大平板测量，测量的产品都是纸质地图。在传统的大比例尺地形图的生产过程中，一般在野外测量，绘制铅笔草图，然后用小笔尖转绘在聚酯薄膜上，之后可以晒成蓝图提供给用户使用。当然，也可以对铅笔草图进行手扶跟踪或扫描数字化，使平板测量结果转变为数字数据。

(2)全野外数字测图

全野外数据采集设备是全站仪加电子手簿或电子平板配以相应的采集和编辑软件，作业分为编码和无码两种方法。数字化测绘记录设备以电子手簿为主，还可采用电子平板内外业一体化的作业方法，即利用电子平板(便携机)在野外进行碎部点展绘成图。

全野外空间数据采集与成图分为三个阶段：数据采集、数据处理和地图数据输出。数据采集是在野外利用全站仪等仪器测量特征点，并计算其坐标，赋予代码，明确点的连接关系和符号化信息。再经编辑、符号化、整饰等成图，通过绘图仪输出或直接存储成电子数据。数据采集和编码是计算机成图的基础，这一工作主要在外业完成。内业进行数据的图形处理，在人机交互方式下进行图形编辑，生成绘图文件，由绘图仪绘制地图。

2. 遥感地图数据获取方式

简单地说，遥感的含义就是遥远的感知，即通过非直接接触目标的方式，而能获取被探测目标的信息，并能通过识别与分类，了解该目标的质量、数量、空间分布及其动态变化的有关特征。遥感影像因现势性强，可作为新编地形图和专题地图的重要信息来源。编制地图必须要有空间数据，也就是地图的信息源，而遥感信息的判读与制图的目的就是要从遥感图像上将经过概括化了的地面信息提取出来，并将其典型特征用地图符号表示在二维平面上，供人们去认识和识别图上所显示的离散化、特征化了的信息。

（1）信息源

截至目前，世界各国已经发射的遥感卫星有数十种之多，如陆地资源卫星常用的有美国的 Landsat 系列、法国的 SPOT 系列、中国的 SBERS 系列等；气象卫星常用的有美国的 NOAA 系列、中国的风云系列等；海洋卫星常用的欧空局的 ERS 系列、加拿大的 RADARSAT 系列等。自从 1994 年 3 月 10 日美国政府解禁了 10～1m 级分辨率图像商业销售，使得高分辨率卫星遥感成像系统迅速发展起来，常用的有 IKONOS 系类、Quickbrid 系列、OrbView 系列。2013 年我国发射"高分一号"以来，我国的高分辨遥感卫星突破了系列技术瓶颈，取得了快速发展，目前已经发射了 7 颗，覆盖了多光谱、微波、高光谱等领域。

（2）遥感图像的处理方法

① 遥感图像的纠正处理。人造卫星在运行过程中，由于飞行姿态和飞行轨道、飞行高度的变化以及传感器本身误差的影响等，常常会引起卫星遥感图像的几何畸变，因此，把遥感数据提供给编制专题图之前，必须经过纠正处理，包括粗处理和精处理。

② 遥感图像的增强处理。在进行遥感图像判读之前，要进行图像增强处理，包括光学图像增强处理和数字图像增强处理。光学图像增强处理主要是为了加大不同地物影像的密度差。常用的方法有假彩色合成、等密度分割、图像相关掩膜。数字图像增强处理的主要特点是借助计算机来加大图像的密度差，常用的方法有反差增强、边缘增强、空间滤波等。

（3）遥感图像的信息获取

① 目视判读。用肉眼或借助简单判读仪器，运用各种判读标志，观察遥感图像的各种影像特征和差异，经过综合分析，最终提取出判读结论。常用的方法有直接判定法、对比分析法和逻辑推理法。工作程序包括判读前的准备工作，建立判读标志，进行室内判读及野外验证。

② 计算机自动识别与分类。这是指利用遥感数字图像信息，由计算机进行自动识别与分类，从而提取专题信息的方法。

计算机自动识别又称为模式识别，是将经过精处理的遥感图像数据，根据计算机研究获得的图像特征进行的处理。具体处理方法有统计概率法、语言结构法和模糊数字法。

计算机自动分类可分为监督分类和非监督分类两种。监督分类是根据已知试验样本提出的特征参数建立判读函数，对各待分类点进行分类的方法。非监督分类是事先并不知道待分类点的特征，而是仅根据各待分点特征参数的统计特征，建立决策规则并进行分类的一种方法。

3. 矢量地图数据的获取方式

矢量地图数据的获取主要采用地图数字化形式，地图数字化是指根据现有纸质地图，通过手扶跟踪或扫描矢量化的方法，生产出可在计算机上进行存储、处理和分析的数字化数据。

（1）手扶跟踪数字化

在早期，地图数字化所采用的是手扶跟踪数字化，是通过记录数字化板上点的平面坐标来获取矢量数据的。其基本过程是将需数字化的图件（地图、航片等）固定在数字化板上，然后设定数字化范围，输入有关参数，设置特征码清单，选择数字化方式（点方式和流方式等），就可以按地图要素的类别分别实施图形数字化了。地图跟踪数字化时，数据的可靠性主要取决于操作员的技术熟练程度，操作员的情绪会严重影响数据的质量。操作员的经验和技能主要表现在能选择最佳点位来数字化地图上的点、线、面要素，判断十字丝与目标重合的程度等能力。这种方式数字化的速度比较慢，工作量大，自动化程度低，数字化精度与作业员的操作有很大关系，所以目前已基本不再采用。

（2）扫描矢量化

目前，矢量地图数据获取一般采用扫描矢量化的方法。根据地图幅面大小，选择合适规格的扫描仪，对纸质地图扫描生成栅格图像。然后，在经过几何纠正之后，即可进行矢量化。其工作流程如图 2-1-1 所示。

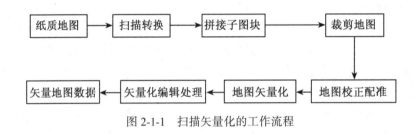

图 2-1-1　扫描矢量化的工作流程

对栅格图像的矢量化有软件自动矢量化和屏幕鼠标跟踪矢量化两种方式。软件自动矢量化工作速度较快、效率较高，但是扫描地图中包含多种信息，系统难以自动识别分辨（例如，在一幅地形图中，有等高线、道路、河流等多种线状地物，尽管不同地物有不同的线型、颜色，但是对于计算机系统而言，仍然难以对它们进行自动区分），这使得完全自动矢量化的结果不那么"可靠"，其结果仍然需要再进行人工检查和编辑。所以在实际应用中，常常采用交互跟踪矢量化或者屏幕鼠标跟踪矢量化。屏幕鼠标跟踪方法其作业方式与数字化仪基本相同，仍然是手动跟踪，但是数字化的精度和工作效率得到了显著的提高。

将栅格图像转换为矢量地图一般需要以下一系列内容：

① 图像拼接。以两相邻地图图像的部分重叠区为基础，把它们合成为一幅整图的过程叫做图像拼接，分上下拼接和左右拼接。以左右拼接为例，取左图右边缘一个矩形区域 A，取右图左边缘一个矩形区域 B，如果 A 和 B 有一定的重叠区，可以利用计算机实现自动的匹配；或者采用人工拼接，即固定 A，通过人机交互控制 B 以一定步长上下左右移动，直到 A 和 B 重叠区对齐为止。最后，根据匹配情况或偏移情况对两相邻地图图像进

行修正和合成。

② 图像裁剪。把一幅图像裁成两两相邻的规则图块的过程称为地图裁剪。图像裁剪非常简单，实际应用中，可以根据不同的硬件配置确定采用和不采用图像裁剪技术。

③ 地图校正配准。地图校正配准需要准备标准空间数据文件和原始畸变图像空间数据文件，选择适当的多项式校正方法，通过在原始畸变图像空间和标准空间中采集控制点对进行校正，观察校正后的残差，如果不满意，则对个别残差大的控制点对进行重新采集，或者改变校正方法，直到校正误差控制在要求的范围以内。保存数学模型，保存校正后的图像。具体步骤如下：

a. 按要求在投影变换子系统中生成标准图框文件，在原始畸变图像空间数据文件中剥离出方里网（或者是标准的地面控制点和含有地面控制点的畸变图像数据）。

b. 采集控制点对，即先在原始畸变图像空间中采集实际值，再在标准空间中采集理论值。

c. 选择畸变数学模型，并利用采集到的控制点对求出畸变模型的未知系数，然后利用此畸变模型对原始畸变图像进行几何校正。

d. 几何校正的精度分析。控制点对选择不精确、控制点对数目过少、控制点对分布不合理，以及选择的畸变数学模型不能很好地反映几何畸变过程，都会造成几何校正的精度的下降。因此，必须通过精度分析，找出精度下降的原因，并针对问题进行改正，然后返回去再进行几何校正，重复这个过程，直到满足精度要求为止。

④ 地图矢量化。

点状符号和注记的矢量化：应该能对点状符号和注记字进行矢量化，但完全自动化目前仍有困难，因此，多数需要人工在屏幕上进行数字化。

线状要素的矢量化：能够对线状要素进行细化、断线修复、跟踪，即具有自动提取线状要素中心线的功能。由于目前的自动化程度还不够高，经常需要进行人机交互，诸如在多条线的交叉点找到粘连及断开处，原实体连续担图形中断处（桥下河、桥中路……），需人机交互指明继续追踪的方向。

面状要素的矢量化：能够对面状要素的边界进行细化、断线修复、跟踪，这其实是对线状要素的矢量化。之后进行矢量化的边界，进行面状要素的生成。自动化目前仍有困难，多数需要人工在屏幕上进行数字化。

属性编码的赋值：应能对已数字化的要素根据其符号特征赋以相应的编码（包括等高线的高程）。这方面目前还需要较多的人机交互。

属性数据的采集：属性数据是矢量数据的组成部分。例如，道路可以数字化为一组连续的像素或矢量表示的线实体，并可用一定的颜色、符号把矢量数据表示出来，这样，道路的类型就用相应的符号来表示。而道路的属性数据则是指用户还希望知道的道路宽度、表面类型、建筑方法、建筑日期、入口覆盖、水管、电线、特殊交通规则、每小时的车流量等。这些数据都与道路这一空间实体相关。这些属性数据可以通过给予一个公共标识符与空间实体联系起来。

当属性数据的数据量较小时，可以在输入几何数据的同时，用键盘输入；但当数据量较大时，一般与几何数据分别输入，并检查无误后，转入地图数据库中。为了把空间实体的几何数据与属性数据联系起来，必须在几何数据与属性数据之间有一公共标识符，标识符可以在输入几何数据或属性数据时手工输入，也可以由系统自动生成（如用顺序号代表标识符）。只有当几何数据与属性数据有一共同的数据项时，才能将几何数据与属性数据自动地连接起来；当几何数据或属性数据没有公共标识码时，只有通过人机交互的方法，如选取一个空间实体，再指定其对应的属性数据表来确定两者之间的关系，同时自动生成公共标识码。

1.4　任务实施

1.4.1　任务目的和要求

为适应现代化城镇规划、建设和国土管理的需要，提高城市科学管理水平，需要对图幅名称为 H49G002068 的地形图进行数字化地形图的制作工作。

根据国家标准和图式规范，制定地图数据获取的作业基本要求及具体内容，掌握地图扫描矢量化的方法，能进行地图数据的获取。

1.4.2　任务准备

1. 人员准备

根据要求，分配人员岗位，明确其岗位职责。

2. 资料准备

准备所需要的资料，准备相关的标准、规范及要求。具体为：

①《国家基本比例尺地形图分幅和编号》（GBT 13989—2012）；

②《1：5000、1：10000、1：25000、1：50000、1：100000 地形图要素分类与代码》（GBT15660—1995）；

③《国家基本比例尺地图图式》第 3 部分：《1：25000、1：50000、1：100000 地形图图式》（GBT 20257.3—2017）；

④《数字测绘成果质量要求》（GB/T 17941—2008）。

3. 软件准备

准备所需要的软件及相关设备，本次任务主要为 MapGIS 软件。

1.4.3　任务内容

1. 地图校正配准

对于标准分幅的地形图，采用 DRG 图像校正方法；对于非标准分幅的图形，采用矢量参照文件的图像校正方法。

（1）DRG 图像校正方法

以本任务为例进行介绍，具体操作流程具体为：

① 打开 MAPGIS→"图像处理"→"图像分析"。

② 单击"文件"→数据输入，将 TIF 格式的图像转换为 MSI 影像文件格式。

③ 单击"文件"→打开影像，装入 MSI 影像文件。

④ 单击"镶嵌融合"→DRG 生产→图幅生成控制点，弹出"图幅生成控制点"对话框（图 2-1-2）。

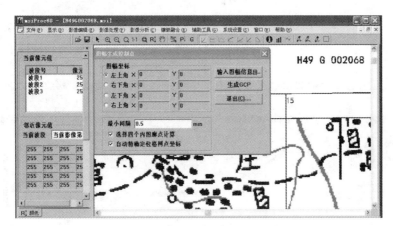

图 2-1-2　"图幅生成控制点"对话框

⑤ 点击对话框中的"输入图幅信息"按钮，系统自动弹出"图幅生成控制点"对话框。将所打开的影像文件图幅号输入"图幅号"栏中，选择所打开的影像文件的"坐标系"→"图框类型"，然后点击"确定"（图 2-1-3）。

图 2-1-3　输入图幅信息

⑥ 在随后的"图幅生成控制点"对话框中按左上角→右下角→左下角→右上角的次序在影像文件中用鼠标左键单击相应位置，最后点击"生成 GCP"（图 2-1-4）。

⑦ 在弹出的"是否删除原有控制点"对话框中单击"确定"按钮。

⑧ 单击"镶嵌融合"→DRG 生产→顺序修改控制点。放大影像文件，在图框的"十"字坐标处单击鼠标左键，在弹出的放大图框中鼠标左键依次校正位置（使鼠标点击出现的红十字与影像图的十字坐标完全重合），并按空格键确定，进入下一位置，直到最后一个控

制点结束(图 2-1-5)。

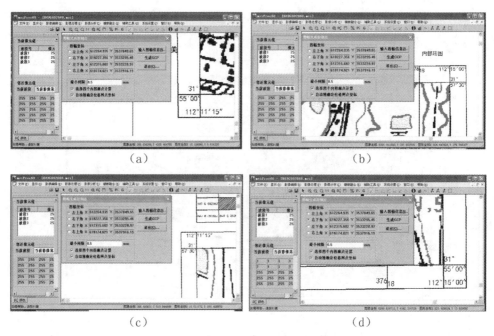

（a）　　　　　　　　　　　（b）

（c）　　　　　　　　　　　（d）

图 2-1-4　鼠标采集图幅四个角点坐标

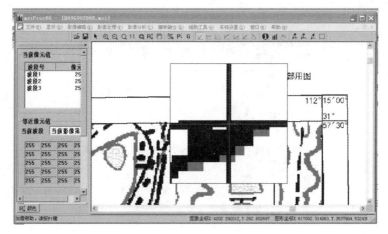

图 2-1-5　逐个控制点校正

若本影像文件图像内无公里网的交叉点，对于相应位置则按 Esc 键略过。

⑨ 顺序修改控制点结束后，单击"镶嵌融合"→"控制点信息"；单击"镶嵌融合"→"控制点浏览"。显示控制点信息及控制点。若控制点残差在允许数值范围之外，则重新进行控制点修改；若控制点残差在允许数值范围之内，则进行逐格网校正。

⑩ 单击"镶嵌融合"→"DRG 生产"→"逐格网校正"。

⑪ 在弹出的"另存为"对话框中键入文件名，并单击"保存"按钮。

⑫ 在弹出的"变换参数设置"对话框中，根据需要进行"输出分辨率"设置，然后点击"确定"按钮，进行图像的校正。

此方法可以简化为直接通过在底图上选取定位点，然后输入该点的坐标，一般要求不少于 6 个点。

（2）直接输入坐标的影像校正方法

① 单击"文件"→"打开影像"，打开待校正的非标准影像。

② 打开菜单"镶嵌融合"→"控制点信息"和"控制点浏览"，会发现 MapGIS 自动添加了改幅图像的四个拐角端点的配准值，这自动添加的值一般不正确，需要进行删除。

③ 打开菜单"镶嵌融合"→"删所有控制点"，就可以删除这些已知控制点。

④ 打开菜单"镶嵌融合"→"添加控制点"，单击左侧工作区添加控制点的地方，会放大显示，调整好控制点位置后，按空格键，弹出输入新参照点坐标，如此重复添加控制点，直到个数满足校正参数要求（图 2-1-6）。

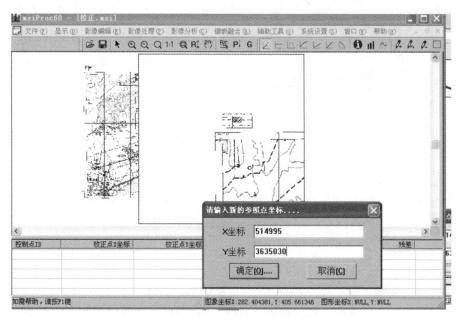

图 2-1-6　鼠标输入控制点信息

⑤ 打开菜单"镶嵌融合"→"校正参数"，设置相应参数，不同阶的多项式几何校正变换需要不同的控制点数。

⑥ 打开菜单"镶嵌融合"→"影像校正"，保存校正后的图像的路径即可，其他可默认。

不同阶的多项式几何校正变换最少控制点数在理论上为：一阶多项式几何校正（理论最小值）为 3 个控制点；二阶多项式几何校正（理论最小值）为 6 个控制点；三阶多项式几何校正（理论最小值）为 10 个控制点；四阶多项式几何校正（理论最小值）为 15 个控制点；五阶多项式几何校正（理论最小值）为 21 个控制点。

为了保证较高的校正精度，实际选择的控制点至少为理论数的 3 倍，即一阶多项式几何校正(推荐最小值)为9个控制点；二阶多项式几何校正(推荐最小值)为18个控制点；三阶多项式几何校正(推荐最小值)为30个控制点；四阶多项式几何校正(推荐最小值)为45个控制点。

(3)影像的矢量文件校正

对于非标准分幅的图形，采用矢量参照文件的图像校正方法。

① 单击"文件"→"打开影像"，打开待校正的非标准影像。

② 单击"镶嵌融合"→"打开参照文件/参照线文件"(图2-1-7)。

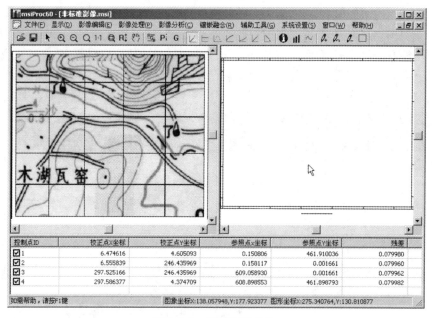

图 2-1-7　打开参照文件

③ 单击"镶嵌融合"→"删除所有控制点"。

④ 单击"镶嵌融合"→"添加控制点"，依次添加至少4个控制点(图2-1-8)。添加方法为：分别单击左边影像内一点和右边线文件中相应的点，并分别按空格键确认，系统会弹出提示对话框，单击"是"按钮，系统会自动添加一控制点。

⑤ 单击"镶嵌融合"→"校正预览"(图2-1-9)。

⑥ 菜单"镶嵌融合"→"校正参数"，设置相应参数，不同阶的多项式几何校正变换需要不同的控制点数。

⑦ 单击"镶嵌融合"→"影像校正"，并保存校正结果。

2. 地图矢量化

(1)工程的建立

① 打开 MapGIS 界面，单击"设置"按钮，在弹出的"MapGIS 环境设置"对话框中进行工作目录及系统库目录设置。

② 单击"图形处理"→"输入编辑"，在出现的对话框中选择"新建工程"。单击"确定"。

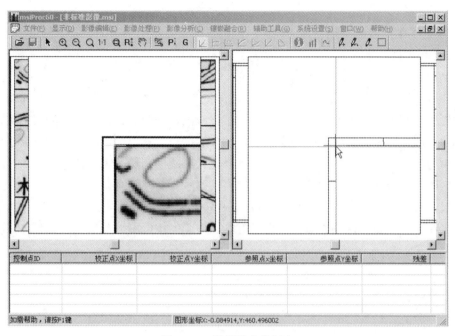

图 2-1-8　鼠标输入控制点

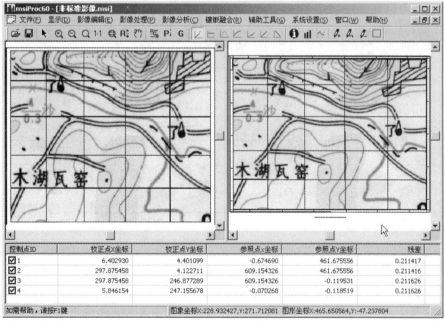

图 2-1-9　校正预览

③ 在出现的设置工程的地图参数对话框中，单击"编辑工程中的地图参数"，弹出"设置地图参数"对话框。

④ 根据底图的坐标系统、地图投影、比例尺等进行地图参数的设置。然后，单击"确定"，进行新工程的建立。

（2）读图、分层，新建文件

① 划分图层。"图层"是地图数字化和地图图形编辑过程中一个非常重要的概念。不同的图形要素有不同的图形结构，所以在数字化或图形编辑时，常把它们分门别类地存放在不同的图层里，这就是所谓的分层数字化和分层编辑。对图形进行分层，有助于图形的输入编辑与检索。当我们对图形操作时，可以调入相应的图层，无关图层不调入，这样进入工作区的图形数据就可大大减少，从而提高效率和质量。

一般，把一类地理要素存放到同一文件中，根据判读的地理要素，分为不同的要素层，将来在工程中新建这一类对应文件。对本任务中的地形图的分层见表2-1-1（只作为参考）。

表 2-1-1　　　　　　　　　　　　地形图分层情况表

层　　名	要素特征
图框（含方里网）	点状要素；线状要素
测量控制点	点状要素
独立地物	点状要素
名称注记	点状要素
等高线	线状要素
高程点	点状要素
境界线	线状要素
居民点	点状要素；线状要素；面状要素
水系及设施	点状要素；线状要素；面状要素
道路	点状要素；线状要素；面状要素
土质植被	点状要素、线状要素；面状要素
……	……

② 文件添加和建立。

文件添加：在新建工程中左侧工作台处单击鼠标右键，选择"添加文件"，将校正配准好的底图加入工程中。对其坐标进行检查。

新建文件：在对图形判读并分了不同的要素后，接下来将在工程中新建地理要素对应文件。

将光标放在左窗口中，单击鼠标右键，系统即刻弹出图形菜单。在菜单中选择新建的文件类型选项，系统弹出"新建项目文件名"对话框。在此对话框中，输入新建的文件名，同时，可以选择"修改路径和编辑属性结构"按钮，进行修改新建文件的路径和属性结构。最后，单击"创建"按钮，系统在左窗口中将添加建立的文件。

依次重复，继续创建其他文件，直到所有图层对应的文件都创建完成，具体如图 2-1-10 所示。

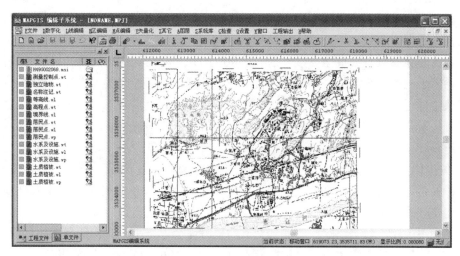

图 2-1-10 文件建立结果图

（3）地图内容的符号化

地图数字化是地理空间数据输入的重要途径，图形经过数字化处理后，传统的纸质地图可转换成数字地图产品。

① 创建工程图例。为制作图例提供图元及其参数。进行图形编辑前，最好先根据图纸的内容，建立完备的工程图例。创建工程图例的具体步骤如下：

a. 选择建立工程图例，系统会弹出对话框。

b. 选择图例类型。不同类型的图元对应不同类型的图例，在此以选择点类图例为例。

c. 输入图例的名称和描述信息。

d. 设置图例参数。首先选择点类型，然后输入点图元的各个参数。

e. 编辑属性结构和属性内容。工程图例中的属性结构和属性内容与点、线、区菜单下的有所不同，当对图例中的属性结构和属性内容进行修改时，并不影响文件中图元的属性结构和属性内容。

f. 用鼠标左键单击"添加"按钮，将所选的点图元添加到右边的列表框中。

g. 如果要修改某个图例，可先用鼠标激活图例，再单击"编辑"按钮，或者用鼠标双击列表框中的图例，这样系统就可切换到图例的编辑状态，从而可对图例参数及属性结构和属性内容进行修改了。用鼠标单击"确定"按钮，可对修改的内容进行确认。

h. 当工程图例已建立或修改完毕后，单击"确定"按钮，系统会提示您保存图例文件。

② 工程图例的关联和打开。一个 MPJ 工程只能有一个工程图例文件，关联工程图例可使当前 MPJ 工程与指定的工程图例文件匹配起来。新建工程图例后，在输入数据时，

为了输入方便、快捷，可以直接在图例板中选取所要输入的图元。

③ 地图数据获取。当文件建立好之后，根据图式和规范，参照普通地图内容的表示方法，使用图例板，利用"点编辑""线编辑""面编辑"菜单以及"其他"菜单对图形进行分层矢量化。注意，应先对点要素和线要素进行输入和编辑，最后对面要素进行输入和编辑。

a. 矢量化设置：

设置矢量化范围：全图范围指矢量化操作在全图范围内有效；窗口范围指矢量化操作在定义窗口范围内有效。

设置矢量化参数：矢量化参数包括矢量化时的几个必需的控制参数，设置矢量化参数包括抽稀因子、同步步数、最小线长、自动清除处理过光栅、细线、中线、粗线。一般用系统默认值即可。

设置矢量化高程参数：在进行等高线矢量化时，需要给每一条线赋高程值，为提高效率，系统设计了自动赋值的功能。

b. 矢量化：矢量化的目的是把读入的栅格数据通过矢量跟踪，转换成矢量数据。一般有4种矢量方式：全自动矢量化、交互式矢量化、封闭式单元矢量化和高程自动赋值。通常采用交互式矢量化，其基本方法是移动光标，选择需要追踪的矢量化的线，沿着栅格数据线的中央追踪。每当跟踪一段遇到交叉的地方就会停下来，让你选择下一步的跟踪方向和路径。当一条线跟踪完毕后，按鼠标右键，即可终止一条线，如果此时按住 Ctrl 键，同时按右键，此线终止并封闭一条线。于是可以开始下一条线的跟踪。在矢量化时，注意不要用鼠标加点，用 F8 键手工加点。在矢量化等高线时，选定一条线尽可能地跟踪到底，防止矢量化后断线太多，给以后的工作带来许多不便。对于小山头，在矢量化选择线型时，选用椭圆线来矢量化，可一步到位。在弯曲度较大的地方采用 F8 键给线上加点，可更准确地进行矢量化。为了能熟练地进行矢量化，可使用功能键，矢量化系统常用功能键见表 2-1-2。

表 2-1-2　　　　　　　　　　　　　　矢量化系统常用功能键

功能键	实现功能	功能说明
F4	高程递加	高程线矢量化时，为各条线的高程属性进行赋值时使用。在设置了高程矢量化参数后，每按该键一次，当前高程值就递加一个增量
F5	放大屏幕	以当前光标为中心放大屏幕内容
F6	移动屏幕	以当前光标为中心移动屏幕
F7	缩小屏幕	以当前光标为中心缩小屏幕内容
F8	加点	控制在矢量追踪过程中需要加点操作，按一次该键，就在当前光标处增加一点
F9	退点	控制在矢量追踪过程中需要退点操作，按一次该键，就在当前光标处退一点
F11	改向	控制在矢量追踪过程中改变方向的操作，按一次该键，就转到矢量线的另一端进行追踪
F12	捕捉	在矢量化一条线开始或者结束时，用该键进行捕捉线头线尾，或者在线上加点并捕捉等

1.4.4　检查评价

对案例的结果进行检查时，采用学生小组互相检查评价、教师归纳总结的方式，加深对知识的掌握和技能训练。并要求学生根据本次内容，写出任务实施总结报告书。

◎**技能训练**

根据制图规范和要求，对已有地图进行矢量数据获取。

◎**思考题**

1. 简述地图数据获取的方法。
2. 简述在 MapGIS 中地图校正和配准的方法。其具体的要求和步骤是什么？
3. 什么是扫描矢量化？其具体过程是什么？

任务 2　地图数据处理

2.1　任　务　描　述

在任何环境下，由于数据源本身的误差以及数据采集过程中不可避免的错误，会使获得的空间数据不可避免地出现误差或错误。在数据获取之后，必须对数据进行必要的检查，包括各要素是否遗漏、是否重复录入某些实体、图形定位是否错误、图形数据是否正确等，这些错误需要通过编辑处理等来修正。

2.2　教　学　目　标

2.2.1　知识目标

掌握地图数据处理内容和方法。

2.2.2　技能目标

能利用地图制图软件进行添加、删除、移动、复制、旋转、剪裁、拼接某些图形要素，能进行地图投影变换和误差校正。

2.3　相　关　知　识

2.3.1　图形坐标变换

在地图录入完毕后，经常需要进行投影变换，得到经纬度参照系下的地图。对各种投影进行坐标变换的原因主要是输入时的地图是一种投影，而输出的地图产物则是另外一种投影。进行投影变换有两种方式，一种是利用多项式拟合，类似于图像几何纠正；另一种是直接应用投影变换公式进行变换。

1. 基本坐标变换

在投影变换过程中，有三种基本的操作：平移、缩放和旋转。如图 2-1-11 所示。

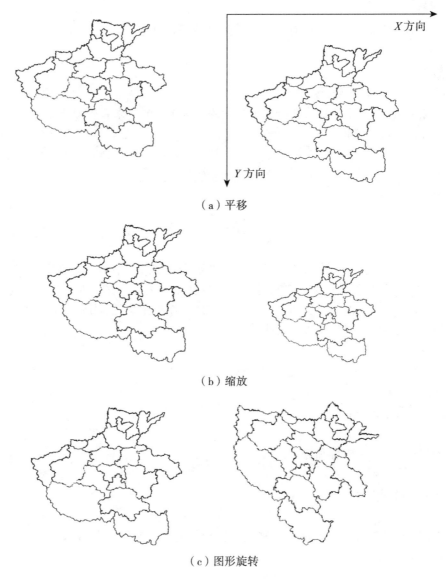

（a）平移

（b）缩放

（c）图形旋转

图 2-1-11　图形坐标变换

（1）平移

平移是将图形的一部分或者整体移动到笛卡儿坐标系中另外的位置（图 2-1-11（a）），其变换公式为

$$X' = X + T_X$$
$$Y' = Y + T_Y$$

（2）缩放

缩放操作可以用于输出大小不同的图形（图 2-1-11（b）），其公式为

$$X' = X S_X$$
$$Y' = Y S_Y$$

（3）旋转

在地图投影变换中，经常要应用旋转操作（图 2-1-11（c）），实现旋转操作要用到三角函数，假定顺时针旋转角度为 θ，其公式为

$$X' = X\cos\theta + Y\sin\theta$$
$$Y' = -X\sin\theta + Y\cos\theta$$

2. 仿射变换

如果综合考虑图形的平移、旋转和缩放，则其坐标变换式如下：

$$(X',\ Y') = \lambda \begin{bmatrix} \cos\theta & \sin\theta \\ -\sin\theta & \cos\theta \end{bmatrix} \begin{bmatrix} X \\ Y \end{bmatrix} + \begin{bmatrix} T_X \\ T_Y \end{bmatrix}$$

上式是一个正交变换，其更为一般的形式是

$$(X',\ Y') = \lambda \begin{bmatrix} a & b \\ c & d \end{bmatrix} \begin{bmatrix} X \\ Y \end{bmatrix} + \begin{bmatrix} T_X \\ T_Y \end{bmatrix}$$

上式称为二维的仿射变换（Affine Transformation），仿射变换在不同的方向可以有不同的压缩和扩张，可以将球变为椭球，将正方形变为平行四边形（图 2-1-12）。

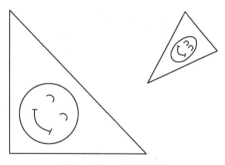

图 2-1-12　仿射变换

2.3.2　图形拼接

在对底图进行数字化以后，由于图幅比较大或者使用小型数字化仪时难以将研究区域的底图以整幅的形式来完成，于是需要将整个图幅划分成几部分分别输入。在所有部分都输入完毕并进行拼接时，常常会有边界不一致的情况，需要进行边缘匹配处理（图 2-1-13）。边缘匹配处理类似于下面提及的悬挂节点处理，可以由计算机自动完成，或者辅助以手工半自动完成。

除了图幅尺寸的原因，由于经常要输入标准分幅的地形图，也需要在输入后进行拼接处理，这时，一般需要先进行投影变换，通常的做法是从地形图使用的高斯-克吕格投影转换到经纬度坐标系中，然后再进行拼接。

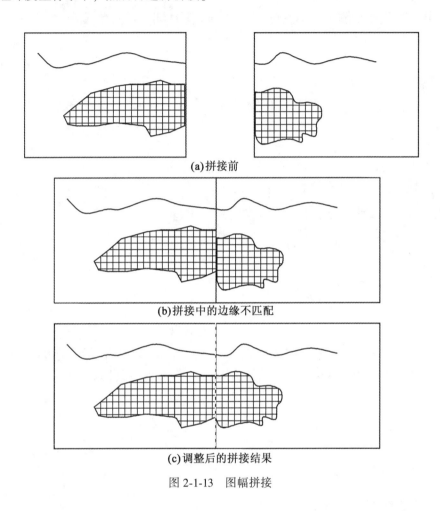

(a)拼接前

(b)拼接中的边缘不匹配

(c)调整后的拼接结果

图 2-1-13　图幅拼接

2.3.3　拓扑生成

在图形数字化(手扶跟踪数字化或扫描矢量化)完成后，对于大多数地图，需要建立拓扑，以正确判别地物之间的拓扑关系。在建立拓扑关系的过程中，一些在数字化输入过程中的错误需要被改正；否则，建立的拓扑关系将不能正确地反映地物之间的关系。

1. 图形修改

在数字化过程中的错误几乎是不可避免的，造成数字化的错误主要有以下几方面，因此，首先需要对这些错误进行检查和修改：

① 遗漏某些实体。

② 某些实体重复录入，由于地图信息是二维分布的，并且信息量一般很大，所以要准

确记录哪些实体已经录入，哪些实体尚未录入是困难的，这就容易造成重复录入和遗漏。

③ 定位不准确，常见的线数字化错误是线条连接过头和不及两种情况。例如，在水系的录入中(图 2-1-14)，将支流的终点恰好录入在干流上基本上是不可能的(图 2-1-14(a))，更常见的是图 2-1-14(b)(c)所示的两种情况。

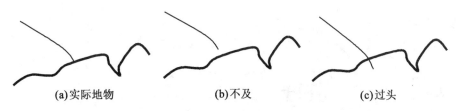

(a)实际地物   (b)不及   (c)过头

图 2-1-14 线数字化错误：不及和过头

④ 在数字化后的地图上，经常出现的错误的具体表现形式有以下几种：

a. 伪节点。伪节点使一条完整的线变成两段(图 2-1-15)，造成伪节点的原因常常是没有一次录入完毕一条线。

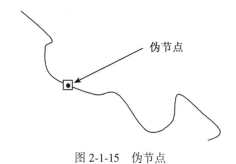

伪节点

图 2-1-15 伪节点

b. 悬挂节点。如果一个节点只与一条线相连接，那么该节点称为悬挂节点，悬挂节点有多边形不封闭(图 2-1-16)、不及和过头(图 2-1-14)、节点不重合(图 2-1-17)等几种情形。

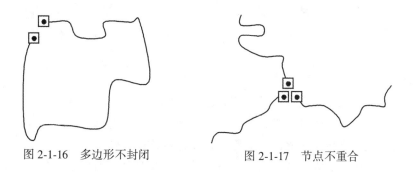

图 2-1-16 多边形不封闭   图 2-1-17 节点不重合

c. 碎屑多边形或条带多边形。条带多边形(图 2-1-18)一般是由于重复录入引起的，由于前后两次录入同一条线的位置不可能完全一致，造成了碎屑多边形。另外，由于用不同比例尺的地图进行数据更新，也可能产生碎屑多边形。

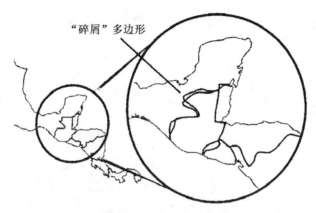

图 2-1-18　碎屑多边形

d. 不正规的多边形。不正规的多边形(图 2-1-19)是由于输入线时，点的次序倒置或者位置不准确引起的。在进行拓扑生成时，同样会产生碎屑多边形。

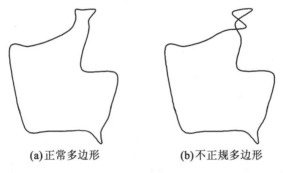

(a)正常多边形　　　　　　　(b)不正规多边形

图 2-1-19　不正规的多边形

上述错误一般会在建立拓扑的过程中发现，需要进行编辑修改。一些错误，如悬挂节点，可以在编辑的同时，由软件自动修改，通常的实现办法是设置一个"捕获距离"，当节点之间或者节点与线之间的距离小于此数值后，即自动连接；而另外的错误则需要进行手工编辑修改。

2. 建立拓扑关系

在图形修改完毕之后，就意味着可以建立正确的拓扑关系，拓扑关系可以由计算机自动生成，目前大多数 GIS 软件也都提供了完善的拓扑功能；但是在某些情况下，需要对计算机创建的拓扑关系进行手工修改，典型的例子是网络连通性。

多边形具体的拓扑建立过程与数据结构有关，但是其基本原理是一致的。多边形拓扑的建立，要注意多边形带"岛"的情况(图 2-1-20)。

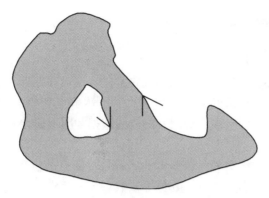

图 2-1-20 带"岛"的多边形建立拓扑的结果

2.4 任务实施

2.4.1 任务目的和要求

对图幅名称为 H49G002068 的地形图进行数字化地形图后的数据编辑处理。

根据国家标准和图式规范，制定地图数据获取的作业基本要求及具体内容，掌握地图数据的添加、删除、移动、复制、旋转、剪裁、拼接、误差校正等处理方法，能进行地图数据的处理。

2.4.2 任务准备

1. 人员准备

根据要求，分配人员岗位，明确其岗位职责。

2. 资料准备

准备所需要的资料，准备相关的标准、规范及要求。具体为：

①《国家基本比例尺地形图分幅和编号》（GB/T 13989—2012）；

②《1∶5000、1∶10000、1∶25000、1∶50000、1∶100000 地形图要素分类与代码》（GB/T15660—1995）；

③《国家基本比例尺地图图式》第 3 部分：《1∶25000、1∶50000、1∶100000 地形图图式》（GB/T 20257.3—2017）；

④《数字测绘成果质量要求》（GB/T 17941—2008）。

3. 软件准备

准备所需要的软件及相关设备，本次任务主要为 MapGIS 软件。

2.4.3　任务内容

1. 数字化错误的处理

当地图数据获取之后，先对点要素和线要素进行编辑和处理，最后对面要素进行编辑和处理，修正碎多边形、接边问题、超出节点、不达节点和错误多边形等错误。MapGIS 图形编辑器提供了对点、线、面三种图元的空间数据和图形属性进行编辑和处理的功能。

（1）点编辑

点编辑包括空间数据编辑和参数编辑，前者是改变点的位置、删除或增加点等操作，后者包括改变点图元的图形、大小、颜色等参数。

（2）线编辑

线编辑包括增删线、改变线的空间位置，剪断线，编辑、修改线参数（线型、线宽及线色），还可以进行线上加点、删点、移点等。利用这些功能可以删除一些小弯曲。

（3）区编辑

区编辑包括区域的形成、区域属性的编辑、区域几何数据的编辑等。

矢量化的数据进行编辑和处理之后，基本可以获取到相应的信息。手工编辑地图大多数是在计算机图形显示器上以人机交互的方式进行。手工编辑的主要功能是添加、删除、移动、复制、旋转某些图形图像要素。在矢量方式下，地图数字化和地图编辑往往是结合在一起的。

2. 填色

对每个图层中的面状要素进行图案和颜色的填充。

（1）造区

造区通常有两种方式，一种是经拓扑处理自动生成区域，称为自动化方式；另一种是用光标顺序跟踪这些轮廓线生成区域，称为手工方式。

① 自动化方式造区的基本步骤：自动剪断线；清除微短线；清除重叠坐标；线转弧段；拓扑查错，即根据提示的错误，在编辑系统中修改；拓扑重建；填色。

在区编辑中选择修改区参数，在颜色库中挑选所需的颜色，按"确认"键即可。

② 对于图上填色区域不多的地图，可采用手工造区的方式，基本步骤：线工作区提取弧段；输入区；修改错误；填色。

（2）填色

在区编辑中选择修改区参数，在颜色库中挑选你所需要的颜色，按"确认"键即可。

3. 整图的处理

（1）整图变换

整图变换包括整幅图形的平移、比例和旋转三种变换。整图变换包括线文件、点文件和区文件的变换，前面打钩时表示对应的图元文件要进行变换。该功能有如下两种情况：

① 键盘输入参数：选择键盘输入参数编辑器弹出变换输入板，用户可选择变换文件类型。特别的，对于点类型文件，可选择"参数是否变化"，即在坐标变换的同时，点的本身大小和角度是否变化，用户根据需要输入相应的平移、比例、旋转参数。

② 光标定义参数：选择光标定义参数，系统需要用户用光标先定义平移原点、旋转

角度后，弹出变换输入板，并将这些参数放入对话框中，用户可进行修改。

平移参数：按系统提示从键盘上输入相应的相对位移量后，即将图形移到相应的位置。

比例参数：利用这个变换可以将图形放大或缩小。在 X、Y 两个方向的比例可以相同也可以不同。当输入 X、Y 方向的比例系数后，系统就按输入的系数对图形进行变换。

旋转参数：将整幅图绕坐标原点$(0，0)$，按输入的旋转角度旋转，当旋转角为正时，逆时针旋转；为负时，顺时针旋转。

另外，在点变换的下面，有一个"参数变化"选择项，当选择时，表示在进行点图元变换时，除位置坐标跟着变换外，其对应的点图元参数也跟着变化，如注释高宽、宽度等。

（2）整块处理

整块移动：将所定义的块中所有图元(包括点、线、区)移动到新位置。

整块复制：将所定义的块中所有图元(包括点、线、区)复制到新位置。

边沿处理：包括线边沿处理和弧边沿处理。靠近某一条 X 线的几条线，由于数字化误差，这几条线在与 X 线交叉或连接处的端点没有落在 X 上，利用本功能，可使这些端点落在 X 线上。具体使用时，应给出适当的节点搜索半径，系统将根据此值决定将哪些端点调整使其落在 X 线上。

4. 误差校正

由于各种误差的存在，使地图各要素数据转换成图形后不能套合，使不同时段数字化的图形不能精确连接，使相邻图幅不能拼接。在地图产品的生产过程中，误差校正起着很重要的作用，它可以去掉或减少图件在输入时产生的误差，校正图形的变形，使输出的地图产品达到规定的制作精度。具体步骤如下：

① 按要求在投影变换子系统中生成标准图框文件，在原始畸变图像空间数据文件中剥离出方里网(或者是标准的地面控制点和含有地面控制点的畸变图像数据)。

② 采集控制点对，即先在原始畸变图像空间中采集实际值，再在标准空间中采集理论值。

③ 选择畸变数学模型，并利用采集到的控制点对求出畸变模型的未知系数，然后利用此畸变模型对原始畸变图像进行几何校正。

④ 几何校正的精度分析。如果控制点对选择不精确、控制点对数目过少、控制点对分布不合理以及选择的畸变数学模型不能很好地反映几何畸变过程，则会造成几何校正的精度的下降。因此，必须通过精度分析，找出精度下降的原因，并针对问题进行改正，然后返回去再进行几何校正，重复这个过程，直到满足精度要求为止。

最后得到地图数据处理的结果如图 2-1-21 所示。

2.4.4　检查评价

对案例的结果进行检查时，采用学生小组互相检查评价、教师归纳总结的方式，加深对知识的掌握和技能训练。要求学生根据本次内容，写出任务实施总结报告书。

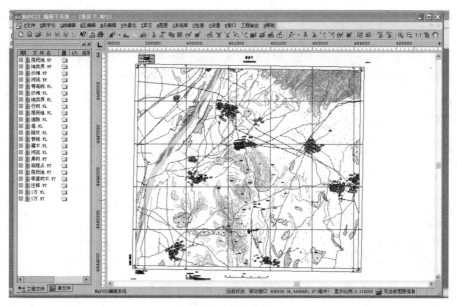

图 2-1-21　普通地图编辑结果图

◎ 技能训练

对已获取地图进行处理，使其满足制图规范和要求。

◎ 思考题

1. 在数字化后的地图上，经常出现的错误有哪几种？
2. 以线数据为例，简述在 MapGIS 软件中如何进行数据处理。

项目 2 普通地图编制

【项目概述】

制图的基本目的是以缩小的图形来显示客观世界。但地图不可能把真实世界中所有现象无一遗漏地表现出来，因而就存在着许多地理事物与地图清晰易读要求的矛盾，这种矛盾随着比例尺的缩小而越发显得突出。因此，由大比例尺地图缩编成中小比例尺地图时，必须用规定的编绘符号和色彩按地图概括原则方法与指标，对新编地图内容进行取舍，完成地图编绘。

本学习项目由陆地水系及设施编绘、居民地编绘、交通网编绘、地貌编绘和其他要素编绘 5 个学习型工作任务组成。通过本项目的实施，为学生从事普通地图编绘工作打下基础，使学生具备普通地图编制的基本能力。

【教学目标】

◆知识目标

1. 掌握陆地水系及设施的编绘原则和方法
2. 掌握居民地选取和编绘的原则方法
3. 掌握交通网及设施的编绘原则和方法
4. 掌握等高线化简的方法
5. 掌握地貌符号和注记选取的方法
6. 熟悉其他要素制图综合的原则和方法

◆能力目标

1. 能进行陆地水系及设施的编绘
2. 会正确进行居民地选取和编绘
3. 能进行交通网及设施编绘
4. 能正确选取地貌符号和注记，能进行等高线的化简
5. 会进行其他要素的编绘

任务 1 陆地水系及设施编绘

1.1 任务描述

陆地水系及设施是地图编绘的主要内容之一。本任务主要完成河流编绘、完成湖泊、水库编绘和井、泉和渠网编绘。

1.2　教 学 目 标

1.2.1　知识目标

掌握河流编绘的方法，湖泊、水库编绘的方法以及井、泉和渠网编绘的方法。

1.2.2　技能目标

能进行河流的编绘，进行湖泊、水库的编绘以及井、泉和渠网的编绘。

1.3　相 关 知 识

1.3.1　河流的编绘

1. 河流的选取

(1)河流的选取标准

① 河网密度：是确定选取标准的依据。它用河网密度系数表示，即单位面积内的河流长度，表示为

$$k = \frac{l}{p}$$

式中：k 为河网密度系数；p 为流域面积；l 为该地域全部河流的总长度。

在地图数据库中，可以量算出河流的总长和区域面积，这项系数很容易得到。在不具备地图数据库时，可以用下式来估算：

$$k = \frac{c\sqrt{n}}{\sqrt{p}}$$

式中：c 为参数；n 为河流条数；p 为流域面积。

② 河流选取标准：实地上河网密度数的分布是连续的，新编图上河流的选取范围有限的，例如，通常的选取标准为 0.5~1.5cm。为此，实用上常常是将实地河网按密度进行分级，然后在不同密度区中确定选取标准。

我国地图上河流选取标准的参考值见表 2-2-1。

表 2-2-1　　　　　　　　　　　我国地图上河流选取标准的参考值

河网密度分区	密度系数(km/km²)	河流选取标准(cm)	
		平均值	临界值
极稀区	<0.1	基本上全部选取	
较稀区	0.1~0.3	1.4	1.3~1.5
中等密度区	0.3~0.5	1.2	1.0~1.4
	0.5~0.7	1.0	0.8~1.2
	0.7~1.0	0.8	0.6~1.0

河网密度分区	密度系数(km/km^2)	河流选取标准(cm)	
		平均值	临界值
稠密区	1.0~1.2	0.6	0.5~0.8
极密区	>0.2	不超过0.5	

（2）河流选取

① 河流选取的基本规律。在河网密度大的地区，小河流多，即便是规定用较低的选取标准，其舍去的条数较多，河网密度系数仍然较大。在河网密度小的地区，舍去的比较少；保持各密度区间密度对比关系；随着地图比例尺的缩小，河流舍弃越来越多，实地密度不断减少，图上密度却不断增大。

例如，1:10 万地图上选取的上限可定为 1.0cm 或 1.2cm，1:100 万或更小比例尺地图上，其上限可定为 1.5cm 或更高。这是由于随着地图比例尺的缩小，河流长度按倍数减少，地图面积却以长度的平方比缩小，所以，尽管舍弃较长的河流，视觉上看到图面的河网密度还在不断增大。

② 选取河流程序。在选取河流时，通常应先选取主流及小河系的主要河源，然后以每个小河系为单位，从较大的支流逐渐向较短的支流，根据规定的选取标准对其逐渐加密、平衡，实现上述选择规律。

③ 选取标准和选取条数。在地图数据库中，根据给定的长度标准，可以查出低于这个尺度的河流的条数，这就是编图时应当舍去的河流。

在选取标准和河流条数之间，也存在着一定的统计关系，即

$$n_A = Ne^{-\partial l_A}$$

式中，∂ 为参数，是该地区全部河流平均长度的倒数；l_A 为河流的选取标准；e 为自然对数的底；N 表示该地区河流总数；n_A 表示地图上应选取的河流条数。

④ 超越河流选取标准的特例。有一些河流尽管小于所规定的选取标准，也应选取，它们包括：表明湖泊进排水的唯一河流、通湖的小河、接入海的小河、旱地区的常年河、大河上较长河段上唯一的小河。

2. 河流的图形概括

（1）河流弯曲形状

① 简单弯曲，如图 2-2-1 所示。

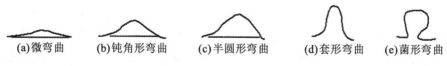

(a)微弯曲　　(b)钝角形弯曲　　(c)半圆形弯曲　　(d)套形弯曲　　(e)菌形弯曲

图 2-2-1　河流的简单弯曲

微弯曲：一种浅弧状弯曲，山地河流多具有这种类型的弯曲。

钝角形弯曲：河流弯曲成钝角形，转折较明显，河流弯曲同谷地弯曲一致，河流的上游以下切为主时形成这种弯曲。

近于半圆形的弯曲：河流弯曲成半圆形的弧状，过渡性河段和平原河流上的旁蚀作用加强，逐渐形成这类弯曲。

套形弯曲：弯曲超过半圆，在平原上再没有大量发育汊流、辫流的情况下，常出现这种弯曲。

菌形弯曲：河流旁蚀和堆积加剧，曲流继续发育形成菌形。

② 复杂弯曲：河流的复杂弯曲是在一级的套形或菌形弯曲上发育成的复合弯曲，如图 2-2-2 所示。

图 2-2-2 河流的复杂弯曲

各种不同的弯曲形状具有不同的弯曲系数，微弯曲的河流，其曲折系数接近于 1（小于 1.2），具有钝角形弯曲的河段成为弯曲不大的河段，其曲折系数为 1.2～1.4。具有半圆形弯曲的弯曲河段，其曲折系数为 1.5 左右，大多数具有套形、菌形和复杂弯曲的河段成为弯曲极大的河段，曲折系数大大超过 1.5。

（2）概括河流弯曲的基本方法和原则

① 保持弯曲的基本形状。弯曲形状同河流发育阶段密切联系，概括河流图形时，应保持各河段弯曲形状的基本特征。

② 保持不同河段弯曲程度的对比。曲折系数是同弯曲形状相联系的，概括河流图形时，并不需要逐段量测其曲折系数，只要正确反映各河段的弯曲特征，就能正确保持各河段弯曲程度的对比。

③ 保持河流长度不过分缩短经过图形概括，河流长度的缩短是肯定的。例如，在 1:100 万地图上，大约只能保留一般地区河流长度的 40%，这其中因图形概括损失掉的长度占河流总长的 13.4%。使用地图时，总希望河流能尽可能地接近实地长度，为此，只允许概括掉那些临界尺度以下的小弯曲，概括后的图形应尽量按照弯曲的外缘部位进行，使图形概括损失的河流长度尽可能少。

（3）真形河流的图形概括

① 表示主流和汊流的相对宽度以及河床宽度和收缩的情况。当主流的明显性不够时，可以适当夸大，使其从众多汊流中突出起来（图 2-2-3）。当河心岛单独存在时，只能取舍，不能合并；当其外部总轮廓一致时，可以适当合并（图 2-2-4）。

② 保持河流中岛屿的固有特性。河心岛多数是沉积物堆积的结果，其朝上游的一端宽而浑圆，朝下游的一端则较尖而长，这些特征可以间接指示水流方向。小比例尺地图上更加需要强调这一特征。

③ 保持辫状河流中主汊流构成的网状结构及汊流的密度对比关系。

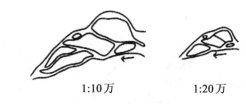

1:10万　　　　　　　1:20万

图 2-2-3　真形河流的概括方法

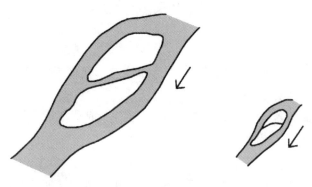

图 2-2-4　河心岛的合并

1.3.2　湖泊、水库的制图综合

1. 湖泊的综合

(1) 湖泊的岸线概括

化简湖泊岸线同化简海岸线有许多相同之处，都需要确定主要转折点，采用化简与夸张相结合的方法。然而，化简湖岸线还有如下一些不同的特点：

① 保持湖泊与陆地面积的对比。概括掉湖汊会缩小湖泊面积，概括掉弯入湖泊的陆地则会增大湖泊的面积，所以，实施湖泊图形概括时，要注意其面积的动态平衡。在山区，由于湖泊图形同等高线密切相关，等高线综合一般是舍去谷地，这时湖泊也是只能舍去小湖汊，其面积损失又从扩大主要弯曲中得到补偿。

② 保持湖泊的固有形状及同周围地理环境的联系。湖泊形状往往反映湖泊的成因及同周围地理环境的联系，因此，湖泊的形状特征是非常重要的，概括时，应强调其形状特征(图 2-2-5)。

(2) 湖泊的选取

湖泊一般只能取舍，不能合并。地图上湖泊的选择标准一般定为 $0.5\sim1mm^2$，小比例尺的选择尺度定得较低。在小湖成群分布的地区，甚至还可以规定更低的标准，当其不能以比例尺表示时，改用点符号表示。独立的湖泊按选取标准进行选取。对成群分布的湖泊，要注意其分布范围、形状及各局部地段的密度对比关系。

图 2-2-5　湖泊的形状图

2. 水库的综合

（1）水库形状概括

地图上的水库有真形和记号性两种。真形水库有形状概括的问题，也有取舍的问题；记号形水库则只有取舍问题。

概括水库图形要和等高线概括相协调。由于水系概括先于等高线综合，所以在概括水库图形时要同时顾及等高线的概括。

（2）水库的取舍

水库的取舍主要取决于库容的大小。水库的大小按统一标准划分：库容超过 $1\times10^8\mathrm{m}^3$ 的，为大型水库；库容为 $1\times10^7\sim1\times10^8\mathrm{m}^3$ 的，为中型水库；库容小于 $1\times10^7\mathrm{m}^3$ 的，为小型水库。

1.3.3　井、泉和渠网的制图综合

井、泉的实际面积很小，都是用独立符号表示，它们只有取舍问题，没有形状概括。

1. 井、泉的选取

① 对居民地内部的井、泉以及水网地区的井、泉，只有在大于 1∶2.5 万的地图上部分表示外，其他地图上一般不表示。在人烟稀少和荒漠地区，井、泉要尽可能详细表示。

② 选取水量大的，性质特殊的（如温泉、矿泉），处于重要位置上（如铁路或公路边）的井、泉。

③ 反映井、泉的分布特征。

④ 反映井、泉密度对比关系。

2. 渠网的综合

渠道是排灌的水道，常由干渠、支渠、毛渠构成渠网。干渠从水源把水引到所灌溉的大片农田，或从低洼处把水排到江河湖泊中去，支渠和毛渠都是配水系统，直接插入排灌范围和田块。

由于渠道形状平直，很少有图形概括的问题，其制图综合主要表现为取舍方面。

选取渠道要从主要到次要。首先由主要渠道构成渠网的骨架，再选取连续性较好的支渠，这时，要注意渠间距和各局部区域的密度对比关系（图 2-2-6）。

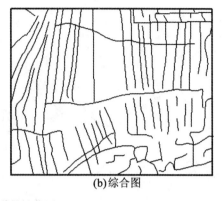

(a)资料缩小图　　　　　　　　　　　　　　(b)综合图

图 2-2-6　渠道的选取图

1.4　任　务　实　施

1.4.1　任务目的和要求

通过以基本资料比例尺为 1∶1 万，新编图比例尺为 1∶5 万的任务，掌握陆地水系编绘方法，能根据制图要求，正确表示水系的类型、主次关系、附属设施及名称；合理反映水系要素的分布规律和不同地区的密度对比；处理好水系与其他要素的关系(图 2-2-7)。

1.4.2　任务准备

1. 人员准备

根据任务要求，分配人员岗位，明确其岗位职责。

2. 资料准备

准备本任务中所需要的资料，准备制图的标准、规范及要求，如下：

①《国家基本比例尺地形图分幅和编号》(GB/T 13989—2012)；

②《1∶5000、1∶10000、1∶25000、1∶50000、1∶100000 地形图要素分类与代码》(GB/T15660—1995)；

③《国家基本比例尺地图图式》第 3 部分：《1∶25000、1∶50000、1∶100000 地形图图式》(GB/T 20257.3—2017)；

④《国家基本比例尺地图编绘规范》第 1 部分：《1∶25000、1∶50000、1∶100000 地形图编绘规范》(GB/T 12343.1—2008)；

⑤《数字测绘成果质量要求》(GB/T 17941—2008)。

3. 软件准备

准备本任务所需要的软件及相关设备。

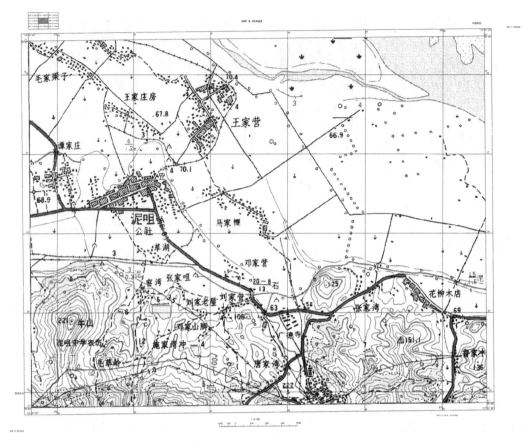

图 2-2-7　1∶1 万地形图

1.4.3　任务内容

1. 陆地水系及设施制图综合的要求

① 河流、运河、沟渠一般均应表示。在河网密集地区，图上长度不足 1cm 的河流、沟渠可酌情舍去。但对构成网络系统的河、渠，则应根据河渠网平面图形特征进行取舍。密集河渠的间距一般不应小于 3mm，老年河床、河漫滩地带的叉流以及沟渠密集地区的间距不应小于 2mm。

② 选取河流、运河、沟渠时，应按从大到小、由主及次的顺序进行。界河、独流河、连通湖泊及荒漠缺水地区的小河必须选取。

③ 河流、运河、沟渠须表示流向。通航河段须表示流速。较长的河、渠一般每隔 15～20cm 重复标注。

④ 图上宽 0.1mm 以上的河流用双线依比例尺表示；不足 0.4mm 的用单线表示。以单线表示的河流，应视其图上长度用 0.1～0.4mm 逐渐变化的线粗表示。

⑤ 图上宽度大于 0.4mm 的运河、沟渠用双线依比例尺表示；不足 0.4mm 的，用单线

表示,并视其主次分别用 0.3mm 和 0.15mm 的线粗表示。

⑥ 河流、运河、沟渠的名称一般均应注出,较长的河、渠每隔 15~20cm 重复注出。注记应按河流上下游、主支流关系保持一定的级差。当河名很多时,可舍去次要的小河名称。

⑦ 图上面积大于 1mm² 的湖泊、水库应表示,不足此面积但有重要意义的小湖(如位于国界附近的小湖、作为河源的小湖及缺水地区的淡水湖)应夸大到 1mm² 表示。湖泊密集成群时,应保持其分布范围和特点,适当选取一些小于 1mm² 的湖泊,但不能合并。

⑧ 湖泊、水库一般应注出名称,群集的湖泊可选其主要的注出名称。名称注记应按湖泊、水库面积大小或库容量大小保持一定的级差。

⑨ 非淡水湖泊须加注水质。

⑩ 容量为 1 千万立方米以上的水库和重要的小型水库须加注库容量。

2. 陆地水系及设施制图综合

对于初次学习使用的人而言,很难直接在计算机上准确地进行综合。因此,在利用软件进行编图之前,可首先用彩笔或铅笔在草图上进行综合取舍。根据在草图上编绘的结果在软件中进行编绘,步骤如下:

① 装入该图的栅格文件;

② 绘内图廓线(黑色);

③ 编绘河流(先主流、后支流)(蓝色);

④ 注出河流名称(蓝色)。

1.4.4 检查评价

对案例的结果进行检查时,采用学生小组互相检查评价、教师归纳总结的方式,加深对知识的掌握和技能训练。要求学生根据本任务的内容,写出任务实施总结报告书。

◎技能训练

进行河系的制图综合。基本资料图比例尺为 1∶1 万,新编图比例尺为 1∶5 万。

◎思考题

1. 简述陆地水系编绘主要包括哪些类型。

2. 简述河流选取的内容和原则方法。

3. 简述湖泊选取的内容和原则方法。

4. 简述井、泉和渠道选取的内容和原则方法。

任务 2 居民地编绘

2.1 任 务 描 述

居民地是地图编绘的主要内容之一。本任务主要完成城镇式居民地的编绘和农村式居民地的编绘。

2.2　教　学　目　标

2.2.1　知识目标

掌握居民地选取的方法；掌握居民地编绘的方法；掌握居民地注记的方法。

2.2.2　技能目标

能进行居民地选取；能进行居民地编绘；能进行居民地注记。

2.3　相　关　知　识

2.3.1　居民地的形状概括

1. 城镇居民地的形状概括

城镇式居民地形状概括的目的在于保持居民地平面图形的特征，一般是从内部结构和外部轮廓两个方面进行研究。

(1)居民地平面图形化简的原则

① 正确反映居民地内部通行情况。居民地平面图形由主要街道和次要街道、铁路和水上交通所决定，但研究的重点是街道。

在选取街道时，应选取：连贯性强，对城镇平面图形结构有较大影响的街道；与公路连接、特别是两端都与公路连接的道路；与车站、码头、机场、广场、桥梁及其他重要目标相连接的街道。首先应选取主要街道，再选取条件好的次要街道，最后再根据街道网的密度、形状等特征的要求，补充其他的街道。

② 正确反映街区平面图形的特征。街道网确定了街区的平面图形。舍去街道等于合并街区，它可能改变街区的形状，也可能改变街道与街区的面积对比。选取街道时，应注意保持街区平面图形特征(图 2-2-8)。

③ 正确反映街道密度和街区大小的对比。在街道密集的街段，街道选取的比例较小，但其选取的绝对量和舍弃的绝对量都比较大；相反，在街道稀疏的地段，则街道选取的比例较大，但其选取数量和舍弃数量都比密集地段小，这样就能符合选取的基本规律，既保持街道的密度对比，又保持街区大小的对比(图 2-2-9)。

④ 正确反映建筑面积与非建筑面积的对比。为保证建筑地段与非建筑面积的对比，必须根据不同的街区类型，实施不同的概括方法。

对建筑密集街区，应采用合并(建筑物)为主、删除为辅的原则进行概括。

对于建筑稀疏街区，应分别采用选取、合并、删除的方法进行概括。

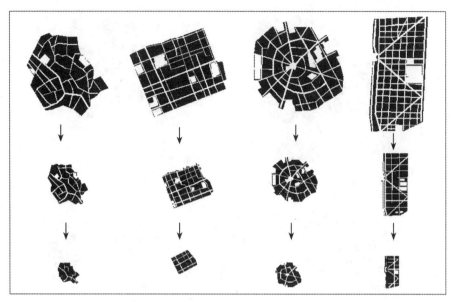

图 2-2-8　保持街区的平面特征

图 2-2-9　保持不同地段街道密度和街区大小的对比

由实地上距离较远的独立建筑物所构成的稀疏区，一般不能把建筑物合并为一个较大的范围，只有采用选取的方法进行概括。

⑤ 正确反映居民地的外部轮廓形状。概括居民地的外部轮廓图形时，应保持轮廓上的明显拐角、弧线或折线状，并保持其外部轮廓图形与道路、河流、地形要素的联系(图 2-2-10)。

随着地图比例尺的缩小，居民地图形的面积也随之缩小，这时，居民地内部除几条主要街道外，内部结构已不能详细表示，而另外一些城镇，甚至无法表示任何街道，只能用一个轮廓图形或圈形符号表示。在确定居民地的外部轮廓时，应先找出外部轮廓的明显转折点，连接成折线，对形状进行较大的概括(图 2-2-11)。

(2)城镇式居民地形状概括的一般程序

① 选取居民地内部的方位物。先取方位物，是为了保证其位置精确，并便于处理同街区图形发生矛盾时的避让关系。方位物过于密集，则应根据其重要程度进行选取，以免

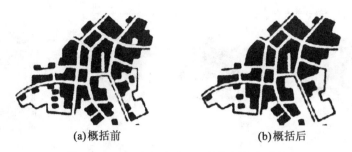

(a)概括前   (b)概括后

图 2-2-10 正确反映居民地的外部轮廓形状

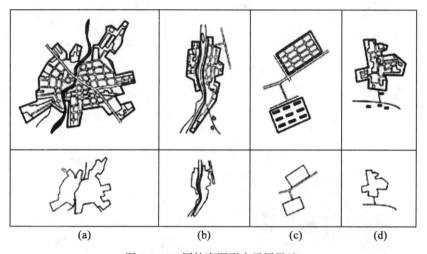

(a)   (b)   (c)   (d)

图 2-2-11 用轮廓图形表示居民地

方位物过密而破坏街区与街道的完整。

② 选取铁路、车站及主要街道。由于铁路是非比例符号,它占据了超出实际位置的图上空间,各种街道图形也有类似的问题。为了不使铁路或主要街道两旁的街区过分缩小,以致引起居民地形产生显著变形,应使由铁路或主要街道加宽所引起的街区移动量均匀地配赋到较大范围的街区中。

③ 选取次要街道。

④ 概括街区内部的结构。依次绘出建筑地段的图形,用相应的符号表示其质量特征,再绘出不依比例尺表示的独立房屋。

⑤ 概括居民地的外部轮廓形状。

⑥ 填绘其他说明符号。这里指植被、土质等说明符号,如果园、菜地、沼泽等。

2. 农村居民地的形状概括

(1)街区式农村居民地的概括

街区式农村居民地按其建筑物的密度,又可分为密集街区式、稀疏街区式和混合型街区式三种。

对于密集街区式,由于街区图形较大、街道整齐,多为矩形结构,概括时应舍去次要街道，合并街区，区分主、次街道。合并后的街区面积不应过大(图2-2-12)。

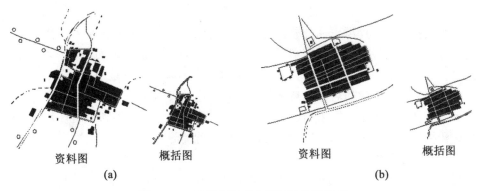

资料图　　　　概括图　　　　　　　　资料图　　　　概括图
(a)　　　　　　　　　　　　　　　　(b)

图2-2-12　密集街区式农村居民地的概括

对于稀疏街区式，由于其街区主要由独立房屋组成、空地面积较大，概括时除舍去次要街道、合并街区外，主要是对独立房屋进行取舍，以保持稀疏街区的特点(图2-2-13)。

资料图　　　　概括图　　　　　　　　资料图　　　　概括图
(a)　　　　　　　　　　　　　　　　(b)

图2-2-13　稀疏式街区居民地的概括

对于混合型街区式，应根据各部分的固有特征采用相应的办法进行简化。

(2)散列式农村居民地的概括

散列式农村居民地主要由不依比例尺的独立房屋构成，有时其核心也有少量依比例尺的建筑物或街区建筑，但通常没有明显的街道，房屋稀疏且方向各异，分布为团状或列状。对散列式农村居民地，其概括主要体现在对独立房屋的选取。

注意：

①选取位于主要位置上的独立房屋。所谓重要位置，是指处于中心部位时，道路边或交叉口、河流汇合处等有明显标志部位的独立房屋。如果是依比例尺的房屋，也要优先处理。对于独立房屋，只能取舍，不能合并，但要保持它们的方向正确，重要的独立房屋的位置也应准确。

②选取反映居民地范围和形状特征的独立房屋。散列式农村居民地不管是团状或列状，都有其分布范围，它们形成某种平面轮廓。选取分布在外围的独立房屋，目的在于不要由于制图综合而缩小居民地的范围或改变其轮廓形状。

③选取反映居民地内部分布密度对比的独立房屋。选取散列式居民地内部的房屋应

注意不同的密度对比和房屋符号的排列方向。为了保持其方向和相互间的拓扑关系，所选取的房屋应适当移位。

（3）分散式农村居民地的概括

分散式农村居民地房屋更加分散，各建筑物都依势而建，散乱分布，没有规划，往往看上去村与村之间的界限不清。但实际上，分散式农村居民地是散而有界、小而有名的，也就是说，它们看上去是散的，但大多数居民地是有界限的，只是距离较近，难以辨认；每一个小居民地都有自己的名称，甚至附近的几个小居民地还有一个总的名称。

在实施概括时，也是主要采用取舍的方法，表示它们散而有界和小而有名的特点。房屋的舍弃和相应的名称舍弃同步进行，分清它们彼此的界限。

（4）特殊形式的农村居民地的概括

窑洞、帐篷（蒙古包）是两种主要形式的特殊居民地。对于它们的概括，应遵守散列式和分散式农村居民地的概括方法。此外，还要注意窑洞符号的方向要朝向斜坡的下方；条状分布的窑洞保持两端窑洞符号的位置准确，其间根据实际情况配置符号；对于多层窑洞，当不能逐层表示时，应首先选取上下两层，减少分布层数，根据层状和分布特点保持其固有特点分散式农村居民地（图 2-2-14）。

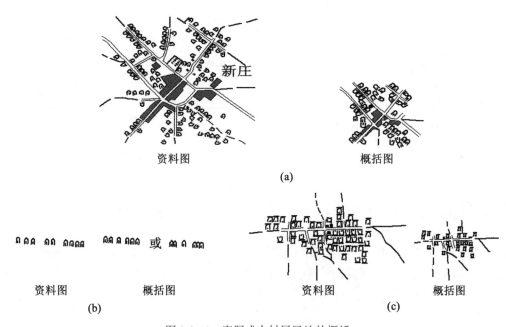

图 2-2-14　窑洞式农村居民地的概括

2.3.2　用圈形符号表示居民地

随着地图比例尺的缩小，居民地平面图形越来越小，以致不再能清楚地表示其平面图形。例如，在 1∶2.5 万比例尺地形图上，就有一部分居民地改用圈形符号，在 1∶100 万比例尺的地形图上，只有少数城市仍用轮廓图形表示。由于圈形符号明显易读，在有些地图上，即便是平面图形很大，也改用圈形符号表示。

1. 圈形符号的设计

符号的明显性和大小应同居民地的等级相适应，大居民地圈形符号尺度大、明显性强；小居民地则相反。

圆形符号的尺寸主要考虑最大尺寸、最小尺寸和适宜的级差三个方面。

符号的最小尺寸与地图的用途及使用方法有关。普通地图不能小于 1.0~1.2mm，表示很详细的科学参考图不应小于 0.7~0.9mm，当最小符号的尺寸确定以后，以上各级居民地的符号应保证具有视觉可以辨认的级差，从而按分级要求设定符号系列。

符号级差一般不应小于 0.2mm。

最大符号一般不应超出被表示的城市轮廓，太大会影响地图的详细性和艺术效果。一般从下而上能清晰分辨其级别即可。

2. 圈形符号的定位

居民地由平面图形过渡到用圈形符号表示时，圆形符号的定位分为以下几种情况（图2-2-15）：

① 平面图形结构呈面状均匀分布时，圈形符号定位圆形的中心；

② 居民地由街区和外围的独立房屋组成时，圈形符号配置在街区图形的中心；

③ 居民地图形由有街道结构和部分无街道结构的图形组成时，圈形符号配置在有街道结构部的中心；

④ 对于散列式居民地，圈形符号配置在房屋较集中部位的中心；

⑤ 对于分散式居民地，首先应判明其范围，圈形符号配置在注记所指的主体位置的中心。

定位部位	图形及圈形符号的定位
以平面图中心定位	
以街区部位定位	
以街道部位定位	
以比较密集部位定位	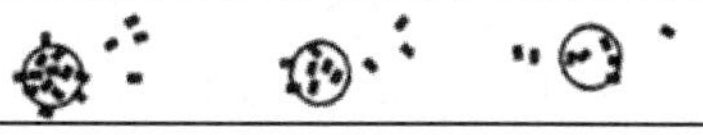

图 2-2-15　圈形符号的定位

3. 圈形符号和其他要素的关系处理

(1)居民地的圈形符号和其他要素的关系

表示居民地的圈形符号和其他要素的关系表现为：同线状要素具有相接、相切、相离三种关系，同面状要素具有重叠、相切、相离三种关系，同离散的点状符号只有相切、相离的关系，其中，同线状要素的关系最具代表性（图2-2-16）。

(2)圈形符号与其他要素的关系

相接：当线状要素通过居民地时，圈形符号的中心配置在线状符号的中心线上；

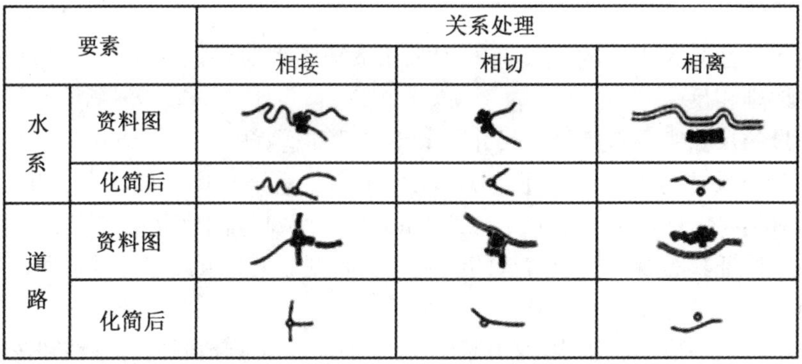

要素		关系处理		
		相接	相切	相离
水系	资料图			
	化简后			
道路	资料图			
	化简后			

图 2-2-16　圈形符号与其他要素的关系

相切：当居民地紧靠在线状要素的一侧时，表示为相切关系，圈形符号切于线状符号的一侧；

相离：居民地实际图形同线状物体离开一段距离，在地图上两种符号要离开 0.2mm 以上。

2.3.3　居民地的选取

居民地的选取主要解决选取数量和选取对象问题。居民地的选取也应遵守选取基本规律，即在限制最高载负量的条件下，做到最密区既保持必要的清晰性，又具有尽可能的详细性。其他各区舍掉和选取的绝对值都减少，既保持各不同密度区的对比关系，又使各密度之间的差别减少（产生拉平趋势）。达到这种效果的主要手段是正确地确定各不同密度区的选取指标。

1．选取指标的确定

（1）图解法

利用已有地图或综合样图以确定居民地选取指标的方法称为图解法，它建立在丰富的制图实践经验和视觉效果的基础上。

利用已有的地图时，应考虑到图上的符号和注记同新编图的设计的符号与注记的差别，再根据经验判断地图上居民地的选取数量是否能达到新编图的要求。

综合样图是采用新设计的符号系统在典型区域试编，经专家评定认为合适时作为确定选取指标的依据。

（2）图解计算法

根据实地上居民地的密度确定地图适宜的面积载负量，按新编图设计的符号和注记大小，通过计算获得居民地的选取指标。

图解计算法依据如下公式：

$$v = \frac{1}{k^2} \sum_{i=1}^{m} p_i + \frac{\Delta Q}{r_n}$$

式中，$\dfrac{1}{k^2}$ 为比例尺转换系数，代表图上一平方厘米相应于实地上 $100km^2$ 的倍数；v 表示图上 $1cm^2$ 面积内选取居民地的个数；p_i 表示某级居民地的频数（$i = 1，2，\cdots，m$）为地图上可以全部选取的那些等级；r_n 表示第 $\#$ 级（全部选取的 m 级后的一级）居民地的符号和注记所占的面积；ΔQ 表示全部选取 m 级以上的居民地以后，还剩余的居民地面积载负量，即：

$$\Delta Q = Q - \frac{1}{k^2} \sum_{i=1}^{m} p_i r_i$$

式中，Q 表示居民地的总载负量，它是该地区适宜的面积载负量。

例如，我们要编绘某地区 1：200 万的地图，该图上居民地的符号和注记的大小以及每个居民地名称注记的字数列于表 2-2-2。

表 2-2-2　　　　　　　　居民地的符号、注记大小及注记的平均字数

等级	符号尺寸（mm）		注记大小（mm）	注记平均字数
县	◎	外：1.5	5	2
		内：0.8		
乡	⊙	外：1.2	2.5×2.5	2.1
		内：0.4		
村	○1.0		1.75×1.75	2.4

对该地区居民地选取指标的计算列于表 2-2-3。

表 2-2-3　　　　　　　　　　　居民地选取指标

项　　目	代号	居民地等级			总计
		县	乡	村	
居民地频数	P_i	2.008	1.33	79.33	
符号和注记的平均面积（cm^2）	r_n	19.77	13.26	8.14	
比例尺转换系数	$1/k^2$	4	4		
面积载负量（mm^2）	$Q(\Delta Q)$	6.33	10.97（ΔQ）		17.3
选取指标（个/mm^2）	v	0.32	0.77		1.09

计算说明：

（1）第一行是统计值，即 $100km^2$ 内居民地的个数。

（2）第二行是每级居民地中一个居民地的名称和符号所占的面积，根据上表的数据计算。

平均面积：

$$r_县 = 3.14×0.752+32×2 = 19.77(\text{mm}^2)$$

$$r_乡 = 3.14×0.62+2.52×2.1 = 14.26(\text{mm}^2)$$

$$r_村 = 3.14×0.52+1.752×2.4 = 8.14(\text{mm}^2)$$

（3）第三行（将列修改为行）是比例尺转换系数，$M = 2000000$，$1/K^2 = 4$，即地图上 1cm^2 代表实地上 400km^2。

（4）第四行是载负量的分配。该居民地的载负量为 17.3mm^2。

该区每百平方公里平均有县级居民地 0.08 个，每个居民地的 $r_县$ 为 19.77mm^2，因此：

$$Q_县 = \frac{1}{K^2}P_县 r_县 = 4×0.8×19.77 = 6.33(\text{mm}^2)$$

选取完县级居民地后，面积载负量还剩余：

$$\Delta Q = Q - Q_县 = 17.3 - 6.33 = 10.97(\text{mm}^2)$$

由于 $Q_乡 = 4×1.33×14.26 = 75.86 > \Delta Q$，

所以乡不能全选，取 ΔQ。

村不再选取。

（5）第五行为居民地的选取指标。

$$v_县 = \frac{1}{K^2}×P_县 = 4×0.08 = 0.32(\text{个/cm}^2)$$

$$v_乡 = \frac{\Delta Q}{r_乡} = \frac{10.97}{14.26} = 0.77(\text{个/cm}^2)$$

县级居民地全部选取，乡一级还可以选取 $0.77(\text{个/cm}^2)$，选取总数为

$$v = 0.32 + 0.77 = 1.09(\text{个/cm}^2)$$

在实际应用时是换算成 100cm^2 中的个数，并且还要给出一个临界指标（高指标和低指标）。

使用数学模型来计算居民地的选取指标，有很多种方法，这些模型在专门的课程中讨论，这里仅提供一些线索。

① 数理统计法。用数理统计法确定选取数量主要有两个模型：

单相关模型：
$$y = ax^b$$

式中，y 为选取数量；x 为原有数量；a，b 为待定参数。根据统计数据拟合回归方程，从中解算出参数 a 和 b。

复相关模型：
$$y = b_0 x_1^{b_1} x_2^{b_2}$$

式中，y 为选取数量；x_1，x_2 为影响选取居民地的两类因素；b_0，b_1，b_2 为待定参数，由统计数据拟合回归方程计算出来。

② 开方根规律。地图上选取居民地的公式：

$$K = \sqrt{\left(\frac{M_A}{M_F}\right)^T}$$

式中，K 为居民地的选取率；M_A 为制图资料的比例尺分母；M_F 为新编图的比例尺分母；T 为参数，根据不同的密度区 $T = 0 \sim (M_A/M_F)^2$。

其他还有等比数列法等方法。

2. 选取居民地的一般原则

(1)按居民地的重要性选取

居民地的重要性通过行政意义、人口数、交通状况、经济地位和政治、军事价值等标志来判断。先选取重要的居民地。

(2)按居民地的分布特征选取

按分布特征选取,是指不要把居民地孤立地考虑,而是把它看成自然综合体的一部分,按照居民地同自然和人文地理条件联系在一起,表达其分布特征。

(3)反映居民地密度的对比

在反映居民地分布规律的同时,要顾及各地区居民地的密度对比关系。

3. 选取居民地的方法

根据选取指标和选取原则,确定具体的选取对象。具体做法是,先定出一个选取线,即按某种资格(例如县级)以上的全部选取,再按其他条件补充,使之达到规定的选取定额。

2.3.4　居民地的名称注记

1. 居民地名称注记的选取

既然居民地一般都要注出名称,选取主要体现在如下方面:

在城市郊区和城市连在一体的农村居民地可以选注名称;

当居民地成群分布,有分名也有总名时,在注出总名的条件下,分名可以选注;

大居民地有正名和副名时,副名可按规定选注。

2. 居民地名称注记的定名、定级和配置

(1)居民地名称注记的定名

定名是指名称正确和用字准确。城镇居民地的名称应以国家正式公布的名称为准。经过地名普查的地区,所有居民地名称都应以地名录为准。不能随意采用同音字或不规范的简化字。

(2)居民地名称注记的定级

居民地名称注记的定级指各级居民地应采取的字体、字大。例如,根据居民地的重要程度,其名称注记可分别选用等线(黑体)、中等线、宋体和细线体。

(3)居民地名称注记的配置

首先,它不应压盖同居民地的联系的重要地物,如交叉口、整段道路或河流等。名称注记还应尽可能靠近其符号(一般不应超过 0.5mm),当居民地密集时,要做到归属十分清楚。名称注记一般应采用水平字列,在不得已的情况下才用垂直字列。在自由分布时,以排在右侧为主,也可排在居民地符号周围任何一个方向上有空位置。

当居民地沿河流或境界分布时,最好不要跨越线状符号配置名称注记,以免造成视觉上的错觉。

2.4　任务实施

2.4.1　任务目的和要求

通过以基本资料比例尺为 1：1 万，新编图比例尺为 1：2.5 万的任务，掌握居民地选取和编绘方法，能根据制图要求，进行居民地编绘，能正确表示居民地的位置、轮廓图形、基本结构、通行情况、行政意义及名称，反映居民地的类型、分布特点以及居民地与其他要素的关系。

2.4.2　任务准备

1. 人员准备

根据任务要求，分配人员岗位，明确其岗位职责。

2. 资料准备

准备本任务中所需要的资料，准备制图的标准、规范及要求，如下：

①《国家基本比例尺地形图分幅和编号》（GB/T 13989—2012）；

②《1：5000、1：10000、1：25000、1：50000、1：100000 地形图要素分类与代码》（GB/T15660—1995）；

③《国家基本比例尺地图图式》第 3 部分："1：25000、1：50000、1：100000 地形图图式"（GB/T 20257.3—2017）；

④《国家基本比例尺地图编绘规范》第 1 部分："1：25000、1：50000、1：100000 地形图编绘规范"（GB/T 12343.1—2008）；

⑤《数字测绘成果质量要求》（GB/T 17941—2008）。

3. 软件准备

准备本任务所需要的软件及相关设备。

2.4.3　任务内容

1. 居民地制图综合要求

（1）街区式居民地制图综合要求

① 按街区式居民地图形特征进行化简，综合街区时，应注意保持街区图形总的结构特征（如矩形、梯形、不规则形）、房屋建筑密度对比及街区单元（指图上被街道分割的街区块）大小对比，并正确显示街区内部的通行情况。

② 城镇房屋密集区街区单元面积，在 1：25000 图上一般为 $16 \sim 50 \mathrm{mm}^2$。

③ 城市外围房屋稀疏区及街区式农村居民地街区单元面积，在 1：25000 图上一般为 $4 \sim 16 \mathrm{mm}^2$。

④ 对于成行列分布的房屋，应固定两端位置，中间内插房屋符号，不合并为街区。

⑤ 街区外缘的普通房屋不得并入街区，应进行适当取舍。

⑥ 街区内通道通常根据其通行情况、路面宽度、经济意义等因素划分主次。城市内的街道一般图上宽度大于 0.5mm 的依比例尺表示；在 0.3mm 到 0.5mm 之间的，用主要街道符号表示；小于 0.3mm，的用次要街道符号表示。主要街道须加注名称。

⑦ 应清晰反映居民地外围轮廓，街区凸凹拐角在图上小于 0.5~1mm 的可综合。

⑧ 街区内空地面积在图上大于 2~8mm² 时，一般应表示，大于 10mm² 的绿化种植地还应填绘相应的植被符号。

（2）散列式居民地制图综合要求

注意保持居民地分布区的范围、形状及房屋密度对比。优先选取依比例尺的房屋以及位于居民地的中心和外围特征处的房屋。对于沿道路、河流呈带状分布的居民地，一般应首先选取两端的房屋，中间依其密度情况适当选取。

（3）分散式居民地制图综合要求

应正确反映居民地的大体分布范围、房屋分布特征及密度对比。对于根据地形、名称能明显确定范围的居民地应适当强调表示。

（4）居民地的名称注记制图综合要求

凡选取的居民地一般均应注记名称。

镇级以上居民地按行政名称全名注出。当行政名称与驻地自然名称不一致时，驻地自然名称作为副名注出。副名用比正名小二级的同体字，一般在正名下方或右方加括号注出。

乡级居民地按行政名称注出，"乡"字省略。

当一居民地是两个以上政府驻地时，只注高一级名称。

农场、林场、牧场、渔场应全名注出。村庄按自然名称注出。工厂、学校、陵园等单位用专有名称注出。

乡、镇政府所在居民地需注记行政区内的人口数，人口数注在居民地名称下方，并作图例说明。当乡、镇政府驻在同一居民地，并且图上只注出其中一个名称时，则只注出该行政区内的人口数。县级（含县级）以上行政区不注人口数。

居民地名称应配置适当、指示明确，并避免注记压盖居民地出入口、道路交叉口及其他重要地物。

对于分散式居民地名称注记，当其指向不明时，应按房屋符号的分布状况和资料上名称注记的位置注出。

居民地有总名和分名时，一般应优先选取总名及一部分分名；当总名指示不明确时，也可保留分名舍去总名。

居民地名称冠以"上""下""东""西""南""北""前""后""大""小""等"时，一般不能按总名和分名处理，密集时，应选注其中较大村庄的名称。

居民地注记密集时，普通房屋或个别较小居民地名称可适当省注。

2. 居民地编绘

对于初次学习使用的人而言，很难直接在计算机上准确地进行综合。因此，要求在利用软件进行编图之前，首先用彩笔或铅笔在草图上进行综合取舍。根据在草图上编绘的结果在软件中进行编绘，步骤如下：

　　① 装入该图的栅格文件；

　　② 绘图廓线；

　　③ 居民地编绘。

2.4.4　检查评价

对案例的结果进行检查时，采用学生小组互相检查评价、教师归纳总结的方式，加深对知识的掌握和技能训练。要求学生根据本次内容，写出任务实施总结报告书。

◎**技能训练**

根据要求，以基本资料比例尺为 1∶1 万，新编图比例尺为 1∶5 万，对居民地进行编绘。

◎**思考题**

　　1. 简述城镇式居民地选取的原则。

　　2. 简述农村居民地选取的原则。

　　3. 简述居民地编绘的内容和方法。

任务 3　交通网编绘

3.1　任务描述

交通网是地形图基本内容，也是地图编绘的主要内容之一。本任务主要完成城镇式交通网的编绘和农村交通网的编绘。

3.2　教学目标

3.2.1　知识目标

掌握城镇交通网制图综合的原则和方法，掌握农村交通网制图综合的原则和方法。

3.2.2　技能目标

能进行城镇交通网编绘；能进行农村交通网编绘。

3.3　相　关　知　识

3.3.1　陆地交通网

1. 道路的分类和分级

道路分为铁路、公路和其他道路三类，在每一类别中分为不同的级别(表 2-2-4)。

表 2-2-4 　　　　　　　　　　　　道路的分类和分级

分类		内　　容
铁路	按轨道数	单轨铁路，双规铁路，多轨铁路
	按轨距	标准轨铁路(不单独标志)，窄轨铁路
	按牵引方式	电气化铁路，其他铁路(不单独标志)
公路	按通行能力	高速公路，主要公路，普通公路，简易公路
	按综合标志	国道，省道，县道，乡镇公路
	按交通部标准	汽车专用路，一般公路
其他道路		大路，乡村路，小路，时令路

2. 道路的选取

(1)道路的数量描述

为了准确地进行选取，先研究其数量描述。

① 网眼面积。将网眼面积作为选取指标的影响因素包括居民地密度、居民地大小和居民地名称注记的长短。地形图上小型居民地密集地区道路网眼至少要在 $1\sim1.5\text{cm}^2$ 以上，大型居民地密集地区要保持在 $1.5\sim2\text{cm}^2$ 的密度。居民地名称长度平均超过 3 个字时，网眼面积还要放大。

② 用道路和居民地的相关模型描述。在一定比例尺范围内，道路的多少同地图上表示的居民地的疏密保持线性关系。线性关系表示为

$$n=a+bQ$$

式中，Q 为居民地个数；n 为道路网眼数；a，b 为参数。

根据已成图或编绘样图，统计一组若干个 n_i 和 Q_i，可反解出 a 和 b。例如，在 1:5 万和 1:10 万比例尺地形图上，一般 $n=-0.98+0.9Q$。使用该式，可以根据选取在地图上的居民地的数量来确定道路选取的数量。

③ 根据总长和网眼数。道路总长和网眼数的关系式如下：

$$L=\frac{A}{2}(\sqrt{n}-1)$$

式中，L 为地图上的道路总长；n 为道路网眼数；A 为区域边长。

编图时，若规定道路网的密度系数或选取系数，则可以很方便地将其转换为总长，并

进而变换为应选取的网眼数。

（2）选取道路的一般原则

① 重要道路应优先选取。道路重要性的标志主要是等级高，优先选取的应当是在该区域内等级相对较高的道路。除此之外，还有些具有特殊意义的道路需优先考虑，例如，作为区域分界线的道路，通向国境线的道路，沙漠区通向水源的道路，穿越沙漠、沼泽的道路，通往车站、机场、港口、渡口等重要目标的道路，等等。

② 道路的取舍和居民地的取舍相适应。道路与居民地有密切的关系，居民地的密度大体上决定着道路网的密度，居民地的等级大体上决定着道路的等级，居民地的分布特征则决定着道路网的结构。

大比例尺地图上，每个居民地都应有一条以上的道路相连，中小比例尺地图上允许部分小居民地没有道路相连。

③ 保持道路网平面图形的特征。道路的网状结构取决于居民地、水系、地貌等的分布特征。平原地区道路较平直，呈方形或多边网状结构，选取后的道路网图形应与资料图上相似（图 2-2-17）。

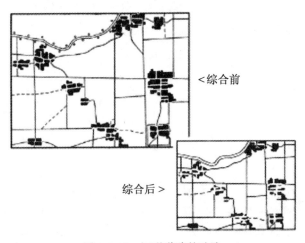

图 2-2-17　矩形道路的选取

④ 保持不同地区道路的密度对比。密度大的地区舍去的道路较多，密度少的地区舍去的道路较少，最终要保持不同密度区的对比关系。随着比例尺的缩小，各地区的密度差异会减少，但始终要保持密度对比不可倒置。

（3）各种道路的选取

① 铁路的选取。我国铁路网密度极小，从地形图直至1∶400万的小比例尺的普通地形图，都可以完整地表示出全部的营运铁路网，要舍弃的只是一些专用线、短小的枝权等。

② 公路的选取。公路的选取较为复杂，在我国大中比例尺地图上，普通公路基本上可以表示出来，只会舍去一些专用线、短小枝权、部分的简易公路。在进行公路网改造的地区，当新修的高等级公路线路拉直，老线又没有废弃时，二者距离往往很近，中比例尺

地图上也可能舍去这些并行的公路。

在小于 1∶100 万的地图上，公路会大量地被舍弃，重点选取那些连接各省间的重要城市公路，然后以各级行政中心为节点，表示它们的连接关系，注意不同节点上的条数对比。

③ 其他道路的选取。其他道路是舍弃的主要对象，它们的选取要能反映地区道路网的特征，补充道路网的密度，使之达到保持密度对比和网眼平面结构特征的目的。

道路的极大密度不应超过 2 厘米/平方厘米。

④ 道路附属物的选取。在大于 1∶10 万的地形图上，应表示全部的火车站，比例尺再缩小就要对它们进行选取。

桥梁与道路密切相关，只有选取道路时才考虑与之连接的桥梁。在大比例尺地图上，双线河上的桥梁一般都要选取。在桥梁被舍弃的条件下，道路应连续通过。

在大比例尺地图上，火车和汽车渡口都应表示，否则会给地图用户以误导，认为车辆会直接越过河流。

隧道在各种比例尺地图上都必须表示，但可以按长度确定其选取标准。隧道只许选取，不许合并。隧道相间出现时，还要注意它们之间的长度对比关系以及它们同地貌间的关系。

3. 道路形状概括的方法

(1) 删除

道路上的小弯曲可以根据尺度标准进行删除，从而减少道路上的弯曲个数，但是要注意保持各路段的弯曲对比(图 2-2-18)。

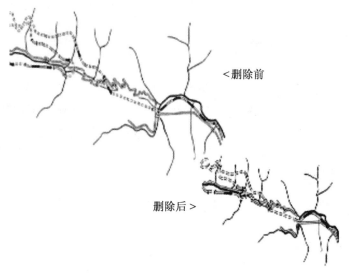

图 2-2-18　删除道路上的小弯曲

(2) 夸大具有特征意义的弯曲

对于具有特征意义的小弯曲，即使其尺寸在临界尺度以下，也应当夸大表示。

（3）特殊的表示手法——共线或缩小符号

山区公路的"之"字形弯曲，为了保持其形状特征，又不过多地使道路移位，可采用共线或局部缩小符号的方法作特殊处理。

3.3.2 管线运输

管线运输是陆地交通的组成部分，包括输送油、气、水、煤的管道，输送电能的高压线，输送信号的通信线等。

地图上要求准确反映其点位和走向。首先应注明其输送的物质和输送能力。

电信线路绘制居民地边缘可中断，距路 3mm 以内的可不表示，在其分叉处应绘出其符号。

3.3.3 水上交通

水上交通包括内河航线和海洋航线。

内河航线只在城市图上完整绘出，地形图上一般只表示出通航起点，区分出定期通航的河段，表示出相应的码头设施、可以通行的水利设施及它们允许通过的吨位。

海洋航线又分为近海航线和远洋定期或不定期通航的航线。近海航线沿大陆边缘用弧线绘出，但应避开岛屿和礁群。远洋航线常按两点间的大圆航线方向描绘，注出起终点和里程，在大比例尺地图上还应绘出港口和码头符号。

3.4 任 务 实 施

3.4.1 任务目的和要求

通过以基本资料比例尺为 1∶1 万、新编图比例尺为 1∶2.5 万的任务，掌握道路及附属设施选取和编绘方法，能根据制图要求，进行交通网编绘，能正确表示道路的类别、等级、位置，反映道路网的结构特征、通行状况、分布密度以及与其他要素的关系（图 2-2-17）。

3.4.2 任务准备

1. 人员准备

根据任务要求，分配人员岗位，明确其岗位职责。

2. 资料准备

准备本任务中所需要的资料，准备制图的标准、规范及要求，如下：

①《国家基本比例尺地形图分幅和编号》（GB/T 13989—2012）；

②《1∶5000、1∶10000、1∶25000、1∶50000、1∶100000 地形图要素分类与代码》（GB/T15660—1995）；

③《国家基本比例尺地图图式》第 3 部分："1∶25000、1∶50000、1∶100000 地形图图式"（GB/T 20257.3—2017）；

④《国家基本比例尺地图编绘规范》第 1 部分："1∶25000、1∶50000、1∶100000 地形图编绘规范"（GB/T 12343.1—2008）；

⑤《数字测绘成果质量要求》（GB/T 17941—2008）。

3. 软件准备

准备本任务所需要的软件及相关设备。

3.4.3　交通网编绘

1. 交通网制图综合要求

（1）道路的选取与表示

① 复线铁路、单线铁路和建筑中的铁路均应表示。通往工矿区及工厂内的支线铁路，短于 1cm 的可酌情舍去。当岔线较密不能全部表示时，可只选取主要的线路表示。电气化铁路应加说明注记，路段很长时，可每隔 15~20cm 重复注出。窄轨铁路和建筑中的窄轨铁路应表示。轻便铁路应加说明注记。

② 高速公路、等级公路、等外公路及建筑中的各级公路均应表示。公路须注出技术等级代码。每隔 15~20cm 重复注出，长度不足 5cm 的公路可不注出。

③ 机耕路一般来说均应表示。1∶25000 地形图上的小路可适当取舍。选取道路时，应按由重要到次要、由高级到低级的原则进行，并注意保持道路网的密度差别。道路网格大小一般为 2~4cm²，最密不应小于 1cm²。优先选取连接乡、镇、大村庄之间的道路，通往高级道路、车站、码头、矿山的道路，作为行政界线的道路，穿越国境线的道路以及连接水源的道路。一般应使居民地之间、居民地与主要地物之间均有道路连接。两居民地之间有数条道路相连接时，应优先选取等级较高、距离较短的道路。

④ 时令路及无定路，仅在交通不发达地区予以表示，密集时可取舍。时令路应注出通行月份。

（2）道路的图形概括要求

① 铁路、公路一般不予化简。山区公路的"之"字形弯道，如双线描绘有困难，可采用共边描绘或缩小符号宽度；当有多个"之"字形弯道并联，图上无法逐一表示时，应在保持两端位置准确和"之"字形特征的条件下，作适当化简。

② 机耕路、乡村路和小路可适当概括，舍去一些无特征意义的小弯曲。

③ 虚线表示的道路交叉点应以实部衔接，变换等级时，应以地物点为变换点。

（3）道路附属设施制图综合要求

① 车站及附属建筑物。火车站、会让站应全部表示。车站符号绘在主要站台进出口位置上，符号中的黑块绘在站房一边。被车站符号压盖的其他符号可移位或省略。车站内的站线不能逐条表示时，外侧站线应准确绘出，中间站线均匀配置，但间距不应小于 0.3mm。车站内的天桥，当图上长不足 3mm 时，可不表示。

车站应注出名称，但当车站名称与所在居民地名称一致且靠得很近时，车站名称可不注记。

机车转盘、车挡和有方位意义的信号灯、柱应表示。

② 道路附属建筑物。图上长 1mm 以上的隧道应表示，短于 1mm 的隧道可适当选取。铁路、公路上的涵洞应表示。图上长 5mm、比高 2m 以上的路堤、路堑应表示，并择注比高。

③ 桥梁。铁路、公路上的桥梁应表示，其他道路上的桥梁择要表示。公路上的桥梁须加注载重吨数。重要桥梁应加注名称。漫水桥、铁索桥等应加注说明注记，时令桥应加注通行月份。

④ 路标、里程碑。在缺少方位物的地区，公路上有方位作用的路标应表示。公路上的里程碑应选择表示，并注出公里数。

(4)道路通达注记制图综合要求

铁路、公路以及人烟稀少地区的主要道路出图廓处，应注通达地及里程。铁路应注出前方到达站；公路或其他道路应注出通达邻图的乡、镇级以上居民地，如邻图无乡、镇级以上居民地时，可选择较大居民地进行量注。当道路很多时，可只注干线或主要道路的通达注记。

铁路或公路通过内外图廓间又进入本图幅时，应在图廓间将道路图形连续绘出，不注通达注记。

2. 交通网编绘

对于初次学习使用的人而言，很难直接在计算机上准确地进行综合。因此，要求在利用软件进行编图之前，首先用彩笔或铅笔在草图上进行综合取舍。

根据在草图上编绘的结果在软件中进行编绘，步骤如下：

① 装入该图的栅格文件；

② 绘内图廓线；

③ 道路选取和编绘(棕色)；

④ 附属物的选取和编绘；

⑤ 注出注记(黑色)。

3.4.4　检查评价

对案例的结果进行检查时，采用学生小组互相检查评价、教师归纳总结的方式，加深对知识的掌握和技能训练。要求学生根据本次内容，写出任务实施总结报告书。

◎**技能训练**

根据要求，以基本资料比例尺为 1∶1 万，新编图比例尺为 1∶5 万，对居民地交通网进行编绘。

◎**思考题**

1. 简述居民地选取的原则。
2. 简述交通网选取的原则。
3. 简述居民地交通网编绘的内容和方法。

任务 4　地 貌 编 绘

4.1　任 务 描 述

地貌是地图编绘的主要内容之一。本任务主要完成等高线的化简、地貌符号和高程注记选取，完成地貌的编绘。

4.2　教 学 目 标

4.2.1　知识目标

掌握等高线化简方法；掌握地貌符号和高程注记选取方法；掌握地貌编绘方法。

4.2.2　技能目标

能进行等高线化简；能进行地貌符号和高程注记选取；能进行地貌编绘。

4.3　相 关 知 识

4.3.1　地形图上的等高距

1. 等高距与地面倾斜角间的关系

$$h = \frac{aM}{1000}\tan\alpha$$

式中，h 为以米为单位的地貌等高距；α 为地面倾斜角；a 为以毫米为单位的等高线间隔；M 为地图比例尺分母。

为了详细表示地貌，我们把等高线间隔定为读者能清楚辨认和绘图能顺利完成的最小间隔，一般应为 0.2mm。那么，在地图比例尺确定的条件下，等高距的大小由地面倾斜角确定。

2. 我国地形图上的等高距

为了保证地图的统一，每一种比例尺地图只能由一种或两种等高距，但同一种地图只能采用一种等高距，且不同比例尺地图上的等高距之间应保持简单的倍数关系。我国地形图上的等高距见表 2-2-5。

表 2-2-5　　　　　　　　　　　　　　　我国地形图上的等高距

比例尺	1∶1 万	1∶2.5 万	1∶5 万	1∶10 万	1∶25 万	1∶50 万
一般等高距	2	5	10	20	50	100
扩大 1 倍的等高距		10	20	40	100	200

在坡度较大的山地地区，可由编辑确定是否使用扩大 1 倍的等高距。

由于 1∶100 万地图包括的区域范围大、包含的地貌类型多，使用单一的等高距不利于反映地面的特征，所以它采用变距的高度表（表 2-2-6）。

表 2-2-6　　　　　　　　　　　　　　　变距的高度表

高程（m）	<200	200~3000	>3000
等高线（m）	0，50	200 的倍数	250 的倍数

为了反映局部的地貌特征，在不同的图幅上可以选用 20m、100m、300m、500m 的等高线作为补充等高线。

3. 等高线的选取

在不同的比例尺地图上，选用等高线的原则和表示方法是有区别的。上面讲的在变距高度表的地图上，补充等高线的符号同基本等高线一致，且在一幅地图上一旦采用，必须整幅图都需将此等高线绘出来。在大中比例尺地形图上，情况就不同了，补充等高线和辅助等高线同基本等高线不但符号不同，而且只需在基本等高线不能反映其基本特征的局部地段选用，它们通常只在不对称的山脊、斜坡、鞍部、阶地、微起伏的地区或微型地貌形态地区特征的区域（图 2-2-19）。

图 2-2-19　等高线的选取

4.3.2　地貌等高线的形状化简

1. 形状化简的基本原则

（1）以正向形态为主的地貌，扩大正向形态，减少负向形态（图 2-2-20）

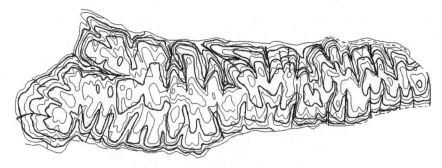

图 2-2-20　以正向形态为主的地貌等高线的化简

这是对一般地貌形态适用的原则，在等高线的形状化简时，要删除谷地，合并山脊，使山脊形态逐渐完整起来。删除谷地时，等高线沿着山脊的外缘越过谷地，使谷地合并到山脊之中。

（2）以负面形态为主的地貌，扩大负面形态，减少正面形态（图 2-2-21）

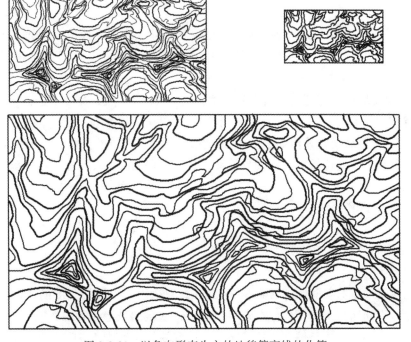

图 2-2-21　以负向形态为主的地貌等高线的化简

179

负向地貌为主的地貌形态是指那些以宽谷、凹地占主导地位的地区，如喀斯特地形、砂岩被严重侵蚀的地区，以及冰川古和冰斗等，它们都具有宽阔的谷地和狭窄的山脊，扩大谷地、凹地等。删除小山脊时，等高线沿着谷地的源头把山脊切掉。

2. 等高线的协调

地表是连续的整体，删除一条谷地或合并两个小山脊，应从整个斜坡面来考虑，将表示谷地的一组等高线全部删除，使同一斜坡上等高线保持相互协调的特征。

但是不能刻意去追求等高线的协调，例如，当地面比较平坦、等高线间的间隔很大时，在干燥剥蚀地区，都不应人为地去追求曲线间的套合。

为了表达某种地貌局部特征，需要在规定的范围内采用夸大图形的方法适当移动等高线的位置(图 2-2-22)，主要表现在：

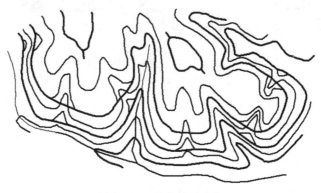

图 2-2-22 等高线的移位

① 为保持地貌图形达到必须的最小尺寸时，可进行等高线移位。例如，山顶的最小直径为 0.3mm，山脊的最小宽度、最窄的鞍部都不应小于 0.5mm，谷地最少不应小于 0.3mm，等高线与河流的间隔必须大于 0.2mm 等。

② 为了保持地貌形态特征，可移动等高线。例如，为了强调局部的陡坡、阶地，为了显示主谷和支谷的关系，以及为了协调谷底线，可采用移动等高线。

③ 为了协调等高线同其他要素的关系，特别是同国界线的关系，可移动等高线。编图时是不能移动等高线位置的，即使要移动，也要把移动的量控制在最小的范围之内。

4.3.3 谷地的选取

1. 谷地选取的数量指标

(1)谷间距

地形图编绘规范对谷间距的规定为 2~5mm，它适用于不同切割度的区域，通常是指的最高密度。不同切割密度是根据在资料图上 1cm 长的斜坡上包含的谷地条数来衡量的。

在比例尺缩小一半的条件下，新编图上应选取的谷地条数和谷间距指标见表 2-2-7。

表 2-2-7　　　　　　　　　　　谷地条数和谷间距指标表

切割密度	资料图上 1cm 长的斜坡上的谷地条数(条)	新编地图上 1cm 长的斜坡上应选取的谷地条数(条)	谷间距(mm)
密	≥5	5	2
中	3~4	3~4	2.5~3.3
稀	<2	<2	≥2

(2)按比例选取谷地

根据基本选取规律,为了保持地图的详细性和不同地区的密度对比,对各种不同的密度区采用不同的比例。这个比例由下式确定:

$$n_F = n_A \sqrt{\left(\frac{M_A}{M_F}\right)^x}$$

式中, n_F 为新编图上选取谷地的条数; n_A 为资料图上的谷地条数; M_A 为资料图的比例尺分母; M_F 为新编图的比例尺分母; x 为选取指数,它由不同的切割密度条件确定, x 分别取 0,1,2,3,相应于谷地的极稀区、稀疏区、中等密度区和稠密区。

2. 选取谷地的质量指标

以下谷地作为重要谷地,应优先选取:

作为主要河流的谷地;

有河流的谷地;

组成重要鞍部的谷地;

构成汇水地形的谷地;

反映山脊形状和走向的谷地。

4.3.4　山顶的选取和合并

1. 选取

① 标志山体最高的山顶必须选取,当它的面积很小时,要夸大必要的程度,如达到 0.5mm²。

② 优先选取山体结构方向上的山顶。

③ 反映山顶的分布密度。

2. 合并

① 独立的山顶有时候是不能合并的。例如,当没有明显构造方向时,独立的山顶不能合并,只能进行选取。有时,为了强调地形的构造方向性,对于有些山顶,可以采用合并的处理手段。

② 沿山脊分布的间隔小于 0.5mm 的山顶。

③ 连续分布的方向一致的条形山顶、沙垄、风蚀残丘等。

4.3.5　地貌符号和高度注记的选取

1. 地貌符号的选取

(1)点状符号的选取

如溶斗、土堆、岩峰、坑穴、火山口、山洞等，在图上并不能反映其真实大小，应根据其目标性、障碍作用、指示作用进行选取。

(2)线状符号的选取

如冲沟、干河床、崩崖、陡石山、岸垄、岩墙、冰裂痕等，它们也是定位符号。这些地形符号虽然不能用等高线表示，但可表示其分布范围、长度、宽度、高度等。制图综合时，常根据其大小或间隔进行选取。

(3)面状符号的选取

面状符号如沙砾地、戈壁滩、石块地、盐碱地、小草丘地、龟裂地、多小丘、冰碛等；在小比例尺地图上，有些定位符号，如溶斗、石林等，也会转化为说明符号来表示区域性质。

2. 高程注记的选取

各种比例尺地图的规范中都规定了高程点选取的密度，对它们进行选取时，首先应选取区域的最高点和最低点，例如著名的山峰，应选取主要山顶、鞍部、隘口、盆地、洼地高程，各种重要地物点的高程，迅速阅读等高线图形所必需的高程等。

4.3.6　等高线图形化简的实施方法

1. 分析地形特征

根据地理研究的成果，分析地形的高度、比高、山脊走向、山顶特征、斜坡类型、切割状况等，必要时还要分析其成因，为的是正确反映其类型特征。

2. 勾绘地性线

地性线又称地貌结构线，包括山脊线、谷底线、倾斜变换等，勾绘地性线时可以进一步认识地形特征，是实施综合前的思维过程。不管是初学者还是有经验的作业员，绘制地貌图形的基本顺序是：高程点、地貌符号、等高线注记、计曲线、控制山脊或谷底位置的等高线、首曲线、补充等高线。

4.3.7　山名注记

1. 山名

地图上需选注一定数量的山名。山名分为山脉、山岭和山峰名称，根据山系规模可分为若干个等级。

山脉、山岭名称均应沿山脊用曲屈字列注出，字的间隔不应超过字大的5倍。山体很长时，可以分段重复注记。

2. 山峰

山峰名称通常采用水平字列，排列在高程点或山峰符号的右侧或左侧，与山峰高程注记配合表示。

4.4　任 务 实 施

4.4.1　任务目的和要求

通过将比例尺 1∶1 万资料图编绘为比例尺 1∶2.5 万的地图上的等高线（图 2-2-17），初步掌握以正向地貌为主的等高线图形的化简原则和方法。据制图区域地形特征及资料情况，选择基本等高距，正确表示出首曲线和计曲线，初步掌握以正向地貌为主的等高线图形的化简原则和方法。

4.4.2　任务准备

1. 人员准备

根据任务要求，分配人员岗位，明确其岗位职责。

2. 资料准备

准备本任务中所需要的资料，准备制图的标准、规范及要求，如下：

①《国家基本比例尺地形图分幅和编号》（GB/T 13989—2012）；

②《1∶5000、1∶10000、1∶25000、1∶50000、1∶100000 地形图要素分类与代码》（GB/T15660—1995）；

③《国家基本比例尺地图图式》第 3 部分：《1∶25000、1∶50000、1∶100000 地形图图式》（GB/T 20257.3—2017）；

④《国家基本比例尺地图编绘规范》第 1 部分：《1∶25000、1∶50000、1∶100000 地形图编绘规范》（GB/T 12343.1—2008）；

⑤《数字测绘成果质量要求》（GB/T 17941—2008）。

3. 软件准备

准备本任务所需要的软件及相关设备。

4.4.3　地貌编绘

1. 地貌制图综合要求

（1）等高线图形的综合要求

① 综合等高线图形时，应根据不同地区地貌类型特点，正确表示山脊、山头、谷地、斜坡及鞍部的形态特征。一般情况下，删除次要的负向地貌碎部，但在概括刃脊、角峰、

冰斗、凹地、方山等的图形时，则可删除次要的正向地貌碎部。为强调地貌特征，个别等高线可局部适当移位(最大不得超过 1/2 倍等高距)。但需注意避免等高线与附近控制点和高程点之间出现矛盾。

② 相邻两条等高线间距不应小于 0.2mm，不足时可以断开个别等高线，但不得成组断开。

(2)基本地貌形态的综合

① 山脊：正确表示山脊形状、延伸方向及主脊与支脊之间的相互关系。山脊顶部等高线间距不得小于 0.3mm。尖窄山脊的等高线可呈尖角形闭合，等高线一般不得向下坡方向移位；浑圆形山脊 L 部等高线可稍向下坡方向移位，以适当扩大山脊部分。

② 山头：注意反映小山头的形状。山头闭合等高线的最小直径一般不小于 0.5mm。有境界通过的小山头可适当放大。有高程注记的小山头，等高线绘不下时，可省去一条等高线。山脊上同走向的小山头，当距离小于 0.3mm 时，可以适当合并。

在小山头群集地区，一般只取舍而不合并。取舍时，应注意反映其分布密度和排列特征。应优先选取位于交通要道、河流、宽阔谷地、平地及重要地物附近的独立高地以及有国家级测量标志、界标等的小山头。

③ 谷地：正确表示谷地大小、形态以及主支谷关系。图上相邻谷的谷口间距在一般情况下为：中山、高山地貌为 4～8mm，丘陵、低山地貌为 3～6mm，黄土、风成地貌为 2～4mm。

选取谷地时，应按从大到小、由主及次的原则进行。主要鞍部以及道路通过的谷地应优先选取。

④ 鞍部：注意反映鞍部的对称与不对称特征。鞍部两侧最高两条对应等高线距离一般不应小于 0.3mm。在地形复杂、鞍部很多的地区，可舍去一些小而次要的鞍部，强调表示有道路通过的鞍部及能显示分水岭特征的鞍部。

(3)地貌符号的使用

① 冲沟：图上长 6mm 以上的冲沟应表示，当宽度小于 0.4mm 时，用单线表示；当宽度大于 0.4mm 时，用双线依比例尺表示；当宽度超过 2mm 时，沟壁应用陡崖符号表示；当宽度超过 3mm 时，其底部应加绘等高线。

冲沟之间的间距一般不应小于 2mm，密集时，优先选取以双线表示的冲沟。

② 陡崖：图上长 5mm、比高 2m 以上的陡崖应表示，有比高的需择注比高。连续分布且间隔小于 0.3mm 的各段短陡崖可适当合并表示。

(4)高程点及高程注记

① 高程点应按地貌特征进行选取，地貌形态比较破碎复杂的地区应多取，比较完整简单的地区可少取。平原丘陵地区一般每 100cm² 选取 10～20 个，山区每 100cm² 选取 8～15 个。应优先选取测量控制点、水位点、图幅内最高点、凹地最低点、区域最高点、河流交汇处、道路交叉处及有名称的山峰、山隘等处的高程点。

② 等高线注记每 100cm² 选取 5～10 个，字顶朝向高处。

(5)地理名称注记

① 山峰、山顶、高地、山隘等的名称均需注出，一般按山体大小和著名情况分二级注出。

② 山岭、山脉名称参考其他有关地图资料确定，着重注记山脊走向明显的山脉、山岭名称。注记位置沿山脊走向排列。注记大小应保持一定级差。

③ 凹地、草地、沙地、沙漠、山峡、山谷、冰川等名称，按其范围、方向注出，并保持一定级差。

2. 地貌编绘

对于初次学习使用的人而言，很难直接在计算机上准确地进行综合。因此，要求在利用软件进行编图之前，首先用彩笔或铅笔在草图上进行综合取舍，根据在草图上编绘的结果在软件中进行编绘，步骤如下：

① 装入该图的栅格文件；

② 绘内图廓；

③ 选取高程点(黑色)；

④ 选取等高线高程注记及地貌符号(冲沟)；

⑤ 编绘等高线(棕色)。

4.4.4　检查评价

对案例的结果进行检查时，采用学生小组互相检查评价、教师归纳总结的方式，加深对知识的掌握和技能训练。要求学生根据本次内容，写出任务实施总结报告书。

◎ 技能训练

根据制图要求，对等高线进行编绘，资料图比例尺为 1∶1 万，新编地图比例尺为 1∶5 万。

◎ 思考题

1. 简述地貌编绘的内容。

2. 简述等高线选取的原则和方法以及谷地选取的原则和方法。

3. 简述地貌等高线形状化简的原则、内容和方法。

任务 5　其他要素编绘

5.1　任　务　描　述

植被、境界线等是地形图的重要组成要素，植被、境界线等是地图编绘的主要内容之一。本任务主要完成植被编绘、境界线的编绘及其他要素的编绘。

5.2　教　学　目　标

5.2.1　知识目标

掌握植被制图综合方法；掌握境界制图综合方法；掌握其他要素的制图综合方法。

5.2.2　技能目标

能进行植被编绘；能进行境界编绘；能进行其他要素编绘。

5.3　相　关　知　识

5.3.1　植被要素的制图综合

植被是地形图的基本要素之一，包括林地、园地、草地等。地形图上用套色、配置说明符号和说明注记的手段来表示各类植被的分布范围、性质和数量特征。

1. 轮廓形状的化简

地形图上的森林、稻田、园地等都是用地类界加颜色或说明符号表示的。

地类界常常不像具有实体的岸线、道路等那样明显和固定，会有穿插、交错、渗透等现象存在，其精度受到很大的限制，所以其概括程度可以相对大一些。根据植被要素本身的特点，其选取指标有所变动。例如，森林的最小面积和林间空地的最小面积应为$10mm^2$，草地的最小面积可以定位$100mm^2$或更大。

当地类界与岸线、道路、境界线、通信线符号重合时，可不表示地类界符号。

有些植被类型不表示地类界，如小面积森林，狭长林带、草地和草原等，只是用符号表示其分布范围，有的还有一定的定位意义，但都显得很概略。

2. 植被特征的概括

① 用概括的分类代替详细的分类。随着地图的比例尺的缩小，植被的类型会逐渐减少。例如，在大比例尺地形图上，林地分为森林、矮林、幼林等；在中小比例尺地图上，则只用统一的林地符号表示。

② 将面积小的植被类型并入邻近面积较大的植被类型中。当不同类型的植被交错分布时，可以将小面积的某类型的植被并入邻近面积较大的另一类型的植被中。

(3)混杂生长的植被通过选择其说明符号和注记进行概括。

5.3.2　境界及其他要素的制图综合

1. 境界的制图综合

(1)境界的分类

境界是区域的范围线,包括政区境界和其他区域界限。

政区境界是国与国之间的领土界线和国内各行政区划单位间的区划界线。我国地图上表示国界、未定国界,省、自治区、直辖市界,自治州、盟及地级市界,县、自治县、县级市界。地区界不是正规的行政境界,它的行政机构不是政府,而是省政府的派出机构,由于它实际上也是权力实体,所以地区界也归入自治州这一级一并表示。

县级以下的行政境界由于其确定性差,很难在地形图上正确表示,通常只在专题地图上才概略表示。

其他地域界线包括自然保护区界、特区界及其他类似的界线。

(2)地图上表示境界的方法

地图上的境界线用不同的点线符号表示,为了增强其明显性,还可以配合色带符号。

① 境界线的形状按实地位置描绘,其转折处用点或实线段绘出,境界交会处也应当是点或实线;

② 陆地上不与其他地物重合的境界线应连续绘出,其符号轴线为境界的正确位置;

③ 不同等级的境界重合时,只绘高级境界的符号;

④ 对境界沿河延伸时的境界符号,以河流中心线分界,当河流内能容纳境界符号时,境界符号应连续不间断绘出;河内绘不下境界符号时,应沿河流两侧分段交替绘出,但色带应按河流中心连续绘出。

沿河流一侧分界时,境界符号都不绘在河流中,而交替绘出河流的两侧,河中的岛屿用注记标明。

对共有河流,不论河流图形的宽窄,境界符号都不绘在河中,而是交替绘在河流的两侧,河中的岛屿用注记标明。

⑤ 境界两侧的地物符号及其注记都不要跨越境界线,保持在各自的一方。

(3)国界的表示

① 国界线应以我国政府公布或承认的正式边界条约、协议、议定书及其附图为准。没有条约、协议和议定书时,按传统习惯画法描绘。这些规定都体现在中国地图出版社出版的《标准国界图》上,其他单位都应以该图为准描绘国界。

② 编绘国界时,应保持位置高度精确,不得对标准国界图进行图形概括。

③ 保持国界界标的精确性,并注出其编号。在大比例尺地图上,还可以精确绘出双立或三界标的位置,当地图比例尺缩小后不能表示分立符号时,用一个界标符号表示。

(4)国内行政境界的表示

国内行政境界也应在地图上精确表示,处理不当会造成纠纷。国内行政境界的画法应符合描绘境界线的一般原则。

出图廓外的境界符号应在内外图廓间标注界端注记,标明其行政区域名称。

飞地指插入到邻区同本区隔断的区域,其境界线同其隶属的行政单位的境界符号一致,并在其范围内加注表面注记。

5.3.3 独立地物的制图综合

独立地物用独立符号表示,它包括发电厂、变电所、粮仓、科学观测站、体育场、电视发射塔、纪念碑、庙宇、教堂等。是否选取这些地物，根据其重要性而定，主要取决于其质量特征、功能、方位意义及密度等。

在大比例尺地图上，有些独立地物可以用依比例尺的平面图形表示，如学校、医院等，当地图比例尺缩小后不再能以比例表示时，可以改用独立符号表示。

5.4　任务实施

5.4.1　任务目的和要求

通过将比例尺 1∶1 万资料图中的植被、境界线及其他要素编绘为比例尺 1∶2.5 万的地图(图 2-2-17)，掌握植被、境界线及其他要素的制图综合的方法，能根据制图要求，进行植被的编绘、境界线的编绘和其他要素的编绘。

5.4.2　任务准备

1. 人员准备

根据任务要求，分配人员岗位，明确其岗位职责。

2. 资料准备

准备本任务中所需要的资料，准备制图的标准、规范及要求，如下：

①《国家基本比例尺地形图分幅和编号》(GB/T 13989—2012)；

②《1∶5000、1∶10000、1∶25000、1∶50000、1∶100000 地形图要素分类与代码》(GB/T15660—1995)；

③《国家基本比例尺地图图式》第 3 部分：《1∶25000、1∶50000、1∶100000 地形图图式》(GB/T 20257.3—2017)；

④《国家基本比例尺地图编绘规范》第 1 部分：《1∶25000、1∶50000、1∶100000 地形图编绘规范》(GB/T 12343.1—2008)；

⑤《数字测绘成果质量要求》(GB/T 17941—2008)。

3. 软件准备

准备本任务所需要的软件 MapGIS 及相关设备。

5.4.3　任务内容

1. 植被编绘要求

正确表示植被的种类、分布范围、轮廓特征以及与其他要素的关系。

(1)地类界

正确反映植被轮廓形状，图上小于 1.5mm 的弯曲可适当化简。地类界与地面线状地物(如道路、河流)相距窄于 1mm 时，可以线状地物为界，但与境界或架空的线状地物重合时，则应适当移动地类界，以保持 0.5mm 的间距。同类植被间距小于 1mm 时，可以适当合并。

（2）森林、灌木林、经济林、竹林

森林（包括成林、幼林及苗圃）、灌木林、经济林及竹林，图上面积大于 $10mm^2$ 的均应表示；小于此面积的一般不表示。仅在植被稀少地区或小面积分布成片地区适当选取，并分别用其小面积符号表示。图上面积大于 $2cm^2$ 时，森林需区分针叶林、阔叶林或针、阔叶混交林，经济林须加注产品名称。图上宽度不足 1.5mm、长度大于 5mm 的狭长森林、灌木林、竹林，可分别用狭长符号选取表示。图上面积大于 $25mm^2$ 的林中空地应予表示。

（3）稻田、经济作物地、水生作物地

图上面积大于 $50mm^2$ 的应予表示，大于 2cm 的经济作物地、水生作物地应加注产品名称，小于 $50mm^2$ 的经济作物地用小面积符号选取表示。沿沟谷狭长分布的稻田，宽度窄于 2mm 但长度大于 1cm 的应予表示。

（4）草地、半荒草地、荒草地

图上面积大于 $50mm^2$ 的草地及大于 $1cm^2$ 的半荒草地、荒草地应予表示。

2. 境界编绘要求

正确反映境界的等级、位置以及与其他要素的关系。

① 国界应精确绘出。在能表示清楚的情况下，一般不得综合。国界的转折点、交叉点应用国界符号的点部或实线段描绘。

② 陆地上的国界符号必须连续绘出。以河流及线状地物为界的国界，表示方法按照相关规范执行。

③ 县级以上各级境界，应用最新编绘出版的地图和行政区划变动资料校核后绘出。两级以上的境界重合时，只绘出高一级的境界。

④ 各级境界以线状地物为界时，能在其线状地物中心绘出符号的，在其中心间断绘出符号；不能在其内绘出符号的，可在线状地物两侧间断地交错绘出符号。应明确岛屿、沙洲等的隶属关系。在明显转折点、境界交接点及出图廓处，必须绘出境界符号。

⑤ 飞地的界线用其所隶属的行政单位的境界符号表示，并加隶属说明注记，如"属××省××县"。注记大小根据飞地在图上的面积而定。

⑥ 行政等级以外的特殊地区用特殊地区界符号表示，并加注区域名称。

3. 独立地物的制图综合

① 工矿建筑物、公共设施和独立地物一般均应表示，有名称的须注出名称。

② 有定位点的工矿建筑物、公共设施和独立地物，应准确描绘，误差不得大于 0.2mm。与居民地、水系、道路等地物相重时，可间断居民地、水系、道路边线，将上述地物符号完整绘出。

③ 编图资料上依比例尺表示的地物，由于比例尺的缩小而小于不依比例尺的符号尺寸时，应改用不依比例尺的符号表示。

5.4.4 检查评价

对案例的结果进行检查时，采用学生小组互相检查评价、教师归纳总结的方式，加深对知识的掌握和技能训练。要求学生根据本次内容，写出任务实施总结报告书。

◎技能训练

资料图比例尺为 1∶1 万，新编比例尺为 1∶5 万，完成对该图中的境界、植被以及其他要素的编绘。

◎思考题

1. 简述境界编绘的方法。
2. 简述植被以及其他要素编绘的方法。

项目 3　专题地图编制

【项目概述】

专题地图是根据专业的需要，突出反映一种或几种主题要素的地图。本项目主要根据专题地图编制的工作流程，介绍专题地图编制的过程及方法，由 5 个学习型工作任务组成。通过本项目的实施，使学生掌握专题地图编制的基本知识，具有编制专题地图的基本能力，为今后从事专题地图编制工作打下基础。

【教学目标】

◆ **知识目标**

1. 掌握专题制图要素的数据类型和加工处理方法

2. 掌握专题制图设计的基本内容和方法

3. 掌握专题地图编制基本原则和方法

4. 理解自然地图的编制特点和方法

5. 理解人文地图的编制特点和方法

6. 了解其他专题地图的编制特点和方法

◆ **能力目标**

1. 能进行专题制图要素的数据处理

2. 能进行专题地图的设计

3. 能编写单张的专题地图设计书

4. 能进行专题性自然地图的编制

5. 能进行专题性人文地图的编制

任务 1　专题制图要素数据处理

1.1　任务描述

专题制图要素是专题地图编制的核心，是进行地图编制的数据基础。本任务主要通过介绍地理变量和制图数据的分类、来源及数据的加工与处理，掌握地理变量及制图数据的分类，熟悉地理变量的量表系统和制图数据的来源，进而掌握制图数据加工与处理。

1.2 教 学 目 标

1.2.1 知识目标

掌握地理变量和地理数据的分类，熟悉地理变量的量表系统和制图数据的来源，掌握地理数据加工的类型和方法、地理数据的分级方法、专题地图资料的处理方法。

1.2.2 技能目标

知道地理变量和地理数据的分类，知道制图数据的来源，能对制图数据进行加工，能进行制图数据的分级，能进行专题地图资料的处理。

1.3 相 关 知 识

1.3.1 地理变量和地理数据

1. 地理变量

对地理现象进行定量或定性的描述，即构成地理变量。

2. 地理数据

当地理变量用于制图时，这些地理变量就成为地理数据。在制图时，需要对这些地理变量进行分类、处理，才能得到地理数据。所以，绘制地图的实质是研究表达各种地理数据的符号和图形在地图上的位置。地理变量、地理数据和地图符号之间的关系如图 2-3-1 所示。

图 2-3-1 地理变量、地理数据和地图符号之间的关系

3. 地理变量的量表系统

量表系统是指按数据的不同精确程度将它们分成有序排列的四种量表，基于量表系统，地理变量按精确程度分为定名量表、顺序量表、间隔量表、比率量表。

(1)定名量表

在研究事物时只使用定性关系，这种类型的关系称为定名量表数据，如城市、杉树、黄绵土等。定名量表可用于形象的、几何的和组合的点状符号。

(2)顺序量表

按某种标志将制图物体或现象排序，表现为一种相对的等级，称为顺序量表。顺序量表有等级，无数量，如一级公路、二级公路等。

(3)间隔量表

给顺序量表赋予一定的量的概念，即利用某种单位对顺序增加距离信息，就成了间隔量表，如表示城市人口的顺序量表：大、中、小，间隔量表为：100 万人以下，100 万~200 万人，200 万~300 万人，300 万人以上。

(4)比率量表

使用比率量表是一种完整的定量化方法，可描述客体的绝对量。

以上四种量表在表达数据的精度顺序如图 2-3-2 所示。

图 2-3-2   量表精度顺序

四种量表数据可以进行转化，其转化如图 2-3-3 所示。

图 2-3-3   四种量表数据转化图

1.3.2 定性数据和定量数据

地理数据可分为定位数据、属性数据和时间数据，这里主要研究属性数据制图。属性数据在用于专题制图时，根据对象描述的精确程度，可分为定性数据和定量数据。

1. 定性数据

定性数据是只描述现象的固有特征或相对等级、次序，即描述现象的定性特征，而不涉及定量特征的数据，如在地图上表达物体的分布、状态、性质、大小、主次等的数据。这类数据没有量的概念，如人口，按民族可分为汉、回、满、维等，又如农作物，可分为粮食作物、经济作物、油料作物等。图 2-3-4 所示是定性信息的面状制图。定性数据蕴涵着事物的分类系统，而且绝大多数的分类系统都是一个层次结构，因此，定性数据不仅表达事物的同与异，而且可反映事物在分类树中所处的相对位置。定性数据对应于量表系统的定名量表和顺序量表。

图 2-3-4　定性信息的面状制图

2. 定量数据

定量数据表示事物的数量特征，分为完全定量化数据和分级数据，对应于量表系统的间隔量表和比率量表。图 2-3-5 所示为两种数据表达点状要素、线状要素和面状要素举例。

完全定量化数据可完整地定量化描述物体，它不但有计量单位，而且有起始点，可描述物体的绝对量。完全定量化数据不仅描述事物的差异，而且还能明确描述事物间的比率关系。完全定量化数据的零点具有重要的物理意义，不能随意设定。完全定量化数据在描述物体时，具有"有"与"无"的概念，并具有可加性。

分级数据不仅可以描述事物的等级和次序，而且可以定量地描述事物间差异的大小。分级数据反映事物的相对关系，而不是绝对关系。当两事物的距离为零时，说明两事物是相同的；否则是相异的。距离越大，其差异也越大。分级数据以数值来描述事物，但当数值为零时，并不意味着"没有"。分级数据数值的零点设置具有随意性，人们关心的是事物间的间隔，而不是绝对数值。使用分级数据时必须统一数值的单位，如城市人口状况按人口密度分级，<100，100~500，500~1000，≥1000，单位统一为人/km²。上述数据对事物量的描述逐渐增强。

在进行专题制图要素处理时，有时数据之间需要进行转化，完全定量化数据可以处理成分级数据或定性数据，而定性数据则不能转化为定量数据。分级数据也不能转化为完全定量化数据。定性数据表达事物的质量差异和等级感，分级数据和完全定量化数据表达事物的数量差异，完全定量化数据比分级数据更加精确地描述事物的数量特征。

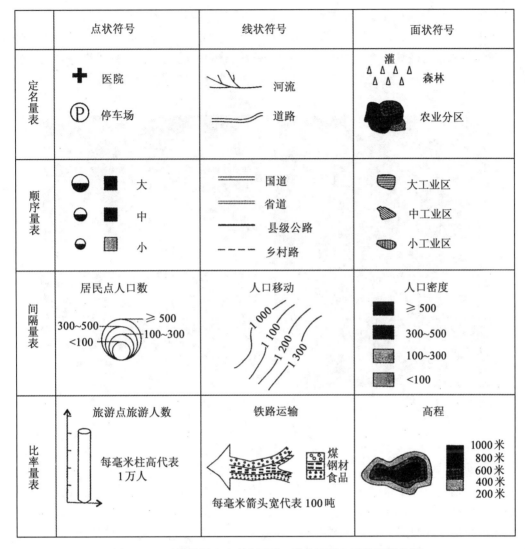

	点状符号	线状符号	面状符号
定名量表	✚ 医院 Ⓟ 停车场	河流 道路	灌 △△△△ 森林 农业分区
顺序量表	◖ ■ 大 ◖ ■ 中 ◖ ▪ 小	国道 省道 县级公路 - - - - 乡村路	大工业区 中工业区 小工业区
间隔量表	居民点人口数 300~500 ≥ 500 100~300 <100	人口移动 1 000 1 100 1 200 1 300	人口密度 ■ ≥ 500 ■ 300~500 100~300 <100
比率量表	旅游点旅游人数 每毫米柱高代表 1 万人	铁路运输 煤 钢材 食品 每毫米箭头宽代表 100 吨	高程 1000 米 800 米 600 米 400 米 200 米

图 2-3-5　两种数据表达点状要素、线状要素和面状要素举例

1.3.3　数据源

编制专题地图的数据收集和整理是一项十分重要的基础工作，准确实时的数据是编制专题地图的前提条件。从专题制图的角度考虑，数据源主要有以下几类：

1. 地图数据

地图数据是编制专题地图主要的数据来源，包括各种比例尺的普通地图和专题地图。地图数据可以是纸质地图、电子地图、数字地图或 GIS 中地理数据库数据。地图数据的获取主要采用数字化的方法和数据格式的转换。数字化方法有手扶跟踪数字化方法和扫描数字化方法。在编制专题地图时，常用的是扫描数字化方法。

2. 影像资料

影像资料是编制专题地图重要的数据源。主要的影像资料类型有卫星影像、航空像片和地面摄影像片，图 2-3-6 所示是各类影像图。遥感数据具有覆盖面积大、同步性、时效性、综合性和可比性等特点，因此，利用遥感数据编制专题地图越来越成为一种重要的手段和方法。航空像片具有比例尺大、碎部详细、可进行立体观察和测量等优点。

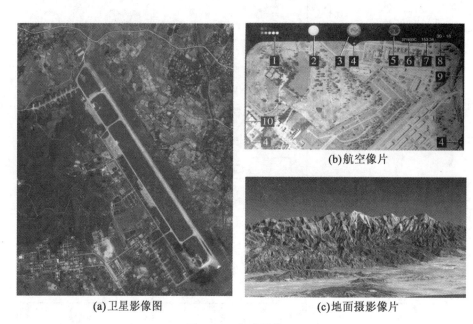

(a)卫星影像图　　(b)航空像片　　(c)地面摄影像片

图 2-3-6　各类影像图

3. 统计数据和数字资料

统计数据和数字资料对许多专题地图而言有着特别的意义，是制作专题地图中统计地图的基本依据，包括社会经济数据，人口普查数据，野外调查、监测和观测数据，如全国国民生产总值统计数据、气象观测数据、环境污染监测数据等。统计数据一般都和相应的统计单元和观测点相联系，因此，在收集这些数据时，要注意数据应包括制图对象的特征值、观测点的几何数据、统计数据的统计单元和统计口径。

4. 文字报告和图片

文字报告主要包括科学论文、科研报告、资料说明以及与专题内容相关的文章。文字报告和图片有时直接构成专题地图的内容。高清晰度、色彩逼真的图片既是专题地图内容的丰富和补充，又起到美化地图的作用。在选择图片时，图片内容与地图主题的相关性及对主题内容的说明程度比图片本身的效果更重要。

1.3.4　数据加工

1. 数据加工类型

数据加工按类型分为两类。第一类是把来源不同的数据换算为可比的数据。一般也称为对制图数据的预处理，在处理时，要将有差异的数据统一到同一标准中，使具有可比性，如把英尺换算成米。有时，为了进一步计算的需要，如自然和社会条件综合评价，需要把许多不同单位数据全部变成无量纲的形式。

第二类是将地理数据转换为制图数据。我们可以把不同性质的数据通过符号化变为不同类型的地图，表示实测的定性或定量数据的地图，如土地利用图，表示派生的定性或定量数据的地图，某地的平均气温图，以及人口密度图等。

2. 数据加工的主要方法

数据的加工主要表现为平均值、比率、密度和位势这四种关系，在对制图数据进行处理时，常用的数据加工方法有平均值、比率和密度。

1.3.5　数据处理

由于所编地图的内容、方法和数据来源不同，数据处理的内容、难度和工作量也就不一样。专题地图的数据处理主要有数据的分级处理和数据的分类处理两个方面。在进行专题地图制图时，对属性数据的分级处理用得较多，这里主要介绍数据的分级处理。

1. 数据分级处理

数据分级处理是指在制图时，有时会需要把统计数据转变为分级数据以满足制图的要求，当地图数据为分级数据时，也需要进行分级间隔或分级级数改变处理。专题要素的分级处理主要包括分级数量的确定和分级界限的确定，它们受地图用途、地图比例尺、数据分布特征、表示方法、数据内容实质、使用方式等多种因素的制约。

（1）分级数量的确定

在确定数据的分级数量时，要做到详细性与地图的易读性、规律性的统一。分级数的多少与对数据的概括程度成反比，即分级数越多，概括程度越小，在图上表示得越详细；反之亦然。在首先保证地图易读性的前提下，应满足地图用途所要求的规律性，尽可能使分级详细些。由于分级后的数据要用符号的形式表示在地图上，这就要求应能使读图者能很顺利地辨认它们的大小。分级数量与采用的表达手段有着密切的关系，因为采用符号法表示时，若采用的是艺术符号，通常只宜分为 3 级；用几何符号，则可以区分 5~7 级；线状符号的分级数量同艺术符号相似。

分级统计图用面积颜色来区分不同的等级。按读者的分辨能力、目前我国的印刷水平以及显示器的分辨力，在使用同种色表达时，最多分为 5 级。如果用两个颜色来表达，则可以明确地区分为 7~8 级。用于分区统计图表的分级，较粗略时只应分为 3 级，最多不超过 5~7 级。

（2）分级界限的确定

分级界限的确定是分级的最主要问题，其主要原则是保持数据分布特征和分级数据有一定的统计精度。

例如，在地图图例中表示人均收入的分级界限标定时，正确的标定方法是采用左闭右开或左开右闭的形式，如：≤100，100~300，300，500，500~700，700~1000，>1000（单位：元/人）；又如：<100，101~300，301~500，501~700，701~1000，≥1001（单位：元/人）。

2. 考虑数据类型及其分布特征的分级方法

专题数据分级处理的方法很多，这里介绍考虑数据类型及其分布特征的分级方法，这种方法是专题数据分级最常用、最基本的方法。这种方法既适用于绝对数量的分级，也适用于相对数量的分级；既适用于点状分布要素，也适用于线状和面状分布要素。

这种方法一般分为两类：一类是按照简单的数学法则分级，主要有数列分级方法、级数分级方法等；另一类是统计学分级方法，即按某种变量系统确定分级间隔的分级方法，主要有统计量分级(平均值、标准差、逐次平均、分位数)法、自然裂点法、自然聚类法、迭代法、逐步聚类法、模糊聚类法、模糊识别分级法等。

(1)数列分级方法

数列分级的特点是：分级界限是某种数列中的一些点。一旦选定了某种数列，则分级界限完全取决于数据的最大值、最小值和分级数。数列分级方法的优点是分级界限(间隔)严格按照数学法则确定，但它不能很好地顾及数据本身的随机分布特征。

设 H 为数列的最高值，L 为数列的最低值，N 为欲分的级数，则有：

① 等差数列分级：这是一种最简单的分级形式，等差分级用于具有均匀变化的制图现象，其特点是级差相等便于比较。$\frac{1}{K}(H-L)$ 表示分级间隔(级差)，则数列分级后各级的下限为

$$A_i = L + \frac{i-1}{K}(H-L) \quad (i=1, 2, \cdots, K+1) \tag{2-3-1}$$

实际使用时，K 和 A_i 都应当凑成整数。

在专题制图中，当待分级的数据分布较均匀，没有明显的集群性，而且最大值和最小值相差不是过于悬殊时，通常可采用等差分级的方法。

② 等比数列分级：

$$\lg A_i = \lg L + \frac{i-1}{K}(\lg H - \lg L)$$

即

$$\lg A_i = \lg L + \frac{i-1}{K}(\lg H - \lg L) \tag{2-3-2}$$

(2)级数分级方法

级数分级方法的特点是直接对分级间隔进行选择，通常有算术级数和几何级数两种。

① 算术级数分级：算术级数定义为：$a, a+d, a+2d, a+3d, \cdots, a+(n-1)d$，则 B_i 由下式确定：

$$B_i = a + (n-1)d \tag{2-3-3}$$

式中，a 为首项的值；d 为公差；i 为要确定的序数。

算术级数分级法是一种可变的、规则的数学区分分级间隔方法，其一般形式随公差的正负形式而变化。

② 几何级数分级：几何级数定义为 $g, gr, gr^2, gr^3, \cdots, gr^{n-1}$，则 B_i 由下式确定：

$$B_i = gr^{i-1} \tag{2-3-4}$$

式中，g 为第一个非零项的值；r 为公比；i 为要确定项的数。

通过改变 d 或 r，就能改变算术级数或几何级数的分级间隔，可以得到无数种级数分级方案。这两种数学方法确定的分级间隔系统形成分级界限和规则变化的分级间隔。如果制图数据的排列表现为连续递变，那么就能使用这些方法。

（3）按某种变量系统确定分级间隔的分级方法

按某种变量系统确定分级间隔的分级方法，其分级间隔的大小并非朝一个方向有规律地变，这是同上述分级方法有差别的地方。按某种变量系统确定分级间隔的分级方法又分为两大类，一类是完全不规则的分级界限，使用的方法通常是自然裂点法；另一类是有规则的，但不具有单调递增或递减的规则，如按嵌套平均值分级、按分位数分级、按正态分布参数分级、按面积等梯级分级、按面积正态分布分级等方法。

1.3.6　数据符号化

1. 符号化的基本概念

在数字地图转换为模拟地图过程中，地图数据的符号化是指将已处理好的矢量地图数据用不同的符号表示，使它恢复成连续图形的过程。符号化的原则是按实际形状确定地图符号的基本形状，以符号的颜色或者形状区分事物的性质，例如，用点、线、面符号表示呈点、线、面分布特征的交通要素，点表示标志建筑或者特定地点，线表示公路和铁路，面表示地区。

2. 矢量数据符号化

无论点状、线状还是面状要素，都可以根据要素的属性特征采取单一符号、分类符号、分级符号、分组色彩、比率符号、组合符号和统计图形等多种表示方法实现数据的符号化，编制符合需要的各种专题地图。例如，ArcMap 系统中加载新数据层所默认的表示方式是单一符号设置，每个要素都是同一种符号，制图者可根据要素属性设置数据符号化样式。

1.4　任　务　实　施

1.4.1　任务目的和要求

掌握利用对制图数据的分类、分级方法，对数据进行分级处理，在制图软件中实现对中国人口数据的分级处理，并选择合适的符号类型进行符号化显示。

1.4.2　任务准备及步骤

1. 准备工作

（1）人员准备

根据任务要求，分配人员岗位，明确其岗位职责。

（2）资料准备

2010 年中国统计年鉴的人口数据资料、中国行政区划图数字化成果图。

（3）软件准备

ArcGIS 或 ArcVIEW。

2. 关键步骤

① 向软件中加载中国行政区划图数字化成果数据，主要包括政区文件、省会点文件。

② 分析 2010 年各省的总人口数值、人口密度、人口比重确定合适的数据分级方法。

其中：

$$人口密度 = \frac{某区域内年平均人口数}{某区域的面积}$$

$$性别比 = \frac{男性人口数}{女性人口数} \times 100$$

$$人口比重 = \frac{城市人口数}{总人口数} \times 100$$

③ 在中国行政区划图数字化成果图上添加 2012 年各省的总人口和男性人数和女性人数值。可以直接添加字段录入，或者新建属性表，进行属性连接。

④ 选择合适的符号对各图层要素和专题分级数据进行符号化显示，颜色在选择过程中可以选择近似颜色；数据具体分级情况可以自主选择。

1.4.3　检查评价

对案例的结果进行检查时，采用学生小组互相检查评价、教师归纳总结的方式，加深对知识的掌握和技能训练，主要看地图绘制是否完整，属性信息录入是否正确无误，数据分级是否合理。

1.4.4　提交成果

数据分级的方法和结果；

根据生成数据生成的人口专题地图。

◎**技能训练**

使用 ArcGIS 或 ArcVIEW 进行数据输入与分级处理。

◎**思考题**

1. 专题制图要素的数据类型有哪些？

2. 专题制图的数据源有哪些？

3. 试述数据分类和分级的基本原则。

4. 专题数据分类的主要方法有哪些？

5. 专题数据分级的主要方法有哪些？

任务 2　专题地图设计

2.1　任 务 描 述

专题地图设计是对新编专题地图的规划，主要任务包括：在明确编图任务和要求后，确定地图生产的规划与组织，根据使用地图的要求确定地图内容，进行地图数学基础的设计，设计地图上各种内容及专题要素的表示方法，设计符号及图例，设计图面配置及图面视觉效果，地图设计的最终成果是地图设计书。

通过本任务的实施，使学生具备专题地图设计的基础能力，具有单张专题地图数学基础设计、符号设计和图面设计的能力，能编写专题地图设计书。

2.2　教 学 目 标

2.2.1　知识目标

掌握进行地图数学基础设计、地图符号及图例设计、图面配置和彩色设计的内容和方法，了解专题地图设计书和基本内容和编写要求。

2.2.2　技能目标

能根据制图需要和要求进行地图数学基础设计、地图符号及图例设计、图面配置和彩色设计，编写专题地图设计书。

2.3　相 关 知 识

2.3.1　数学基础的设计

专题地图数学基础包括地图投影、比例尺、坐标网、地图配置与定向、分幅编号和大地控制基础等，其中地图投影和比例尺是最主要的。

专题地图数学基础设计主要包括三个方面，即地图投影的选择与设计、地图比例尺的设计和坐标网格的设计。

1. 地图投影的选择与设计

在专题地图制图中采用较多的是等积投影和等角投影，具体设计时采用何种投影，要视专题地图的用途和要求而定。

地图投影设计的基本宗旨是要保持制图区域内的变形为最小，或者投影引起的变形误差分布符合用途要求，以最大可能保证地图具有必要的地图精度和图上量测的精度。专题地图的多样性决定了其投影的选择有很大的空间。然而，地图投影的选择受制图区域的特征、地图投影自身的性质及地图的用途的制约。

（1）制图区域

制图区域对投影选择的影响可以从区域地理位置、范围大小、区域形状等几个方面来分析。

① 区域地理位置。不同地理位置的区域分别适用于不同类别的投影，例如，极地附近通常用方位投影，赤道附近常用圆柱投影，中纬度地区常用圆锥投影。

② 范围大小。投影范围的大小对投影误差有极大的影响。对一个小范围，常常是不管用什么投影都没有实质性差别；而对一个大范围，不同的投影，或同一种投影但投影性质不同，所产生的误差差别就可能很大。

③ 区域形状。选择投影时，区域形状也是应当顾及的基本因素之一。例如，对于外形接近于圆形的区域，宜选用方位投影；对于东西延伸的地区，宜选用圆柱（赤道附近）或圆锥（中纬度）投影；对于南北延伸的地区，则宜多采用横圆柱投影。

（2）投影性质

投影性质包括变形性质、变形分布和大小、经纬线的形状、极点的表象、特殊线段的形状等。本书前述章节已经研究学习过不同类型的投影的性质，这里不再赘述。

（3）地图的用途

地图的用途决定了地图投影选择的方向。由于不同的比例尺对地图的用途有着非常大的影响，所以我们有时可以把地图用途与地图比例尺连在一起来考虑。

注意：目前，越来越多采用机助方法制图，资料图形以数字形式存放在数据库中，可以进行任意变换，制图的投影对新编图的投影没有影响。

2. 地图比例尺的设计

专题地图比例尺的设计应考虑图幅的用途和要求，根据制图区域形状、大小，充分利用纸张的有效面积，并将比例尺数值凑为整数。在实际设计地图比例尺的工作中，往往还会出现一些特殊的问题，如不要图框或破图框、移图、斜放，等等。

专题地图对比例尺的规定不像普通地图那样严格，并要求形成系列。专题地图中只有地质图、地貌图、土壤图、植被图以及航空图、航海图等有着普通地图那样较为严格的、有一定比例关系的系列比例尺系统。随着比例尺的不同，其内容的详细程度、分类级别的表达、制图综合的大小及用途都会随之改变。除此之外，其他专题地图的比例尺是随专题内容表达的详细程度、表示方法的精确程度、地图的用途和地图精度要求而定的。

3. 坐标格网的设计

地图的坐标格网反映地图的坐标系统或地图投影信息。根据区域的大小，不同种类的坐标格网主要有以下三种：

（1）经纬线网格

在小比例尺大区域的地图上，坐标格网通常是经纬线网格，例如，小于1∶100万的普通地图仅标示经纬网。

（2）投影坐标格网

投影坐标格网也就是通常说的方里网。在中比例尺区域地图上，通常是两种格网同时使用，图面一般以方里网作为基本网，经纬网绘于内外图廓之间，以图廓和分度带来体现，作为辅助网。

（3）公里格网或索引参考格网

在大比例尺小区域的专题地图上，可能使用公里格网或索引参考格网，例如，大比例尺的城市平面图上或城市交通上设计密度一般为 5cm×5cm 的参考格网，目的是为了易于查找各种地名。

专题地图对制图网格的表示没有严格的规定，主要视用途而定，不同种类和用途的专题地图选择不同种类或密度的坐标格网。有时由于保密原因，而不使用任何格网。

大比例尺的自然地理图与普通地理图一样，有标准系统的分幅和编号，也有同样的方里网（即坐标网），其密度与同比例尺普通地图一样。

人文地图中对制图网格的表示没有特别的要求，常常只是概略地表示一些密度较稀的经纬网格，有的则根本不表示。但是对某些用网格形式表示的环境质量评价图、城市地价评级图或由点数法转换为其他表示方法的图型而需用网格作为过渡时，需要在图面打上一定的密度网格。航空图、航海图都必须表示有一定密度的经纬网，其密度与比例尺有关，大致与自然地图的要求一样。工程地图中也必须有制图网格，大比例尺工程图用的是坐标方里网，以便于计量的 100m×100m、250m×250m、500m×500m 等为好，密度依比例尺为准；小比例尺图则用经纬网。

2.3.2　专题地图的符号及图例设计

1. 符号设计的制约因素

（1）地图内容

地图中表示哪些内容，是符号设计的基本出发点。地图内容决定了符号设计的方向。

（2）地图比例尺

同样的内容在不同的比例尺条件下会在面积、形体上产生非常大的差异，所以在地图内容确定以后，只有规定了表达的比例尺，才能界定所表达的内容中哪些用点状符号形式表示，哪些用线状符号形式表示，哪些用面状符号形式表示。所以，地图比例尺决定了符号的形式。

（3）地图用途

在一定比例尺条件下，空间分布特征表现为点状、线状和面状分布的物体或现象可以有不同的表示方法。地图的用途决定了是表现地图内容的质量特征还是数量特征，决定了质量特征分类、分级的层次要求，决定了地图内容数量表达是等级的还是数量的，决定了内容表达的精确程度，从而涉及形象、结构及颜色方面特征的表现。

（4）所需的感受水平

地图一般需要几个特定的感受水平。地图中的各项内容往往由内容主次及图面结构要求确定。凡是主题内容，都需要有较强的感受效果。依内容主次的不同，需不同的感受水平。

（5）视觉变量

不同的视觉变量有不同的感受效果，因此，视觉变量的选择及组合会直接关系到符号的形象特点。

（6）视力及视觉感受规律

人眼在阅读地图各符号时，对符号的可见度和可分辨性限定了一些最小的阈值，这些可作为符号大小、线划粗细、疏密及图形结构设计的参考。但这些都只是在较好的阅读环境下的最小尺寸，实际上，还应根据阅读距离、读者特点、环境等方面做必要的调整。

（7）技术和成本因素

计算机辅助制图的实现，使得再小的符号及其不同的图形结构都可以绘制出来，但是最终还必须能通过印刷得以实现，因此符号的设计必须考虑印刷技术水平。另外，印制成本也应考虑，单色印刷虽成本低，但符号的可读性和可分辨性在同等条件下要差，多色印刷则不一样。符号设计应尽量利用现有条件以降低成本。

（8）传统习惯与标准

专题地图中绝大部分的地图内容表达尚无标准化的规定，使地图符号设计有很大的自由空间，但仍应遵循制图的一般规律和传统习惯。一些已较成熟的、约定俗成的符号，可继续使用；在用色上，暖色表示温暖、干燥、前进、增长，冷色表示寒冷、湿润、后退、减少。这些规律可应用到相应的自然地理图和人文经济图的符号、颜色设计中。

2. 各类符号设计的要点

（1）点状符号

点状符号包括几何符号、艺术符号和透视符号三种类型。

几何符号的基本图形是圆形、三角形、方形、菱形、五星形、六边形及梯形等。几何图形的基本形状虽然不多，但是通过多种变化和组合可以形成丰富的几何符号家族。几何符号的构图方法如图 2-3-7 所示。

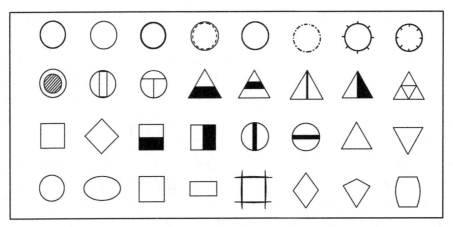

图 2-3-7　几何符号的构图方法

艺术符号广泛应用于人文经济地图和旅游地图，如图 2-3-8 所示。在设计时几乎所有的制图对象的形象素材都是多样而复杂的，因此，要抓住对象最本质的、最有代表性的形象，然后通过符合美学构图原则的处理，形成十分理想的艺术符号。

透视符号是按照一定的透视原理绘制的，常用来表现各种建筑物，多用于各种旅游地图中，如图 2-3-9 所示。

赛车场	钓鱼场	兽医站
灯塔	电话局	失物招领处
滑雪场	滑雪场	果品加工厂
出租汽车场	出租汽车站	急救站

图 2-3-8　艺术符号

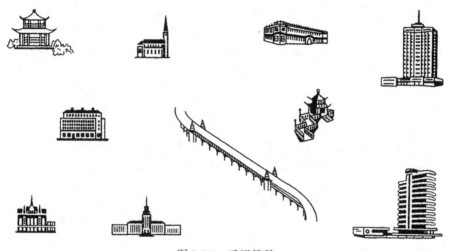

图 2-3-9　透视符号

（2）线状符号

在专题地图内容的表示方法中，线状符号主要是定性线状符号，也就是表示线状物体（或现象）的质量特征的符号；运动线法中要运用的线状符号，则是定向并有量度概念的线状符号，它既有方向性，又依其符号的宽度表示数量的特征。定性线状符号的应用实例很多，如各级行政境界线、各级道路、不同通航程度河流、城墙、栏栅、不同类型的海岸、各种地质构造线、战争防御线、气候上的锋面线等。

单纯表示定名尺度对象的线状符号一般不宽，构图也比较简洁，常常用颜色、形状和结构这些图形变量来反映不同的质量特征。各种地质构造线，如各种断层线、不同形态的山脊线、城墙和栏栅等，都已有规定或已习惯使用的线状符号，可参照设计使用。

各级行政境界线多使用一种或两种图形单元连续排列构成，各级道路则可使用宽度变化的方法，或在表现高级道路时使用增加图形单元的构建方法。此外，还应通过颜色饱和度及明度这些手段来突出主要的和高等级的对象。

运动线状符号表示运动的方向，用图形结构或颜色表示沿线状运动的物体或现象的构成，用宽度表示数量特征。若对象只有一个指标，如河流中水的流量，道路中旅客的输送量，或虽然有不同的多种指标，但若只归结为一种指标，如对外贸易中只归结为货币这一度量，那就是简单形式的动线符号，只用简单的图纹或颜色普染即可。若要表示多个指标，则动线符号成为由不同图纹或颜色组成的不同复杂程度的复合"带"。

（3）面状符号

面状符号实际上是一种填充于面状分布现象范围内，用于说明面状分布现象性质或区域统计量值的符号，可以表现从定名尺度到比例尺度的所有数据类型。

面状符号主要表现为两种类型：一种是以图纹或色彩差异反映不同面状现象或物体的质量特征；另一种是以明度差异表现等级概念。面状符号的形式主要有图纹和色彩两种，如图 2-3-10 所示。图纹按形式可归纳为三大类：第一类是由基本图形单元通过规则的"四方连续"或不规则聚集构成点纹的面状符号。这类形式以地形图图式中的整列式和散列式符号为代表，常见于表示农作物分布、植被分布和地质图的岩性表达中，条件是这类分布必须在图上有较大的面积。第二类是由线条通过线的粗细、方向、疏密和交叉等结构形式构成的线纹面积符号。第三类是由点纹和线纹结合起来而衍生的混合图纹符号，混合图纹符号可以作为单一的图形标志，某些情况下也可作为多重类别的叠置结果，在地质图、地貌图等专题地图中有所使用。

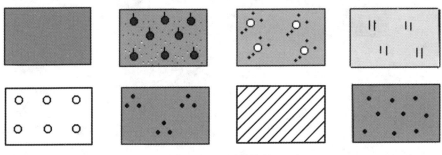

图 2-3-10　面状符号

2.3.3　专题地图的图例设计

1. 图例设计的要求

对图例的要求是：图例必须完备，图例要素要齐全。原则上讲，图例应包括地图上使用的所有符号，但对专题地图中少量底图符号，如河流、居民地等，则可以在图例中省略。对符号所反映的指标类型、单位、数值乃至时间概念等，在图例中都应一一标注。对符号使用的每一个视觉变量，都应在图例中有所体现，如一组符号用同一种外轮廓但用不同颜色表示不同的对象，图例中应反映所有外轮廓和颜色方面的不同符号。

图例中的符号、颜色必须与图内所代表的内容完全一致。对定性符号而言，图例中的符号只是图内相应符号的复制品。对定量符号，除符号的形状、颜色、结构与图内符号相一致以外，符号的大小也要与图内的符号一致，如圆形符号的直径，柱状符号的宽度、高度，扇形符号的夹角、直径等。有的圆内是结构符号，在图例中说明其中分割的各组成部分时，用小面积的矩形或方形容易引起误解，应改为分割的扇形图形。

2. 各种图例的设计

由于专题地图的内容和表示方法各不相同，所以图例的内容、容量、复杂性和结构也不相同。下面对单一图例、组合图例和复合图例的设计分别进行说明。

（1）单一（标志）图例的设计

在专题地图中属于解析类型的大量分布图，无论是表达其质量特征的（定性）图例，还是表达数量特征的（定量）图例，都属单一标志的图例，图例设计较为简单，如图2-3-11所示。

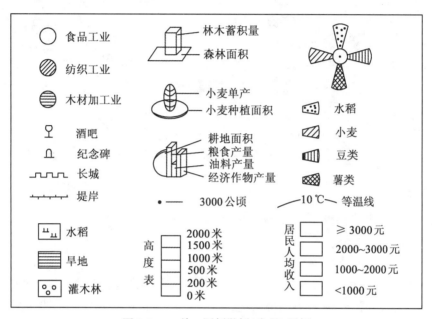

图 2-3-11　单一图例举例（定量）图例

表示定性特征的个体符号是图形变量固定的符号，图例设计时，只需把已经设计好的图内个体符号按一定顺序罗列于图例中，并加注简单的标注即可。如用几何符号、象形符号或艺术符号表示的点状分布现象，用某一线状符号表示的线状分布现象，以矩形框为形式，在其内染上颜色，以表示面状分布现象的属性。表示定量的符号有些是非常简单的，如点数法中只需表示一个点，并加注点值。

（2）组合（标志）图例的设计

在专题地图中属于组合类型的大量类型图和区划图，由于进行分类时采用的是不同质量特征的组合指标，故在进行图例设计时要综合考虑其组合指标的各自特征。比较简单的做法是，先按单一系列单独设计，然后按其组合状况，在图例中将它们组合起来。图2-3-12所示是这种组合的最简单例子。

（3）复合（标志）图例的设计

在专题地图中有不少综合性类型的地图，如综合性的经济总图、综合性的地貌图、综合性的地震图等。这些地图中的图例设计主要是设计图例的层次结构，其原则是：根据地图各要素进行符号分组，并按内容要素的重要性排序；各组符号又按其要素的相对意义和相对关系，按顺序配置；每组内部的符号予以合理的安排。例如，在综合性经济总图的图例上，先按工业、农业、交通运输的顺序分组；各组按相对关系顺序配置，如工业中，先

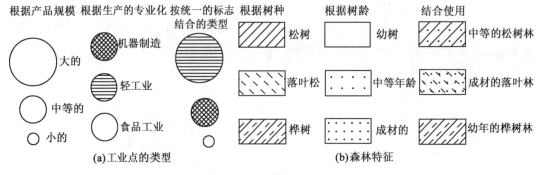

图 2-3-12　组合图例的简单的例子

动力、冶炼,再各加工工业;加工工业中,机械工业应排在最前面,服装工业应排在纺织工业之后。如果还要细分,则如纺织工业的第三层次可按棉纺、毛纺、丝纺、麻纺、化纤的次序排列。

2.3.4　专题地图图面视觉效果的设计

1. 视觉平衡层次的构成

专题地图中有专题要素、地理底图要素,地理底图要素是为专题要素服务的。当地图中专题要素十分丰富时,在设计时务必使这些专题要素能分出主次。所谓专题地图上"视觉层次",是指采取各种图解手段,使图面各内容要素分别处于不同的感受平面上,使得原来是平面的地图产生一种假象,形成若干层面,有的图像现于上层,有的则隐退到下层,达到地图内容主次分明的目的。

2. 构成图面视觉层次的方法

(1)符号的大小或强化符号的内部结构

在其他因素相同的情况下,图形的大小能直接影响到感受的水平。符号大、线划粗,其视觉的选择度就高,从而使其处于视觉的上层平面;符号小而线划细,则自然处于视觉的下层平面。另外,如果符号的外廓大小不变,但符号内部结构的线划加粗,使符号的"黑度"加大,也同样可以起到拉开视觉层面的作用。

(2)色彩的变化

在地图上利用色彩变化是构建图面视觉层次最主要的手段。色彩的变化主要体现在色相、明度、饱和度三方面。利用色相中暖色、冷色以及对比色的特性,可以拉开视觉层次。利用色彩饱和度和明度的变化,效果也非常明显。专题地图中表示专题要素的符号或线划都用鲜艳而饱和度大的颜色,而底图要素则用偏暗且饱和度小的青灰或钢灰色,使专题要素和底图要素明显地形成两个视觉平面。

(3)不同的视觉形态

线划符号和面积色彩属于不同的视觉形态,在轮廓范围内由线划符号组成的线纹同样可以与面积普染一样反映面状现象的分布。当要利用线纹图案和普染色同时反映两种质量指标时(如地貌图中既要反映地貌类型又要反映地面切割程度,土壤图中既要反映土壤类型又要反映其机械组成),主要的质量系统用颜色表示(如表示地貌类型和土壤类型),次要的质量系统用线纹图案表示,而且线划图的颜色最好用暗灰或黑色,密度要低,目的是减少线纹对色彩的干扰,形成两个视觉平面。

(4)对符号的装饰

为了突出个体符号,将其置于视觉的上层平面,常常采用对符号进行装饰或干脆改用透视符号的做法。透视符号由于其体积相对较大,形象生动美观,更容易突现于第一平面。

3. 图面配置的视觉平衡

地图是由主图、图名、图例、比例尺、文字说明及附图等共同组成的。图面配置的设计是要将它们排布成一个和谐的整体,表现出空间分布的逻辑秩序,在充分利用有效空间面积的条件下,使地图达到匀称和谐。所谓"视觉平衡",就是指按一定原则排布各图形要素的位置,使之看起来匀称合理。影响视觉平衡的因素主要有:

(1)视觉中心

读者读图时,视觉上的中心与图面图廓的几何中心是不一致的,通常视觉中心比图面图廓的几何中心要高出约5%。视觉平衡要求所有的图形都应围绕视觉中心来配置。对一幅地图中只有一幅主图的单元地图,由于该单元区的形状各异,它的图形几何中心常常不可能与图面的视觉中心一致,这就要靠其他的图形要素去平衡它。实现平衡有两个影响因素,即视觉重力和视觉方向。

(2)视觉重力

地图上的图形由于所处的位置,图形本身的大小、颜色、结构及其背景的影响,有的给人感觉重些,有的给人感觉轻些,这称为视觉重力。视觉重力主要由图形所处的位置、图形的特征决定。

(3)视觉方向

读者阅读地图的习惯是有方向性的,通常其视线从左上方进入,扫视全图后从右下方退出。这个进入点和退出点都是视觉上的重点。因此,往往把图名置于地图的左上方,把图例置于右下方。

在图面配置时,无论是主单元地图还是多单元地图,当地图的重心与视觉中心不一致时,应利用图名、图例、附图、插图以及多幅地图的位置、尺寸、结构和色彩来达到整幅地图视觉上的平衡,如图 2-3-13 所示。

4. 构图与定位

由于专题地图的内容、图例容量及主区单元图数(一图或多图)不同,乃至有无附图、图表等情况各不相同,因此专题地图的配置样式是极为多样的。但是地图构图有它自己的特殊性,对于专题地图,首先,地图构图要求保证地图主题得以充分表现,信息的传输符合合理的程序;其次,构图要符合一般意义上的形式美法则,即对称、均衡、和谐、统一。

2.3.5 专题地图设计

承担地图设计任务的编辑人员在接受制图任务以后,按以下步骤开展工作:

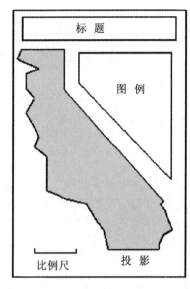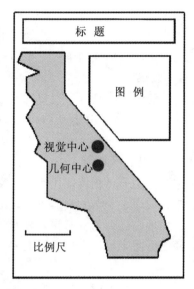

图 2-3-13　视觉平衡

1. 确定地图的用途和对地图的基本要求

确定地图的用途是设计地图的起点，承担任务的编辑人员，首先是要同有关方面充分接触，从确立地图的使用方式、使用对象、使用范图入手，就地图的内容、表示方法、出版方式、价格等，同委托单位充分交换意见。

2. 分析已成图

为了使设计工作有所借鉴，在接受任务之后，往往先要收集一些同所编地图性质上相类似的地图加以分析，明确其优点和不足，作为设计新编地图的参考。

3. 研究制图资料

没有高质量的资料，就不可能生产出高质量的地图。地图生产中的资料工作包括收集、整理、分析评价、选择制图资料等多个环节。

4. 研究制图区域的地理情况

制图区域是地图描绘的对象，要想确切地描述它，必须先深刻地认识它。研究制图区域就是要认识制图区域的地理规律，这对以后的多项设计都很重要。

5. 设计地图的数学基础

这包括设计或选择一个适合于新编地图的地图投影(确定变形性质、标准纬线或中央经线的位置、经纬线密度、范围等)，确定地图比例尺和地图的定向等。

6. 地图的分幅和图面设计

当地图需要分幅时，要进行分幅设计。图面设计则是指对主区位置、图名、图廓、图例、附图等的设计(国家基本比例尺地形图不需要进行分幅和图面设计)。

7. 地图内容及表示方法设计

根据地图用途、制图资料及制图区域特点，选择地图内容以及它们的分类、分级、应表达的指标体系及表示方法。针对上述要求设计图式符号，并建立符号库。

8. 各要素制图综合指标的确定

规定各要素的选取指标、概括原则和程度。制图综合指标决定表达在新编地图上的地物的数量及复杂程度，是地图创作的主要环节。

9. 地图制作工艺设计

在常规制图条件下，成图工艺方案较多，需根据地图类型、人员、设备、资料情况选择不同的工艺流程(用框图表示)，主要包括：数据输入，地图的数学基础建立，资料补充，数据处理，地图符号和注记的配置，数据的输出，等等。

10. 样图试验

以上各项设计是否可行，其结果是否可以达到预期目的，常常要选择个别典型的区域做样图试验。

2.3.6 地图设计文件的编写

在完成各项地图设计工作的基础上，地图编辑人员积累了大量的数据、文件、图形和样图等，这时就可以着手编写地图的设计文件。

地图编制技术设计文件主要包括项目设计书、专业技术设计书。项目设计书是对项目进行的综合性整体设计；专业技术设计书是对专业活动的技术要求进行的设计，是指导制图区域各图幅编绘作业的专业技术文件。项目设计书和专业技术设计书的编写应按国家测绘局发布的行业标准《测绘技术设计规定》(CH/T 1004—2005)的相应规定执行。

1. 任务概述

说明任务来源、制图范围、行政隶属、地图用途、任务量、完成期限、承担单位等基本情况。对于地图集(册)，还应重点说明其要反映的主体内容等。对于电子地图，还应说明软件基本功能及应用目标等。

2. 作业区自然地理概况和已有资料情况

(1)作业区自然地理概况

根据需要，说明与设计方案或作业有关的作业区自然地理概况，内容可包括作业区地形概况、地貌特征、困难类别和居民地、水系、道路、植被等要素的主要特征。

(2)已有资料情况

说明已有资料采用的平面和高程基准、比例尺、等高距、测制单位和年代，资料的数量、形式，主要质量情况和评价，并列出基本资料、补充资料和参考资料(包括可利用的图表、图片、文献等)，以及利用资料的可能性和利用方案等。

说明作者原图或其他专题资料的形式、质量情况，并对其利用方案加以说明。

3. 引用文件

说明专业技术设计书编写中所引用的标准、规范或其他技术文件。文件一经引用，便构成专业技术设计书设计内容的一部分。

4. 成果(或产品)规格和主要技术指标

说明地图比例尺、投影、分幅、密级、出版形式、坐标系统及高程基准、等高距，地图类别和规格，地图性质、精度，以及其他主要技术指标等。

对于地图集(册),还应说明图集的开本及其尺寸、图集(册)的主要结构等主要情况。

对于电子地图,则应说明其主题内容、制图区域、比例尺、用途、功能、媒体集成程度、数据格式、可视化模型、数据发布方式及可视化模型表现等。

5. 专题地图设计方案

专题地图设计方案的主要内容包括:

① 说明作业所需的软、硬件配置;

② 规定作业的技术路线和流程;

③ 规定所需作业过程、方法和技术要求;

④ 质量控制环节和质量检查的主要要求;

⑤ 最终所提交和归档的成果和资料的内容及要求;

⑥ 有关附录,如"设计附图"附表、制图区域图幅结合表、基本资料略图、行政区划略图、综合样图、新旧图符号对照表、相邻图幅接边关系等。设计附图是编写设计书时,用文字不能清楚、形象地表达其内容和要求时所增加的图纸设计,它也是技术设计的重要组成部分。

2.4　任　务　实　施

2.4.1　任务目的和要求

掌握专题地图设计的主要内容及方法,编写地图设计书。

2.4.2　任务准备及内容

某市计划编制一幅经济挂图,为市领导、各职能部门了解本市经济发展情况以及为经济发展提供决策服务。该市东西长35km,南北宽20km。某测绘局承担了编制任务。

1. 编制要求

① 挂图选用等角圆锥地图投影,幅面选择4开(510mm×360mm)。

② 数字制图进行编绘,地理要素通过已有的资料进行编绘,按照中小比例尺专题地图编绘要求表示要素和进行制图综合。地理要素包括县级(含)以上境界、铁路,乡级(含)以上公路、乡镇(含)以上居民地以及主要河流、湖泊、大型水库等。

③ 专题要素表示全市各县(区)的人均生产总值,各县(区)第一、二、三产业的比例构成等;

④ 地图现势性应达到2018年年底。

⑤ 印前数据,应确保挂图内容正确,要素的详细程度适中,各要素制图综合及图层关系处理合理,叠置顺序无误,地图设色、符号及注记配置和地图整饰美观。

⑥ 需公开出版发行,同时提交印前数据。

2. 收集的资料

① 2016年更新生产的公开版1∶25万地图数据,内容与1∶25万地形图基本一致;

② 全市行政区划简册,资料截至2018年年底;

③ 2018 年发布的经济统计数据，含各县(区)人口数、生产总值以及各县(区)第一、二、三产业的总值，资料截至 2018 年年底；

④ 全市旅游交通图，比例尺 1 : 90 万。

3. 实训内容

根据专题地图编制要求和已有资料，编写地图设计书。

2.4.3 检查评价

对编写的地图设计书进行检查时，采用学生小组互相检查评价、教师归纳总结的方式，相互之间检查结果，分析出错的原因和解决方法。

2.4.4 提交成果

编写地图设计书。

◎技能训练

使用 ArcGIS 软件或其他的 GIS 软件，将已有全市行政区划图及交通旅游图数字化，以县为区划单位，添加 2018 年的经济统计数据到数据库中，采用合适的制图方法生成人口专题地图、生产总值颜色渐进色分图，以及各县(区)第一、二、三产业的总值的分区统计图。

◎思考题

1. 专题地图的用途对地图投影的选择有什么影响？举例说明。
2. 举一实例说明组合图例的构建方法。
3. 地图设计中可利用什么方法来构建视觉层次？
4. 多单元地图在图面构图时应注意哪几方面的构图原则，以达到图面的匀称与统一？
5. 实训内容中计算该挂图应采用多大的比例尺？

任务 3 自然专题地图编制

3.1 任 务 描 述

本任务主要介绍专题地图编制的原则及专题地图编制的过程和自然类专题地图编制方法。掌握专题地图编制的原则、过程，并学习掌握自然类专题地图的编制方法。

3.2 教 学 目 标

3.2.1 知识目标

掌握专题地图编制的原则、专题地图编制的过程、自然类专题地图编制方法。

3.2.2 技能目标

知道专题地图编制的原则、专题地图编制的过程，能进行自然类专题地图编制。

3.3 相 关 知 识

3.3.1 专题地图编制的基本原则

专题地图的用途、内容、比例尺、地图资料更为多样，在编制专题地图时，除了应遵循编制(普通)地图的一般原则外，还应遵循以下原则：

1. 严密的科学性

专题地图在编制过程中，很多是以科学学说为根据，以科学研究成果和实地调查成果为资料编制的，但是由于人们对复杂多样的自然、人文、经济现象的认识不可能完全一致，不同的科学家针对同类现象时，可能会建立观点各异的解释和演绎这些现象的科学学说。在编图时，对各种研究成果及资料还必须做深入的分析和研究，在编图前，必须研究决定以何种成果为基础，务必使观点一致。在编制包含有大区域范围的小比例尺地图时，会遇到资料的年代、学术观点、精度不一致等情况，应本着实事求是的态度，宁缺毋滥，反对主观臆造，应以正确的观点及方法去整理和使用它们。

2. 高度的综合性

专题地图反映的内容是某一专门的主题，目的是揭示这一特定现象的分布规律。因此，专题地图既要反映地理环境各要素的质量特征、数量特征和动态变化，又要反映人类和自然环境的相互作用和影响。随着用户对地图内容要求的深化，专题地图可以通过表示方法和图型的变化，由一幅图上仅表示某种要素或现象的单一质量特征或数量指标的分析型地图，进而成为表示多种要素或现象的多方面质量特征、数量特征及相互关系的综合型地图，更进一步发展为将几种不相同但相互有联系的现象或指标有机地组合和概括，以显示现象的总体特征和规律性的合成型地图。这些表示方法或图型的应用是建立在对主题内容深入分析基础上的高度综合。

3. 精美的艺术性

专题地图的科学内容是通过它的特殊艺术形式表达出来的，这些均体现于专题地图的符号设计、色彩设计、图表设计、整饰和图面配置之中。符号务必设计得简洁、明确，具有系统性；色彩和晕纹的设计要符合人们对所表述专题内容在认知上的习惯，或能获得合理的解释，相关内容能通过色彩的表达反映其逻辑上的联系；图表设计应灵活、生动、可读性强；包括图廓、标题、字体、整体色彩等内容的整饰设计，应使地图体现丰富的层次，使读者产生舒适、和谐的阅读感受；图面配置则要将本图表达的主体内容置于图面的视觉中心，并使主体及非主体内容重轻配置，将烘托关系安置得妥帖恰当。专题地图的艺术形式不是目的，而是手段，它对提高科学内容的表现力，促进专题地图的发展起着积极作用。

4. 较强的实用性

专题地图作为信息载体，不仅仅是要客观地反映所描述对象的分布、发生发育的规律性及其动态变化，更重要的是要使这些地图为国民经济建设和生产实践服务。

3.3.2　专题地图编制的基本过程

专题地图编制，可分为地图设计与编辑准备、编稿与编绘、出版前准备三个基本阶段。

1. 地图设计和编辑准备阶段

在这一阶段主要完成专题地图设计和正式编绘前的各项准备工作。一般包括：根据制图的目的、任务和用途，确定地图的选题、内容选择、指标和地图比例尺等；收集、分析和评价制图资料，研究地图的内容特征；了解熟悉制图区域或制图对象的特点和分布规律；选择表示方法和拟定图例符号；确定制图综合的原则要求与编绘工艺。此外，还要提出地图编绘的要求和专题内容分类、分级的原则等。如果是专业性特别强的图种，还要由专业单位编制作者原图和设计样图。最后写出专题地图编制设计文件——编图大纲或地图编制设计书，并制订完成地图编制的具体工作计划。

2. 编稿与编绘阶段

在这一阶段主要完成专题地图的编稿和编绘工作。一般包括：资料处理；确定数学基础；按编图大纲规定的技术要求，将所需表达的题目内容按经过实验确定下来的地图设计方案，转绘到地理基础地图上，成为一幅专题地图。在编绘过程中要进行制图综合，即进行专题内容的取舍和概括。当然，在编辑准备阶段的分类、分级与图例制定也包括一定的制图综合，但在编绘阶段，制图综合贯彻始终。专题地图编绘是一种创造性的工作，它往往在地图正式编绘前由专业人员编出作者原图（作者草图），然后再由制图人员编辑加工，完成正式的编绘原图。

3. 出版前准备阶段

这一阶段的工作主要是获得印刷所需要的分色胶片。若是应用计算机制图技术，一旦在屏幕上完成了对编绘原图的最终审查，即可输出所需的分色胶片。若仍采用常规技术，则仍需制作清绘原图和分色参考图，并且应将地理底图和专题要素分别制作。

3.3.3　自然专题地图的编制

1. 自然专题地图的编制特点

自然地图是显示地球表面客观存在的自然现象的特征、成因、地理分布及其与有关因素相互联系的一类专题地图。自然专题地图的编制特点主要从以下几个方面分析：

（1）地理底图的制作

地理底图的制作是地理基础内容的选择与制作，自然地图常以同比例尺的普通地图或地势图作为它们的地理基础，表示的内容要素主要有经纬网、水系、地貌、居民点、道路网、境界和土质植被。

经纬网格上自然地图的作用有两个，一是便于确定图上要素分布的位置，指出自然地带差异的地理纬度；二是经纬网格具有面积比例尺度的作用。

水系主要表示海岸线、河流和湖泊，详细的水系要素图形是转绘专题要素的基础。同时，全面而正确地表示水系要素，对自然地图内容的完备性、分布规律与联系有重要的作用。

地貌对气候、水文、土壤、植被等现象的分布影响较大，如果没有以等高线表示地貌的资料，很难编制相互协调与统一内容原则的气候图、水文图、土壤图与植被图。

居民点在自然地图上起定位作用，同时，也对自然现象起指示作用，有助于专题现象的阅读，如气象、地震、水文测站附近的居民点。有时把有测站的居民点按测站的等级分级表示。在较大比例尺地图上，一些居民地可按真形表示。

在小于1∶100万比例尺的自然地图上，道路一般不表示。

在自然地图上，境界线一般至多表示到制图区域的一级区划单元。

对于地理基础要素，一般采用浅淡的色调，表示在第二层面；而作为地图主要内容的要素，则用显明的色调表示在第一层面上。

（2）作者原图的制作

在进行原图编绘以前，相应学科的专家和地图编绘者根据地图的主题和用途，拟定地图内容、确定表示方法和设计图例，然后把设计好的内容转绘到编制好的底图上，制作出作者原图。

在自然地图上，对制图区域内整片分布现象的质量特征，常用质底法表示，如表示自然现象的类型图和区划图。在用质底法表示的同一地区不同内容的地图上，当现象是根据同一原则显示的，分类的详细程度是一致的，图形概括是协调的时候，现象之间便能显示出其内在联系。

对整片分布的、连续而渐变的自然现象，一般用等值线或加分层设色表示其数量变化特征，如地势图、气候图、陆地水文图等。把同一种或相互有联系的等值线法地图相互比较时，应注意等值线间的协调性、图形细部制图综合的统一、间隔色标的统一。

对面状间断分布现象的质量特征，通常用范围法表示，如表示植物和动物分布的区域范围。用范围法制作的地图要注意到某种现象的区域范围界线与影响这种现象分布的自然界线的相互协调，同时也要顾及人类活动对区域范围界线的影响。

在自然地图上，常用动线法表示现象的移动，如风向、洋流等，为了表示运动方向，有时用质底法，如地壳的正向和负向的垂直运动带，可用不同的颜色表示；在表示这些运动速度时，可用等值线法。

用几张代表不同时期的地图，或在一张地图上表示现象在不同时期的状况来表示现象的发展。为了表示每年变动较大的现象，一般用最大与最小指标的年份编绘地图。统计图表是表示现象变动的很好方法，在自然现象方面，常用来表示气候与水文现象。

（3）不同等级地理系统境界的选择和概括

在进行不同等级地理系统境界的选择和概括时，应从以下几个方面来考虑：

① 简化分类：分类的详细程度取决于编图的目的、制图现象本身的复杂性以及对它的侧重程度等。

② 合并同类小区域：对于相距较近的同类区域，综合时，可合并到一个范围，如相

邻的森林可以合并。

③ 确定选取"规格"：主要根据面积的大小和意义来决定。小于规定"规格"的一般不予表示，但意义重大的则要夸大表示，如沙漠地区的小块绿地。

④ 简化区域轮廓：对于小的但重要的轮廓要夸大表示，而且在选取和合并后，要求轮廓面积不致变化太大。

⑤ 各要素相互协调：自然界是一个统一的整体，在综合时要求兼顾到其他要素，如概括土壤轮廓时，其界线应与某些地形分界线、植被、地貌、成土母质的分布界线相协调。

（4）各要素协调关系的处理

在编制系列自然地图时，要注意专题要素和地理基础的统一，还要注意各幅图之间内容要协调一致，因为自然环境各要素之间存在着相互联系、相互制约和相互依存的规律。此外，影响植被的基本因素是气候和地形，在地势图、气候图、土壤图和植被图之间也存在着相互协调的问题。

2. 几类主要的自然专题地图的编制

由于生产实践对显示自然环境的各种专门要求，因此相应地要编制出各种自然地图。按反映内容的不同，自然地图主要有地势图、地质图、地球物理图、地貌图、气象-气候图、陆地水文图、土壤图、植被图、动物地理图、海洋图、环境保护图、综合自然地理图（景观图）等。

从自然地理现象发生、发育的观点以及各自然现象的相互关系来看，各类自然地图的排序正是遵循着从内力到外力、先无机后有机的客观规律的，所以在自然地理图集或综合性地图集的自然地图部分，应遵循上述对各类自然地图的排序。还需说明的是，环境保护地图是涉及自然、人文方面内容的综合性图种，但因主要反映各种污染对自然环境诸要素的影响，故也可列于自然地图中。

下面仅对主要的自然地理图图种予以介绍。

（1）地势图

地势图是以表示区域的地貌特征为主的自然地图，通常以等高线加分层设色的方法表示，因此与一般的地形图相比，它能更为显明地反映地貌的类型和形态特征。在图上应详细表示与地貌有密切关系的水系。

分层设色地势图通常是小于 1∶100 万比例尺的地图。大于 1∶10 万的县或地区的分层设色地势图，从其等高线的表达及综合程度看，其实质还属于地形图的范畴。地势图可看做是普通地图与专题地图的过渡类型。

分层设色地势图对地貌显示的要求如下：

① 应该显示出地表面积大的地貌形态及轮廓形状、绝对高程与相对高程、斜坡的特征以及切割的类型、特点和程度等。当图上未设分层设色时，也应能明显地看出地貌形态的结构特征、延伸方向、倾斜度、水文线和集水线，能近似决定相对高程（最高点与最低点的高差）。

② 显示地貌应有的地理相似性，即在图上应该保持与大型地貌形态的构造和成因有关的图形特征。在等高线图形化简时，在保证地貌形态结构的原则下，对次要的细小碎部可做较大的概括。

③ 地貌的高程与平面精度，应与地图比例尺和用途相适应。地势图质量的好坏取决于等高距的选择、等高线图形的概括程度和分层设色的选择。采用相等的等高距，能够精确而明显地显示地貌，尤其在较小区域内的较大比例尺图上，用相等的等高距更为适宜。然而，当比例尺缩小、地区范围扩大，且在同一地图上包括了各种复杂的地貌类型时，由于坡度变化复杂、倾角相差悬殊，就不能也不应该选用相等的等高距了。为了正确地显示形态，必须考虑到地图的比例尺、用途和景观显示的特点，适当地选择等高线的等高距。

为了提高地图的易读性，有时在分层设色图上再加晕渲。对平原地区来说，晕渲能把没有用足够的等高线表示的地形微起伏显示出来。

（2）植被图

植被图是表示植被或植物群落的空间分布和自然地理条件（地理位置、气候、地形、地质、土壤等）关系的地图，也就是反映植被地理分布规律性的地图。植被图也可称为地植物图或植物群落图。植被图和动物地理图总称为生物图。

① 植被图的种类。根据内容和用途的不同，一般可将植被图分为组合性植被图和专门性植被图两类。组合性植被图反映各级植被群落的分布及其与自然环境的一般联系，属于植被类型图的范畴。根据反映植被的不同情况，主要有现状植被图、复原植被图和潜在植被图。专门性植被图是为具体的用途、要求服务的。这类图的种类很多，如农业植被图、植被物候图、植被资源图等。其中，植被资源图中常见的有森林类型图、牧场类型图、药用植物分布图等。

② 普通植被图的内容及表示。普通植被图是组合性的植被图，通常的植被图实际上就是指普通植被类型图，按其内容的概括程度一般可分为类型图和区划图两种。

我国普通植被类型图一般分为植被型、群系组、群系、群丛组、群丛五级。

植被图用质底法表示，其底色的选择没有统一的规定，但应既能分清木本、草本、荒漠几个大类，又能反映不同植被类型的生态环境和本身特点。例如，在1∶1000万中国植被图上，将森林的基本色定为绿色，草原定为黄色，荒漠定为棕色，草甸和栽培植物定为蓝色，高山垫状植被定为紫色。对森林、草原、荒漠，按照生长环境、植被种类组成的不同，可改变颜色的色相和饱和度，如森林，从我国东北的寒温带落叶针叶林（亮针叶林）、寒温带常绿针叶林（暗针叶林）往南到温带的落叶阔叶林、常绿阔叶林……一直到广东、海南的热带雨林，设色时可由灰蓝绿、蓝绿、浅黄绿、黄绿、绿、深绿到橄榄绿，逐渐变化；又如荒漠中的砾漠和石漠用棕色，盐漠用红色，沙漠用肉色。应使图上的基本单元用一种颜色表示，对某植物群落的异种和各种不同植物群落的组合体，可以在底色上加晕线表示。为了使读图容易，对每一制图基本单元可在底色上加注数字代号（1，2，3，…），所隶属的下一级单元，再分注字母（a，b，…）。在地植物图上，若要同时表示现代植被和复原植被，则复原植被可用稍浅的颜色或加晕线表示，如图2-3-14所示。

植被区划图表示的是根据植物群落特性的不同而划分出来的单位地区，这些地区应由优势群系、生态特点和地理特征为划分指标。这种图对统计植物资源、制定技术措施、自然等方面是极为重要的。

（3）动物地理图

动物地理图反映的是动物界在地球上的分布。动物地理图通常分成两种：一是个别的

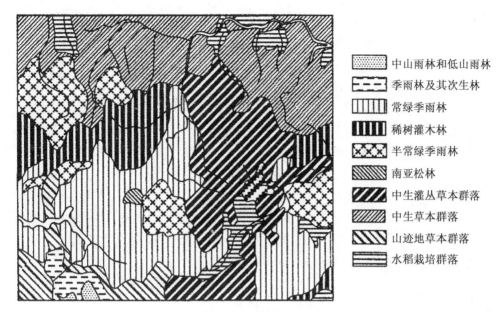

图 2-3-14 植被类型图

种、属和其他动物分类组的分布区域图；二是动物区系区划图（动物区系地区、亚地区和区）。由于动物在自然界里不像有些自然要素那样可以表现出特殊的景观特征（唯一的动物因素形成的珊瑚岛这一景观例外）；又因为动物群是最活跃的一个因素，它的生态性大，在相同环境中其分布有许多是不均匀的；再者，对动物的许多习性及数量变异等问题不可能在短时期内获得足够的资料，因此，动物分布图和区系图的编制比较困难，表示的分布范围比较概略，通常所用的地图比例尺也比较小。

动物分布区的表示方法有好几种：首先，最简单的是用点子（范围法）在底图上表示，如淡水鱼、某些海鱼或某种鸟类的分布。其次，用线状符号表示，如用动线法表示候鸟的迁徙路线、鱼类产卵路线及场地等。再次，还有点线结合的方法，既保留其分布点，又画出其分布边界，界限内可涂以特定的颜色。不过，用得较多的是用晕线表示其分布的概略范围，或用象形符号（区域范围符号）表示其分布。

为了讨论动物地理的分布问题，常常需要将一组有特殊意义的和关系密切的种类同时表示在一幅图上。它们的分布区往往很相似，或多或少地彼此重叠。这可借助于用不同颜色的晕线相互重叠，或晕线与底色重叠来区分。

按照动物群的共同发展历史和相似的分布区的概念，可对动物群划分区系，按照这种区系的概念划分其分布的范围，就得到动物区系区划图，每一个区系都有其各自的种类组成和生态特点。高级的分区要求根据动物中的高级分类系统和区系的特点来进行，低级的分区可以根据动物种或种的组合来进行。在这里，动物群落（指生活于相同环境中相互有直接联系的动物总体）的概念越来越重要。动物区系图通常以质底法表示分区，以范围法表示动物的分布。

（4）环境保护地图

环境保护地图就是以地图的形式反映环境生态系统的变化和平衡，定量、定性地反映各环境要素的相互制约，以及环境污染物迁移、转化和积累的规律，分析环境状况及其发展趋势。环境地图主要是通过观测站的实地监测、记录或实地调查，获得诸如受污染大气的扩散范围及浓度，受污染水体的范围及浓度，受污染的地下水和受污染土壤的范围及程度，表土流失和土壤侵蚀程度，植被的破坏对自然净化能力的影响及对气候的影响(如自然灾害的频繁发生)，沙漠的推进及沙漠化程度，因地下水过量开采引起的地面沉降，城市噪声、固体废弃物等数据资料，以及由于环境、生态的改变对居民健康影响的数据资料，然后将获取的这些资料用各种方法表示出来。

① 环境保护地图的种类。主要有以下几种：

环境背景图(本底图)：反映人类活动以前或受人类活动较少干扰下的自然环境状况，可能存在的化学污染物质(如放射物、重金属等自然污染物质)的存在特性，土壤自然背景图(如汞、砷、铅、铬的浓度分布)，生物体内含有污染物的浓度等。

环境污染图和环境区划图：环境污染图主要反映环境污染分布及程度。

环境质量评价图：主要包括自然环境评价图、社会环境评价图、生态环境评价图、综合性的环境质量评价图。

自然资源合理利用与环境保护更新图：对自然资源的合理利用和保护更新，是环境保护的重要内容。

环境医学地图：疾病的发生、传播与一定的地理环境因素有关，病理特征本身也反映了一定的空间分布规律。

② 环境保护地图的表示方法。

定点符号法：表示各类环境要素采样点位置以及采样点上各污染物的浓度值或污染指数、污染水排污口位置等，表示污染源及其污染半径、污染程度等。

线状符号法：以有比率关系的线状符号表示呈线状的水体(如河流)污染的分布及其污染程度等。宽度表示流量，颜色表示污染程度，一般用蓝色表示清洁，由绿色→黄色→红色表示污染程度的逐渐严重。

范围法：表示污染物的分布范围及其严重程度、地方病的发病范围及其严重程度等。

等值线法：如用等浓度线表示大气、地表水污染物的扩散，用等噪声线表示交通噪声的扩散，用等沉降速度线表示地面沉降等。

统计图法：用分级统计图表示大气、水、噪声、土壤等要素的质量，区域综合质量以及各种地方病发病率等。这种分级统计图的分级范围线随统计方式的不同而有所不同，有的以行政区域线(如疾病发病率)表示，有的以自然分布范围线(如土壤侵蚀程度)表示，但较多的以网格形式表示，形成网格统计地图。用分区统计图法可表示以各分区为单位的各种污染物的构成或疾病的构成等。

运动线法：表示环境要素或现象运动的趋势和变化的特征，如污染物运动的线路、方向、速度，污染的变化趋势，以及污染物自我净化的速度等。

此外，目前较多的环境污染图采用三维透视立体图的形式来表示现象的数量特征和分布状况，如噪声分布等值线立体图、网状立体图、柱状立体图，以及配合透视等值线图的立体效应图等，均为使人一目了然的直观立体图。

3.4 任 务 实 施

3.4.1 任务目的和要求

掌握专题地图编制的原则和过程；
了解自然类专题地图的编制特点；
掌握自然类专题地图编制的基本过程。

3.4.2 任务准备和步骤

1. 准备工作
① 熟悉的植被分类及设置编码；
② 熟悉计算机数字化的方法。
2. 收集的资料
① 野外的植被分类调查工作已经完成，取得了该乡镇以数字编码的植被类型界线图；
② 该地区的地形图。
3. 主要步骤
① 利用计算机对该类型界线图进行数字化；
② 植被图用质地法或范围法表示植被的分布，用符号法表示植物的所在地；
③ 对出现的植被类型进行符号设计，存入符号库；
④ 对该类型界线图中的各图斑进行面状符号填充；
⑤ 对生成的植被类型图进行整饰、输出；
⑥ 针对上述要求和相关设计，简述植被图的编制过程和方法。

3.4.3 检查评价

对生成的植被图进行检查，采用学生小组互相检查评价、教师归纳总结的方式，相互之间检查结果，分析出错的原因和解决方法。

3.4.4 提交成果

数据库形式保存的植被图及相关的符号库；
输出植被图(.tif 或 .jpg 格式)。

◎**技能训练**
根据图式要求，设计制作各类植被图式符号。
结合自己的作业过程，简述植被图的编制过程和方法。

◎思考题

1. 简述专题地图编制的原则。
2. 简述专题地图编制的过程。
3. 简述专题地图在编辑准备阶段的主要工作。
4. 自然类专题地图主要有哪些？思考其编制方法和所需资料。
5. 简述编制自然类专题地图的注意事项。

任务 4　人文专题地图编制

4.1　任　务　描　述

本任务主要介绍人文专题地图编制的特点，以政区图、人口图为例，介绍人文专题地图编制的过程和方法。通过本任务的学习，掌握人文专题地图编制的特点和基本方法过程。

4.2　教　学　目　标

4.2.1　知识目标

掌握人文专题地图编制的特点和编制方法。

4.2.2　技能目标

人文专题地图编制的特点，能进行政区图、人口图及经济图等人文专题地图编制。

4.3　相　关　知　识

4.3.1　人文地图的编制特点

人文地图又称为社会–经济地图，用以表示各种社会经济现象的特征、地理分布及其相互关系，如人口图、行政区划图等。

在编制人文专题地图时，制图资料是关键问题。

1. 人文专题地图资料的种类

人文专题地图包括社会和经济两大部门的内容，涉及的范围非常广泛，资料的种类十分繁杂，包括地图资料、统计资料以及各种像片资料等。

① 地图资料，分为普通地图资料和专题地图资料。普通地图资料不仅可以作为编制底图，而且图中的某些要素还是社会–经济地图的专题内容，如居民地是编制居民地地图

的专题资料，道路可以作为编制交通运输图的专题资料，而水系则是编制各种社会-经济地图的骨架内容，境界是编制社会-经济统计地图不可缺少的内容；专题地图中某些经济地图可作为编制同类型小比例尺经济地图的基本资料，而且某些大比例尺经济地图则可以采用较小比例尺的经济地图作为基本资料，如在编制经济总图时，其中的矿产要素可以用小于经济总图比例尺的矿产图作为基本资料，因为经济总图中矿产的表示比较概略。

② 统计资料，是社会-经济地图中普遍采用的资料，包括人口统计、经济统计、资源统计等。大量的数据资料可以作为编制社会-经济地图的基本资料。随着统计制度的逐步健全，工、农、商、交通运输等各部门都有详细而精确的统计数据，这为编制有关社会-经济地图提供了方便。

③ 各种像片资料，如航片、卫片资料，是编制各种社会、经济地图的重要资料。根据航片和卫片，可以判读建筑物的位置、类型，交通线的建设与等级，地面物体移动等相关内容。随着有关分析仪器的功能加强、解译能力的提高，航片、卫片的作用越来越显著。

④ 其他资料，如各种报纸、杂志以及历史文献资料等，以及编制相应社会-经济地图的资料。

2. 资料加工

资料的种类很多，收集资料时，要做到全面、可靠，还要有针对性，所以对资料要进行加工。

① 统一资料时间：这对任何地图都很重要，对经济图尤其如此，否则无法将现象进行对比。例如中国的人口分布图，各省人口每年都不一样，就需要统一年份比较。

② 统一指标：对于同一经济现象可以同时用数量指标或质量指标，不同质量(如汽车和自行车)最好将其换算成产值。对于产值也要统一，不同的货币单位要将其统一成一种货币单位。

③ 统计资料的区划单元最好是小于或等于所编图的区划单元，否则将对编图不起作用。

4.3.2 地理底图的选择

人文地图的地理基础一般选用同比例尺的普通地图，内容主要是普通地图的基本要素，主要有境界线、道路网、居民地和水系等。

境界在人文地图中是不可缺少的底图内容，因为人文地图大多是用一定的行政区域为单位的统计资料，境界是形成区域的基础，没有境界就完不成统计制图。

道路网、居民地不仅是社会-经济地图的底图内容，在某些情况下还成为专题要素。在作为底图内容时，居民地仍是起到定位作用。

水系要素是转绘专题要素的基础，专题要素使用不同表示方法时，要求水系表示的详细程度不一样。在用分级统计图法或分区统计图表法编制的地图上，水系可概略表示，在用点数法表示的地图上，水系则要详细表示。

4.3.3 表示方法的选择

社会-经济地图的表示方法是根据社会经济现象的空间分布规律、时间分布规律以及数量、质量分布规律来选择的。

1. 空间分布规律

社会经济现象在空间可分为点、线、面三大类。区划可用质底法表示；对于像人口这样分散分布的现象，可用点数法来表示。

2. 时间分布规律

社会经济现象也可按时间进行分布，如工业产值，一般采用分区统计图表法表示；用运动线法表示某地畜牧业的移动；如果需要进行某时段的比较，则可采用图表法。

3. 数量、质量分布

社会经济现象的数量特征包括产值、产量、运输能力等，质量特征包括产业构成、民族构成等。质量特征多用结构图表来表示，数量特征的表示方法较多，有分级统计图法、分区统计图表法、动线法等。

4.3.4　几种常见的人文地图的编制

1. 政区图

政区图是反映当前或历史上的政治区划分布及政治隶属关系的地图。政区图的主要内容是各行政区域(集团、国家、省、县)的管辖范围、隶属关系、各行政中心、重要居民地、交通网及相互联系等。政区图的特点是用途广泛、政治性强、现势性要求高。

由于政区图能提供政治或行政区域、经济和文化要素、政治行政中心与其他居民点的交通联系等方面资料，所以人们在日常生活中广泛使用它。在地图集编制中，它既能提供一般参考，又可作为按行政区划编制各种统计地图的底图。

(1) 对政区图的要求

政区地图的现势性要求很高，因为它反映了国际政治形势和国内各级行政建制及其变革，这些变革不仅与政治经济的变化以及历史条件有着密切的联系，而且与人民的政治生活紧密相关。在国际上，只要有新国家出现，国家间的边界就可能会变化或某个国名会改变等；在国内，只要各级行政建制有所变更，那么表示上述范围的政区地图即已过时，需要及时编制出反映最新形势的政区地图。

政区地图要求体现强烈的政治性，它反映一个国家对世界事务、历史事件的政治态度和立场。一般来说，可通过对领土归属的表示、对各种名称的称呼、对符号的运用以及颜色选择等几方面来体现。

各国领土的归属是通过国界、殖民地界及其他分界线来反映的。这些界线虽有国家的法令、国家间的条约或协定作为依据，但各国政府对这些法律规定的性质、有效性或目前实际的控制情况持不完全相同的立场。

对国家或地区、居民点、河流、岛屿及其他名称注记的称呼，也反映着一个国家的政治立场。如许多非洲国家在未取得独立以前，都被称呼为带有殖民主义色彩的国名，独立后都迅速恢复了当地民族的称谓。在这些国家独立前，在我国出版的地图上，对这些国家的称呼都将民族称谓作为附名标注于正名之下，显示了我国支持民族独立的政治立场。此外，对某些海域或岛屿的称呼，也往往因归属问题的争执，而有不同的名称。注记哪一个名称，或者是否加注副名，都关系到一个国家的立场。甚至对于某一城市用什么符号都要慎重，因为符号的应用也同样体现了一个国家的政治态度。

用颜色来体现政治立场也是十分明显的。例如，用红、橙、黄等暖色来表示与本国较为亲近的国家，用中性色——绿色来表示与本国关系一般或较亲近的国家，用深绿、紫等冷色来表示与本国较为疏远的国家。有的国家往往将其海外领地和殖民地用与本国领土相同颜色。

(2)政区地图类型

政区地图根据制图区域的范围可区分为政治区划图、政治行政区划图、行政区划图以及反映政治制度方面个别问题的专门政区地图等。

政治区划图既可以是全世界的，也可以是整个大陆或大洲的，其主要内容是反映世界或部分地区的政治区划，显示各国间的政治关系，表示各国的位置、范围、首都和国际联系等。政治行政区划图通常是反映一个国家一级政区的地图，图上除了表示国界和国家内部的一级行政区划外，还表示国内外的主要社会经济联系。

行政区划图反映国家内某一级政区单位(省、市、县)的各级行政区划、政区境界、行政中心、居民点和交通网的分布与联系。

(3)政区地图的编制

政区地图一般都以质底法表示，也就是用不同的底色达到区分不同政区之目的。由于政区地图中的政治区划图、政治行政区划图和行政区划图所表示的区域范围悬殊，所以在比例尺、投影选择等方面均有所不同，但在内容表示方面的基本原则是一致的，下面分别予以介绍。

① 比例尺。政治区划图表示的范围是世界或某大洲，因此必然是用小比例尺。政治行政区划图表示的范围是一个国家，根据国家版图的大小，决定是用小比例尺、中比例尺或大比例尺。行政区划图表示的范围可能是一个省，也可能是一个市或一个县，故通常采用大、中比例尺，个别较大的省也可能采用小比例尺。

② 投影选择。根据所表达区域的范围及比例尺，投影有多种选择。若地图表现的是全世界或某大洲，为便于比较全国的面积，则应尽可能选择等面积的和面积变形不大的投影，同时又要求各国的相互位置和领域形状不被歪曲。世界图通常采用各种伪圆柱投影，大洲图则可考虑用伪圆锥投影或伪圆柱投影。这些投影，纬线相互平行或弯曲较小，使角度变形相对减小。大国的行政区划图则根据本国所在的位置、形状或范围而有所不同，我国通常采用的是等面积圆锥投影或等面积斜方位投影。国内的各级行政区划图因大多为较大比例尺图，故可采用等角圆锥投影或高斯-克吕格投影。

③ 图面配置。在世界图中，即使采用较理想的投影，面积和角度变形也仍然存在。为了使本国及邻近国家形状变形较小，各国都在其编制的世界图中将本国置于中央经线或中央经线附近。而当表现一个国家的政治行政区划图时，则着重要表示领土的完整，如表示我国的政区地图时，南海诸岛不允许作为附图形式出现，而必须与大陆一起被完整地表示。

(4)内容表示

① 境界线是政区图上最重要的要素，应根据比例尺表示的最大可能性完备而正确地表示。尤其是国界线，每一个弯曲和转折都应严格按照国家测绘局审定的现势图标绘，不同比例尺的经过制图综合以后的图形必须与国家测绘局授权的中国地图出版社的标准图进

行对照。国内各省市县的境界也应按国家测绘局制作的现势图和有关地区民政部门的规定绘制，不同级别的境界线要用不同形状的境界符号。

为了突出领土的政治属性，应在领土范围内加印底色，并在境界线上套以色带；对小岛屿或小领地，除用底色外，在名称注记下要用括号加注所属；对有国际争执的地区、中立区或无所属地区(如南极洲)，则不加底色。在政治区划图上必须对每个国家加注国名，对面积太小而无法加注其国名的国家，以数字代号表示，并在图例内说明。政治行政区划图和行政区划图则按具体情况来决定是否加注区域名称，但邻区必须加注区域名称。

② 居民地。政治区划图上一般表示出各国的首都(或首府)、国内一级行政中心及其他具有重要意义的大型城镇、重要交通枢纽和重要海港等。由于世界各城市的人口数悬殊，所以符号和注记的大小不以行政级别来区分，而以人口数为分级依据。各国首都(或首府)可用在圈形符号中加套颜色、在注记下加横线等方法来反映。

在我国的政治行政区划图上，县级以上居民地全部表示，其他的居民地则视比例尺显示的可能选取表示。在这类图上较多地使用圈形符号表示人口数分级，而用注记字体、注记大小及加横线于注记下等辅助方法表示居民地的行政等级；但也有相反的情况，一般视具体情况而定。

行政区划图上应尽可能表示较多的居民地，以便于使用。这类地图强调的是居民地的行政等级，一般不表示人口数分级，所以符号和注记都可用来表达行政等级。区域内较大的城市和市镇可用概括的平面图形表示其轮廓和结构，同时要加绘符号以表示其行政等级。

③ 交通网。在政区地图上应尽可能全面地表示交通线和港口。由于不同类型的政区地图的比例尺悬殊，因此对各类交通线表示与否的选择性很大。一般来说，对交通线的选择并不过分注重其质量等级，而在于它对各个政治行政中心的联系，凡联系各政治行政中心的道路，应优先选取。另外，海洋航线应予以表示。

④ 水系。与同比例尺的普通地图相比，政区图上水系的表示较为概略，只需表示水系的总的结构特征。海岸需正确表示其类型特征，海岛也要尽可能详细地表示。对作为边界的河流、湖泊和海岛，则要详细地表示。

⑤ 地貌及其他。政区图上一般不表示地貌，尤其是小比例尺的地图更不表示，但可以用晕渲法显示区域地形的起伏特征。对大的高原、盆地和山脉，要用注记注出，根据可能，可有选择地表示部分著名的山峰或山隘，并注出其名称和高程。政区图上也不表示土质植被状况。对人类活动有较大影响的沙漠或沼泽，则可用符号概略表示之，并注出其名称注记。

2. 人口地图

人口地图是反映人口特征的地图，人口地图的种类很多，归纳起来主要有以下几种：反映人口数量及组成的地图，包括人口分布图、自然变动(出生、死亡及其动态)图、机械变动(迁移)图、性别构成图和年龄构成图等；反映人口社会特征的地图，包括人口的社会构成图、文化程度图、就业状况图、家庭特征图等；反映民族状况的地图，包括民族分布图、民族组成图、民族文化图、语言图和民族形成历史图等。下面就主要人口地图的编制进行简单介绍。

(1)反映人口数量及组成的地图

① 人口分布图：用于反映人口的分布特征，要以一定的形式醒目而具体地反映人口的分布特征和密度差异。人口统计资料是编制人口地图的主要资料，统计资料必须是每个居民点和区划单位的，且是同一时间的人口调查资料。

目前表示人口分布的方法有：

a. 定点符号法。将每个居民点所拥有的实际人口数，以一定大小的比率符号表示。大城市使用绝对连续比率符号，其他城市用条件分级比率符号，居民点一般多采用分级比率符号。如某国家地图集的人口分布图上，对于农村居民点，按人口数分为 10 人以内、100 人以内、500 人以内、1000 人以内 4 级表示；对城市居民点，分为 1000～5000 人、5000～10000 人、10000～20000 人、20000～30000 人、30000 人以上若干级。

20000 人以下用非比率符号，大于 20000 人用绝对分级比率的圈形符号，城市圈形符号中心是用城市的轮廓图形表示的。城市符号用红色圈形的比率符号，部分用半透明的红色，这样，在城市密集地区，符号相互重叠时，仍可以保证清晰易读；1000 人的农村居民点用黑色，其余农村居民点加绘绿色晕线，这种地图极为详细地表示了居民点的人数。如果人口密集、地图比例尺小，则这样表示有一定的困难。

这种方法能给读者一个居民点人口是多是少的直观形象，但无法判断人口分布的密度差异。

b. 定点符号法与点数法相配合。这两种方法的配合能反映人口地理分布及人口数量特征。这两种方法相结合，城市人口用按"比率"的定点圈形符号法，而农村则用点数法。为了反映农村人口分布不均匀的特征，用定位布点的方法。要使城市、农村区分明显，可对城市用半透明的红色圈形符号，农村则用黑色点子。城市轮廓图形另涂以深红色，表示城市人口分布密集成群之所在，与农村用的散列黑点产生了很好的呼应和对比效果。

这种反映城市人口和农村人口各自特征的定点符号法和点数法，对地区内人口的实际分布情况做了较为完善的描述，然而它反映的是绝对的数量指标。农村人口分布的差异只能从点子的疏密上反映出来，如图 2-3-15 所示。

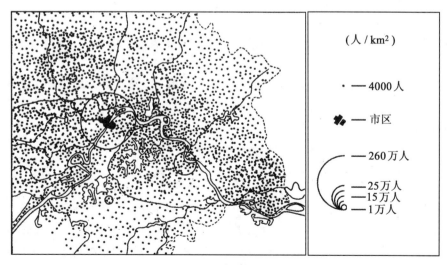

图 2-3-15 人口分布图(符号法和点数法配合)

　　c. 定点符号法与分级统计图法配合。对城市人口仍以定点圈形符号法表示，农村人口则以分级统计图法反映其相对密度差异，如图 2-3-16 所示。当农村的人口密度差异不大时，用分级统计图法会取得比点数法更好的效果。计算单位可以是行政区划单位。当区划单位较小并正确地选择了分级时，就能较好地反映客观情况。

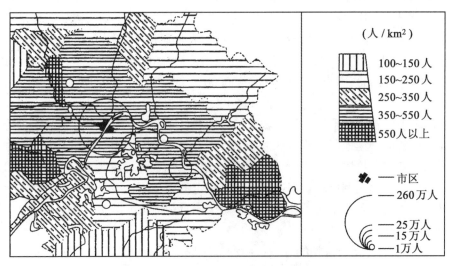

（人 / km²）

⬚	100~150人
	150~250人
⬚	250~350人
	350~550人
⬛	550人以上

✹ —市区

—260万人

—25万人
—15万人
—1万人

图 2-3-16　人口分布图（符号法与分级统计图法）

　　d. 分级统计图法。如果区划单位划分得较小，在统计时又区分了人口居住区和无居民居住的地区（森林、耕作地及其他无人烟地区），则编图时应按照居民实际分布区域计算其相对密度并分级涂色。这种分级统计图属于精确表达的范畴。

　　② 人口性别构成和年龄构成图。人口的性别、年龄构成及婚姻状况表示可使用金字塔图表法和辐射型图表法，可为每一个城市或政区单元制作一个图表。为了反映男女性别的人数比较，可用男女人口的数量比，得到不同地区的不同数值，从而制成分级统计图。

　　(2)反映人口社会特征的地图

　　人口社会特征主要从人口的经济构成和民族、文化教育、语言、宗教等方面来研究。此外，妇女劳动力、人口就业率等也常作为反映这方面特征的标志。人口的社会构成和经济构成可以用定位于居民点的结构符号表示，也可以政区为单位，用统计图表表示。当把居民参加的经济部门类别分为三大产业时，可用三角形图表法。在这种地图中，不能具体地看出各区域中人口职业构成的情况，但可看出居民职业的侧重及其动向。反映妇女劳动力、人口就业率一般用分级统计图法；反映家庭特征一般用分区统计图表法，以表示各区域内各类特征家庭所占的不同比例数。

　　(3)反映民族特征的地图

　　反映民族特征中最主要的是地图民族分布图，一般采用质底法来编绘，说明各区域内从数量上占优势的民族的分布。但是，由于民族往往是混杂而居的，所以，必须配合以范围法，用晕线、花纹、数字注记等方法，表示主要民族区内的其他民族分布。表示某一民族在行政区内占总人口的比重是十分重要的指标，可根据不同区域内该民族所占不同比例，用分级统计图法表示。

当比例尺较大时，可用符号法来表示各种具体居民点的民族构成特点。表示民族语言的地图，可同民族分布图那样，用质底法和范围法配合使用。如果制图区域内主要的民族语种较少，则可规定各语言的颜色，并用该颜色的浓淡反映不同区域该语种所占的百分比，而在相互渗透的区域用代表特定语种的彩色数字注出。

3. 工业经济地图

(1) 工业地图的类型和内容

工业地图主要反映当前工业的布局和发展情况，并表明各工业点(或工业企业)的生产能力和产品方向。工业地图可以分为工业总图(普通工业图)和部门工业图两大类。

工业总图反映全部工业的分布和发展，其主要内容有：国家或地区工业化程度(以工业总产值在国民经济总产值中占有的比例，或工业劳动人数占具有劳动能力的居民总数的比例为指标)，工业布局及建设(大、中企业的基建投资规模)，工业的部门结构(包括产业结构，主要通过产值来体现；规模构成，通过固定资产或产值体现；所有制构成)，工业的机械化、自动化程度，工业经济效益等。

部门工业图反映某一工业部门或更为狭窄的某些专业部门的生产布局和各地区各企业的生产能力。部门工业图内容的共同指标是固定资产(原值)、总产值、产品或主要产品的产量、结构构成(行业构成、规模构成、所有制构成)、经济发展动态、经济效益等。

(2) 工业地图的编制

① 工业地图的制图单位。表示工业按点分布的主要方法是符号法，因为它能表示工业分布的确切地点。工业地图的制图单位可以是具体的企业(工厂、电站、矿井等)，也可以是工业点。对大比例尺的工业图，以工业企业为制图单位可以显示具体工业的分布。随着比例尺的缩小和所显示工业部门的增多，表示具体的工业企业显然已不可能，这时制图单位应转为工业点，将相同部门的企业进行组合。

② 工业地图中要素质量特征的表示。工业地图上是用符号的颜色和形状来表示工业的质量特征的。由于人眼感知色彩的差异往往大于形状的差异，所以在表示工业的行业系统时，用颜色表示高一级的行业类别系统，用符号的不同形状表示低一级的具体行业门类。当表示工业企业的分布时，一般用象形符号表示具体企业或同类企业的组合分布。当表示工业的各种构成时，一般以工业点的形式用组合的圈形符号表示。

③ 工业地图中要素数量特征的表示。比较工业企业或工业中心(工业点)的生产实力，常以符号的大小表示，符号大小与工业的数量指标成一定的比率关系。当然，用绝对连续比率显示最为明确，但是当工业企业很多、数量指标差异很大时，常用条件分级比率来确定符号的面积大小，也就是将工业生产量归并成若干级别表示。

④ 工业图上其他经济要素的表示。在部门工业图上，除可以表示工业企业或工业中心外，还可以表示另外一些相关的内容，如用符号表示各工业企业的生产能力，用箭头及线状符号表示工业企业的原材料或半成品的供应、电力(输电线)和燃料(石油、天然气管运)的供应及产品的输出，用范围法或符号法表示工业原材料的地理分布和燃料资源等。

4. 农业地图

农业地图是涉农经济中使用地图的全称，它是一个大的专题地图系列，是为了合理地利用自然资源和社会经济条件，加强农业基本建设，进行农业区划、农业结构调整等需要而编制的各种各样的地图。

（1）农业地图的分类和基本内容

同其他地图一样，农业地图也有许多分类标志，如按区域分类、按比例尺分类、按图型分类等，但最主要的还是按内容分类。

农业地图按内容分为：

① 农业自然地图：反映农业生产的自然条件和自然资源。农业自然条件地图研究、分析和了解与农业有关的自然条件分布规律和区域分异；自然资源地图则研究农业生产的对象和基本生产资料。农业自然地图分为气候、水文、土壤、地貌、动植物资源及综合农业自然地图等。

② 农业经济图：主要反映农业生产中的经济情况，主要包括农业人口与劳动力资源图、土地利用现状图、作物图和产量图、畜牧图、水产图、农业结构图等。

③ 农业技术条件图：农业技术条件主要指农田水利、农业机械装备、化肥、农药、农电、农业技术措施和科学实验、农村教育、农村卫生和文化设施等。

（2）农业地图的编制

由于农业地图的种类繁多，不同类型的农业地图的编制方法不同，这里主要从以下四个方面介绍农业地图的编制的要点：

① 制图资料的选择。农业地图的种类繁多，有些内容是多学科研究的成果，资料复杂，必须与各部门的专家合作才能获得可靠的资料。涉及空间定位的资料应依据各专业部门提供的地图资料、卫片、航片；统计资料以专业统计部门的资料为依据；各种属性资料、专业术语都需专业部门的专家认可。

② 地理底图的选择。根据图型不同，其地理底图内容应有所区别，如果是统计地图，只需区域边界和行政中心，其他如主要河流、山峰等只有辅助意义，且不可太复杂；而如土壤改良、土地类型等内容的地图，其相关的地理要素都应反映出来。

③ 主要使用的表示方法。农业地图涉及点、线、面不同类型的图形及各种图型类型，其表示方法必定是丰富多样的，其中最主要的有：

对于离散的点状物体，采用精确定位或区域定位的符号法；

对于有分布区域的面状对象，用精确的区域法或质底法；

对于密集分布的离散对象，也可以用概略区域法；

大量的统计资料采用分区统计图表、分级统计图或图表相结合的方法；

对于移动现象，如动物迁移、风灾移动路线等，用动线法。

④ 选题和图面配置。根据编图的目的和任务确定选题，对上述各种地图可合可分，可详可简。当一幅地图上有许多表达对象时，为了避免图面交叉，可采用缩小比例尺按一种或两种对象分别编制，同类型的若干幅专题图同时排于一个图面上。

4.4　任 务 实 施

4.4.1　任务目的和要求

掌握人文专题地图编制的特点和方法；

进行农业经济类专题地图《河南省小麦产量图》的编制。

4.4.2　任务内容及资料准备

编制一幅《河南省小麦产量图》，为省领导、农业部门及其他管理部门了解全省小麦产量的分布，为省农业规划和发展的决策服务。制图区范围制图区范围包括整个河南省，由于产量图内容较单纯，与邻区关系不大，所以采用主区外留空白的方式设计编绘。

1. 收集资料

① 河南省 2018 年统计年鉴，作为编制产量图专题要素的基本资料；

② 河南省 1∶100 万基础地理信息数据库资料，作为编制产量图地理底图的基本资料；

③ 河南省农业厅提供了粮食播种面积和产量最新资料，作为编制产量图专题要素的补充资料。

2. 专题地图设计要求

① 投影的设计要求：产量图投影设计要求变形较小，要强调区域形状视觉上的整体效果，平面图形形状不变。

② 表示的方法设计要求：要反映各县小麦的单产水平、各县小麦的总产量，以及它们的分布规律。

③ 编制工艺流程的设计要求：产量图的设计、编辑、制作、出版等采用基于 DTP 的彩色地图桌面出版系统下全数字制图技术，将地图设计、编辑、编绘、数据处理融为一体进行编制。

3. 专题地图编制要求

（1）地理底图的设计与编制

采用河南省 1∶100 万基础地理信息数据库资料作为编制该图地理底图的基本资料；按设计要求和编绘原则，对反映县小麦的单产水平和各县小麦的总产量分布规律有地理定位作用的水系、居民地、道路网、境界线等进行设计与编制。

（2）专题要素的设计与编制

采用河南省 2018 年统计年鉴作为编制产量图的专题基本资料；按设计要求，运用专题地图的多种表示方法，从相对和绝对两方面，用统计数据描述各制图区域的小麦产量。

4. 产品规格

幅面选择 4 开(510mm×360mm)。

5. 引用文件

① 国家测绘局 2003 年颁布的《公开地图内容表示若干规定》；

② 国家测绘局 2009 年颁布的《公开地图内容表示补充规定(试行)》；

③《公开版地图质量评定标准》(GB/T 19996—2005)；

④《测绘管理工作国家秘密范围的规定》(国测办字〔2003〕17 号)。

6. 质量检查和措施要求

（1）检查验收依据

《测绘成果质量检查与验收》(GB/T 24356—2009)。

《产量图》项目技术设计书。

（2）质量措施

① 参加作业人员应认真学习技术设计书，新作业员应培训合格后上岗；

② 生产过程中各工序上交产品应经质量管理部门检查合格方可转入下一道工序；

③ 加强工序管理，产品质量取决于作业的质量，作业人员应认真执行技术设计书；

④ 严格执行组、部门的"两级检查，一级验收"制度；

⑤ 按技术设计书和有关技术规定对产品进行过程检查和最终检查。

7. 需公开出版发行，同时提交印前数据

印前数据，应确保挂图内容正确，要素的详细程度适中，各要素制图综合及图层关系处理合理，叠置顺序无误，地图设色、符号及注记配置和地图整饰美观。

8. 检查验收依据

《地图印刷规范》（GB/T 14511—2008），《产量图》项目设计书。

9. 项目最终成果

① 高精度彩色喷墨打印、双面压膜的《河南省小麦产量图》2 份；

②《河南省小麦产量图》地图数据 1 套；

③ 项目技术设计书 1 份；

④ 项目工作总结 1 份；

⑤ 项目验报告 1 份。

4.4.3　检查评价

对《河南省小麦产量图》编制项目技术设计书和生成的《河南省小麦产量图》图进行检查分析时，采用学生小组互相检查评价、教师归纳总结的方式，加深对《河南省小麦产量图》编制的理解。

4.4.4　提交成果

《河南省小麦产量图》地图数据 1 套；

项目技术设计书 1 份；

项目工作总结 1 份；

项目验报告 1 份。

◎**技能训练**

应用 ArcGIS 软件按上述编制要求制作《河南省小麦产量图》。

◎**思考题**

1. 简述人文地图的编制特点。

2. 政区图有哪些特点？主要种类有哪些？

3. 人文地图的制图资料主要有哪些？如何进行加工处理？

4. 反映人口分布现象的主要有哪些方法？如何使用？

5. 简述工业图的类型和主要内容。

任务 5　其他专题地图编制

5.1　任务描述

其他专题地图的编制是指不属于前述类型的专题地图，如航海图、航空图、旅游图等专题地图的编制。本任务主要列举介绍几种常用的特种地图，如航海图、航空图、旅游图、电子地图等专题地图编制的特点和方法。

5.2　教学目标

5.2.1　知识目标

掌握其他专题地图编制的特点和方法。

5.2.2　技能目标

知道其他专题地图的种类和编制方法过程，能进行简单的其他专题地图编制。

5.3　相关知识

5.3.1　海图

海图以海洋为主要表示对象，包括海岸、海底地形、底质、与航行有关的要素及海洋水文、海洋化学、海洋生物等各项内容。

1. 海图的类型

海图主要用于研究海洋地理特点，为航行、捕捞、建港、海洋调查和科学研究提供服务。海图分为四类：

① 航行图：是供舰船航行使用的地图，是海图中最重要的一类，详细表示与航行有关的一切细节，确保航行安全，可细分为港湾图、海岸图、航海图、海洋总图。

② 专用海图：为解决某种专门任务编制的海图，如无线电导航、卫星导航等。

③ 海洋地理图：以研究海洋自然地理为目的编制的地图，如以海底地势、海洋地质、海洋重力、海水盐度、海水温度、海流、潮汐、风力风向、海洋生物、海洋化学为主题的地图。

④ 海洋地图集：以海洋学、海洋地理为研究目的的地图集。

2. 海图的内容和编制特点

（1）数学基础

海图通常都采用墨卡托投影，保持等角航线成直线。两极地区采用方位投影。小比例尺海洋地理图多采用球心投影，为的是将大圆航线投影成直线。大比例尺港湾图或江河图与陆地地图一致，采用高斯-克吕格投影。在现代航行图上，除注出经纬度外，还要标绘出坐标网，以便用全球卫星定位技术确定船舶位置。由于航行图的特殊用途，通常航行图要求任一点至其余各点方位角与实地方位角相等，并使之标定的航向线在图上为直线。

（2）分幅及编号

海图分幅都是矩形的，分为两种情况：大范围区域性海图采用墨卡托投影，经纬线分幅，由手投影后的经线和纬线都是正交的，所以分幅也是矩形的；条带状的区域，如沿岸海图，则是自由的矩形分幅。

海图的分幅比较灵活，相邻图幅间相互重叠（重叠度超过全图 1/3，不得少于 15cm），分幅需考虑下列因素：

① 需保持图幅内海岸线的完整性和连续性，使之有独立使用的价值。

② 适应航行和军事要求，图上尽可能保持雷达网和炮射阵地等单元区域的完整性，还要考虑海上活动区域的完整和目标（如防御工事及其他重要设施）的位置。

③ 依地形条件和水道条件，可构成横幅或直幅，对狭长的港湾或水道，还可采用拼图的形式。总之，在不影响印刷的前提下，应尽可能减少图幅数量，因此海图尺寸一般都比地形图大。

海图编号自成系统，采用组合式编号方法，编号标注在图幅四角，编号是按比例尺和区域结合进行编码的，它能显示出比例尺及所在地区，如 15-××××，前两位代表比例尺，15 即为 1∶15 万，连接号"-"后两位为海区归属国家（或地区）的代号，中国海区为10，最后两位为图幅的自然序数代号，按不同区域自成系统。目前民用 1∶15 万～1∶75万航海图的编号就是采用按比例尺自北向南全国统一的编号法，见表 2-3-1。表中编号首两位为比例尺，连接号"-"后的数字"10"为中国海区，余下的数字为自北向南的顺序号。

表 2-3-1　　　　　　　　　　**1∶15 万～1∶75 万航海图的编号**

比例尺	1∶15 万	1∶30 万	1∶75 万
编号	15-10××	30-10××	75-10××

1∶5 万和 1∶7.5 万航海图的图幅编号和上述方法一致，不同的是，连接号"-"后采用五位数，前两位代表中国海区，第三位数字表示省（直辖市自治区），最后两位是顺序号。

（3）主要地理要素

根据各种海图的不同用途，或详或简地表示下列内容：

① 海岸：海岸线的形状、海岸带的组成物质、地形特征等。

② 水深及等值线：用水深注记和等深线表示海底地形，水深从理论深度基准面往下

计算，以 m 为单位。等深线则通常是变距的，深度越大，间隔越大。

③ 底质：为了航行安全和选择锚地等，需要表达海洋底质，用文字按颜色、质地（粗、细、硬、软等）、物质种类的顺序描述注出，如"白细沙"，对于不宜停泊的区域则注明"底质不良"。

④ 障碍物：海图上表示天然障碍物（浅滩、岩礁、沙洲等）和人工障碍物（沉船、渔网、木桩等），当障碍物的位置不肯定时，注以"概位"；性质不明时，以专门的符号标示。

⑤ 助航标志：用于引导舰船航行并指示航行障碍的标志，如灯船、浮标、灯塔、无线电指向台、立标等，均用专门符号表示。为了便于夜间识别，需加说明注记，用以表达灯质、发光状态、颜色、射程范围、是否有人看守等。

⑥ 陆上方位标：航行时能迅速辨明的陆上目标，如山峰、突出建筑物、烟囱、测量标志、无线电杆等，它们有助于在近海航行时确定船位，陆上方位标应尽量详细注出名称。

⑦ 海流、潮汐、急流、漩涡等，以相应的符号表示，其流速以节（每小时流动 1 海里）表示。

⑧ 罗经及磁差：罗经又称方位圈，是一个间隔 10°的刻度盘，正上方为真北方向，在罗经上应标出磁北方向，供舰船航行时判定方位使用。各地的磁差用磁偏线表示，注出测定年份和年变率。若有磁力线异常的区域，则应单独表示出来。

⑨ 其他相关要素：海图上还可以表示出可靠航道、推荐航道、禁区界、危险区界、海底电缆。

3. 海图的编制

海图的编制与陆图的编制没有本质差别，陆图的编制方法均可应用于海图的编制，在编制海图时要注意以下两点：

（1）海图的初图资料比较复杂

其陆地部分以陆地图为准，海洋部分则有测探资料、水文资料、航海资料和遥感资料等。等深线是根据水深点参考其他资料在室内勾绘的，它和等高线的绘制和概括方法均有较大的差别。

（2）海图应不断地进行修正

海图修正分为小改正、大改正和改版三种。根据"航海通告"直接在使用的地图上改正，如新发现的浅滩、暗礁，新的沉船和水工建筑，航标变动等，称为小改正；如改动过多，需补版重印，称为大改正；变化过大时，则需重编后再版。

5.3.2　航空图

航空图是供民航和空军进行空中领航、地面导航和寻找目标的重要工具之一，也可以作为空军部队指挥员拟定作战和训练计划、组织和实施军事行动参考之用。

1. 航空图的类型

随着航空事业的发展，航空图的类型不断完备，并已逐渐形成为一个独立的图种。航空图按用途划分可分为如下几种：

（1）普通航空图

普通航空图是以地形图为基础加印飞行要素编制而成的，主要是供各机种用于领航，在飞行人员执行任务时，用于标定航线、计算航程、检查地标和确定位置。正式出版的普通航空图比例尺一般为1：50万、1：100万、1：200万及更小比例尺。应用最广泛的是1：100万的航空图。

（2）专用航空图

专用航空图是为某种特殊需要和专供某种领航方法使用的航空图，其适用范围比普通航空图要窄。

（3）参考用航空图

参考用航空图通常不直接用于领航，而只为领航提供某些资料，以保障飞行，如地磁图、时区图、气象图、天体图、兵要地志图和卫星图等。

2. 航空图的编制特点

航空图是以普通地图为基础的，但它又不完全等同于普通地图，其内容必须突出航空要素。在编制航空图时，要求其具有准确性、相似性、明显性、大幅面的特点。在编制航空图时应注意：所选用的数学基础必须能满足领航或导航精度的要求；地理基础只着重反映空中易于识别的地理要素和社会经济要素；突出显示航空资料、助航设备和保障飞行安全的资料。

下面主要从投影、比例尺、分幅、普通地理要素和航空要素等方面说明航空图的编制方法。

（1）地图投影

根据航空图种类的不同选择其投影。以前1：100万普通航空图采用多圆锥投影（国际投影），某些专用航空图（如基地半径图）多采用等距离斜方位投影，而航线图多采用等角斜圆锥投影。目前，1：100万普通航空图投影在南、北纬80°之间采用双标准纬线等角圆锥投影，每纬差4°为一带，每带的两条标准纬线位于边纬线内30′处；在南北纬80°以外，采用极球面投影。

（2）比例尺

航空图比例尺是由航行速度和特定用途确定的，但主要以飞机速度而定的。航空图多为中、小比例尺地图，通常速度为200km/h以下者，用1：50万航空图；速度为200～500km/h者，用1：100万航空图；速度为500km/h以上者，用1：200万航空图。当精确观察时，采用大比例尺航空图；否则，采用中、小比例尺的航空图，如民航一般多采用1：100万航空图。在航空事业比较发达的国家，已开始生产1：25万航空图，供民航小飞机和战术飞行使用。

（3）分幅

航空图分幅有固定和不固定两种。以1：100万普通航空图的分幅为例，过去与地形图分幅一致，近年来，各带图幅的分幅方案见表2-3-2，专用航空图一般采用不固定分幅方法。从纬度0°开始向南（S）、北（N），每隔4°为一列，把南北半球各分为22列，每列依次用A，B，…，V表示；从经度180°起，按逆时针方向每经差6°为一行，每行依次用1，2，…，60表示；每幅图的编号用相应的列一行表示。凡跨半行的行数用虚线框出。

表 2-3-2 1∶100 万分幅规定

φ	$\Delta\varphi$	$\Delta\lambda$
~48	4	6
48~60	4	9
60~68	4	12
68~76	4	18
76~88	4	24

(4)普通地理要素

航空图中的各要素除选取和着眼点不同外，其余的与表示同普通地图一致。下面主要针对主要要素进行研究。

① 居民点：大、中城市属面状地标，是目视领航的重要目标，可作为航线的起止点、检查点和空中判定位置用；有些城镇及村庄面积虽小，但根据与周围地标的关系，在空中也容易识别，这类城镇或村庄可作为点状地标选取。为了突出大居民点，应表示外围轮廓的主要进出街道与周围要素的关系。在选取这类居民点地标时，应首先着眼于地标的大小和意义。例如，选取位于河流特征弯曲处、重要交叉点及山区有电灯的居民点。在航空图上选取居民点时，要适当考虑密度对比，但不过多强调。

② 道路：属线状地标，包括铁路、公路、大车路和小路等。铁路、公路都是比较规则的线条。在空中观察时，公路反光强，随路面质量而颜色各异，在空中容易发现。低空能看见铁路的铁轨和枕木，在空中能分出单、双轨，在 3000m 空中能发现距飞机 20km 处的铁路和 25km 处的公路，所以铁路和公路具有重要地标作用，对它们的特殊形状，如弯曲、路叉等(尤其是公路的急转折是区分铁路和公路的标志之一)，要准确表示，其他道路只需表示有特殊意义的即可。

③ 水系：由于水面都具有反光的特性，是昼夜均可利用的明显地标，在领航中占有突出的地位。有面状、线状和点状地标，包括海岸线、河流、湖泊、水库、运河和沟渠等。航空图上应准确表示水系的位置、基本轮廓特征、相对密度、河网类型及与其他要素的关系，特别强调转折点和汇合处。

④ 地貌：地貌与飞行安全有直接关系，它与水系一起构成了航空图上其他地标的地理基础。由于它会直接影响飞行安全，同时外形具有相对稳定、可靠和便于校核的特点，所以是领航上有价值的地标，为飞行员所关注。应着重显示山体的轮廓范围、地貌的起伏状况，保持山头的形状，最高、最低和主要的标高，标高必须准确，并突出选注一些重要标高点。为了使地貌有立体感，一般采用等高线加分层设色表示。图幅最高高程用较深红色注记，并用红实线框出。高程点选取的基本原则是山区多于平原，机场附近多于一般地区。

⑤ 独立地物：垂直障碍物，如水塔、烟囱、宝塔、油(气)井、油库、煤气库、发电站、矿井和宗教建筑物等，一般都突出地表，由于其高度较高，将直接影响飞行安全，所以对这些地标的表示应予以重视。

（5）航空要素

① 机场：表示机场的类别（军用、民用、军民合用、紧急机场和无设备机场），机场跑道的底质、长度、标高和方向。机场符号置于跑道中心，并与地理坐标相符。在民用图上不分机场等级，但建筑中、关闭的或废弃的机场均应加注说明。

② 助航设备：包括机场设备、控制塔、主要频率、导航设备、无线电塔、无线电波幅、备降场和航空等情况。

③ 空中特区：一个国家在所属领土、领海上空划定的各种空域，包括空中禁区。在航空图上只表示永久性禁区的范围、危险区、限制区以及飞行通道或飞行走廊等的范围。

④ 地磁资料：包括等磁差线、磁力异常区、异常点及磁差年变率等。

上述航空要素，在航图上是与普通地理要素一起编印于图上的，用特殊的颜色（如紫色）表示，以使飞行员在空中迅速进行判读。有的图也以地形图作底图，图上加印专门的航空要素，但这样的图并不是真正的航空图，而属临时用图。

5.3.3　旅游图

旅游地图在旅游业中起着重要的宣传媒介作用。编制旅游地图应着重研究怎样利用地图载体这一形式介绍旅游区的历史、文化、山川、名胜和建设成就，怎样使旅游者通过地图方便地进行旅行游览。

1. 旅游地图的类型

（1）按照服务对象

① 旅游管理图：是供旅游部门工作管理使用的地图，主要反映旅游资源状况及旅游设施状况，着重反映旅游资源的开发利用规划、现状利用率、经济投入和效率指标等。

② 导游图：是为广大游客编制的地图，帮助游客圆满地完成旅程。

（2）按地域分类

① 城市旅游图：表示一个城市及其附近地区的地图。

② 旅游景区图：表示由多个景点组成的旅游区域的地图，如张家界旅游图、三峡旅游图等。

③ 景点旅游图：详细表达某个景点的地图。

④ 大区一览图：反映一个较大区域旅游资源的分布，而不侧重于每个旅游景点的具体内容的地图。

⑤ 旅游路线图：依托交通网络、旅游布局或某种关联特性将各旅游点用不同的路线连接起来，指导游客进行系统旅游的地图。

（3）按服务对象分类

① 供国内使用的旅游图：侧重于表示旅游景点及交通的地图。

② 供国外旅游者使用的旅游图：除详细介绍旅游点的特色之外，侧重于表示宾馆、饭店、文物和旅游品商店等的地图。文字注记需多种语言的版本。

2. 旅游地图的内容及表示方法

在选择旅游地图的内容时，应根据旅游地图的性质、服务对象和用途，以及旅游区域的自然条件特点和经济文化发展水平来确定，不同的类型有不同的内容及表示方法。

（1）旅游地图的内容

从总体上，旅游地图的内容可以总结归纳为以下五类：

① 基础地理要素：作为地理基础和定位依据，它们通常包括城市街区、街道、水体、山丘。

② 交通要素：分为区域内部交通和对外交通。内部交通过去着重表达公共交通路线及站点，现在由于交通多元化的发展，情况已发生了很大变化，出租车和专线小车已成为旅游者的重要交通工具，为适应这种情况，重点应放在表示内部交通网络上，而不在于途中站点。可表达城市的交通枢纽和各重要旅游点的交通状况，使读者能判断在何处乘车去目的地最为合理。对外交通则应表达机场、火车站、码头、长途汽车站的位置、购票地点及方式等。

③ 旅游景点：景点是旅游地图的主题，包括有独特风貌的天然景观，如湖泊、山地、河流、瀑布、泉、洞等；古今名人活动的遗迹，纪念馆、庙宇、楼塔等；其他的自然和人文景观，如植物园、动物园、公园、自然保护区、博物馆、展览馆等。

④ 食宿休闲类、旅馆、酒店、餐馆、小食店、医院、保健站、影剧院、歌舞厅、游乐场等。

⑤ 购物类：主要商业街、著名商场、特色市场、文物商店等。

（2）旅游地图的表示方法

① 地图图形：用传统的地图符号表示，由于旅游地图要求更加直观、生动，因而常用写景符号。

② 影像：典型景点的照片常具有很好的效果，在电子媒体中的旅游地图，还可使用视频技术来存放景点的活动影像。

③ 文字、图表：生动的文字描述既可增加知识性，又可提高趣味性。历史典故、神话传说、自然景观的科学解释常能引人入胜。图表在表达交通网络、资源配置及效率方面具有不可替代的作用，为了便于旅游者安排旅游计划，在旅游图上常安排气象图表资料，主要旅行路线行程时间，车、船、航班的时间表等。

（3）旅游地图的整饰设计

整饰设计主要从以下几方面考虑：

① 图面配置。旅游地图的图面配置，除地图的主图、图名、图例、比例尺等基本内容外，常附有较多的附图、图表、图片、文字简介和地名索引等内容，因此比较复杂，但其基本原则与其他地图的基本原则是一致的。图面配置与制图区域轮廓范围、开本、比例尺、折叠方式、附图数量、纸张规格等因素有关，在设计过程中应全面考虑、统筹安排。常以等大绘制的彩色略图进行试验，通过设计、比较，求得理想的方案。

② 色彩选配。应注意两方面问题，即色彩的配合和色调的选择。要达到色彩配合优良，除了按色彩规律设色（即和色的构成）以外，还要注意颜色视觉效应与地图内容的结合，使地图符号在形式上具有较好表达地图内容的作用。在选色时，不是色数选用越多越好，有时色数多，反而不易协调，给人以杂乱之感；相反，应该以少胜多，尽量利用色相不同的网线重叠效果，或利用同一色相不同网线造成的层次，以获得较为理想的效果。色调是指图面色彩总的倾向，是图面色彩形成的主调，如明色调、暗色调、绿色调、红色调、调和色调、对比色调等。设色时，不仅要注意随类赋色，而且要注意色调的运用，注

意色调对人的感情的影响。没有色调的统一，就成为一堆杂乱的色彩堆积；各色彩的变化若服从同一基本色调，则给人以协调的美感。

③ 图框设计。旅游地图的图框有两种：一种是以图案组成，图案多半是以具有地方特色的风土人情、文化古迹为题材，如北京某游览图曾以北京十大建筑和一些古建筑物作为图案组成；另一种是简单的双线矩形框，内框线细、外框线粗，两线间隔 5 ～ 8mm，其间注上数字和字母，以便于编出地名索引表，查找地名。有的旅游地图不另绘图框，充分利用纸张满纸印刷，以扩大制图面积，查找地名的编号直接印在图内方格线上和方格内。

④ 地图的封面设计。旅游地图封面设计的要求以及构图方法比一般文艺书刊封面要灵活，具有地图的特色。封面应有紧密与地图内容相配合的图片或地图图案，还应注上图名、出版单位、发行时间、比例尺和内容摘要等。

5.3.4　电子旅游地图

由于计算机技术的发展，使信息载体的介质由纸质转为了磁盘或光盘，从而使其信息承载量发生了革命性的变化，而旅游地图也正由此产生了革命性的飞跃。电子旅游地图除了应具备纸质旅游地图那样的表面信息外，还可利用计算机实现漫游、缩放、开窗、检索等功能，查取任一所标示点的多层信息，同时能伴随着运动的画面和声音，直观地从屏幕上获取所标示点的各种声像信息；也可以利用基础地理信息建立的 DTM 数据，建立三维的模拟图像，实现模拟空中飞行，从不同路径去观察旅游区中沿途的鸟瞰图像。因此，电子旅游地图已不再是原来狭隘意义上的地图，而是融地图、影像、声音、文字为一体的多媒体产品。

5.4　任　务　实　施

5.4.1　任务目的与要求

掌握旅游专题地图编制的特点和方法，编制《开封市交通旅游电子地图》。

5.4.2　实训要求及内容

1. 任务概述

根据开封市政府工作要求，为促进开封市的旅游发展需求，需要编制《开封市交通旅游电子地图》，以地图、文字、照片、声音、动画和视频为信息手段，全方位、多视角、多层次地展示和反映开封市各方面的发展与成就，着重直观地反映开封市的旅游景观和交通详情，为读者提供高水平、高质量的服务。

2. 制图区域地理概况

开封市介于东经 113°51′51″ ～ 115°15′42″，北纬 34°11′43″ ～ 35°11′43″，位于河南省中

部偏东地区，是黄河冲积扇平原的尖端，海拔 69～78m。东临商丘市，西连省会郑州市，南接许昌市、周口地区，北靠黄河，与中原油田隔河相望，总面积 6444km²，其中市区面积 362km²；南北宽约 92km，东西长约 126km；东距亚欧大陆桥东端的港口城市连云港 500km，西距省会城市郑州 72km，在中国版图上处于豫东大平原的中心部位。

3. 编图资料情况

（1）地理底图资料

收集大量的图件和数据，包括国家基本比例尺 1:500、1:2000、1:5000、1:1 万等系列地形图，以及 4 开、对开、全开等各种开本专题图及最新的航片影像资料，资料齐全，且现势性强。开封市城区地理底图采用经保密处理的 1:1 万地形图作为基本资料，其他比例尺图作为补充资料。

（2）图片资料

开封市鸟瞰图、开封市历史图、清明上河园照片及其他主要景点、标志性建筑图片以及外业采集的点位和照片等。

（3）文字资料

开封市主要企、事业单位，地名，公共交通，商务及投资环境等各方面的信息介绍。

（4）视频资料

开封市部分主要旅游景点视频图像数据。

（5）音频资料

背景音乐和部分主要旅游景点解说音频。

4. 引用文件

① 国家测绘局 2003 年颁布的《公开地图内容表示若干规定》；

② 国家测绘局 2009 年颁布的《公开地图内容表示补充规定（试行）的通知》；

③《公开版地图质量评定标准》（GB/T 19996—2005）；

④《测绘管理工作国家秘密范围的规定》（国测办字〔2003〕17 号）。

5. 电子地图产品规格

650M 5 英寸的光盘电子地图 1 张。

6. 电子地图设计要求

① 数据组织结构设计要求系统采用图组来组织数据，每个图组对应着一个专题内容；

② 要求进行背景信息设计；

③ 要求进行专题信息设计；

④ 要求进行电子地图制作工艺方案设计。

7. 电子地图制作要求

① 电子地图的资料收集、分析和处理；

② 电子地图的地图数据的制作；

③ 电子地图多媒体数据的制作；

④ 电子地图专题信息数据的制作；

⑤ 电子地图系统集成；

⑥ 电子地图产品发布。

8. 质量检查和措施要求

(1)检查验收依据

①《测绘成果质量检查与验收》(GB/T 24356—2009);

② 电子地图项目技术设计书。

(2)质量措施

① 参加作业人员应认真学习电子地图技术设计书,新作业员应培训合格后上岗;

② 生产过程中各工序上交产品应经质量管理部门检查合格后方可转入下一道工序;

③ 加强工序管理,产品质量取决于作业的质量,作业人员应认真执行技术设计书;

④ 严格执行图组、部门的"两级检查、一级验收"制度;

⑤ 按技术设计书和有关技术规定对产品进行过程检查和最终检查。

9. 最终成果

① 650M 5 英寸的《开封市交通旅游电子地图》光盘 1 张;

②《开封市交通旅游电子地图》数据 1 套;

③ 项目技术设计书 1 份;

④ 项目工作总结 1 份;

⑤ 项目检验报告 1 份。

10. 关键工作

(1)开封市交通旅游电子地图设计分析

① 数据组织结构设计分析;

② 背景信息设计分析;

③ 专题信息设计分析。

(2)开封市交通旅游电子地图制作分析

① 数据准备;

② 数据处理;

③ 系统集成;

④ 调试与运行。

5.4.3 检查评价

应用《测绘成果质量检查与验收》(GB/T 24356—2009)。

对电子地图项目技术设计书进行检查时,采用学生小组互相检查评价、教师归纳总结的方式,加深对知识的掌握和技能训练。

5.4.4 提交成果

650M 5 英寸的《开封市交通旅游电子地图》光盘 1 张;

《开封市交通旅游电子地图》母盘数据 1 套;

项目技术设计书 1 份;

项目工作总结 1 份。

◎ 技能训练

按照上述要求，在 ArcGIS 中进行《开封市交通旅游电子地图》的编制。

◎ 思考题

1. 海图中的航行图主要表示哪些内容？如何表示？
2. 与普通地图相比，航空图上对点、线、面状物体的表达有哪些特殊要求？
3. 旅游地图的内容主要有哪些？
4. 旅游地图在整饰设计时应该注意什么问题？
5. 编制某市的旅游交通图需要准备哪些数据？
6. 结合上述任务，分析《开封交通旅游电子地图》中的制作流程。
7. 结合上述任务，分析《开封交通旅游电子地图》中的数据组织结构。

项目 4　地图整饰输出

【项目概述】

地图整饰是关于地图内容的表现形式和手段的技术，是地图制图学中的一个重要部分，也是制图实践中的一种造型艺术和工序。地图输出是将数字地图或经过计算机编辑和地图概括处理的空间信息，采用绘图仪、喷墨打印机等输出为地图图形或图像。

本项目由两个学习型工作任务组成。通过本项目的实施，为学生从事地图制图员岗位工作打下基础。

【教学目标】

◆知识目标

1. 掌握地图色彩配置、地图图面配置、地图拼接的内容和方法
2. 熟悉地图输出设计的内容、地图产品输出的形式
3. 掌握地图输出方法

◆能力目标

1. 会进行地图色彩配置、地图图面配置、地图拼接
2. 会进行输出设备、纸张、幅面、比例尺、黑白或彩色等参数的确定
3. 会建立拼版文件及版面设计，并输出地图

任务 1　普通地图整饰输出

1.1　任务描述

地图整饰是对绘制好的地图根据需要添加图面修饰内容。对图名、图号、接图表、内外图廓、方里格网、方里格网注记、比例尺、出版说明和图廓注记等内容整饰后，在计算机制图软件中进行地图输出。

1.2　教学目标

1.2.1　知识目标

掌握普通地图整饰及输出方法。

1.2.2　技能目标

能进行普通地图的整饰和输出。

1.3　相 关 知 识

1.3.1　普通地图整饰

对于各种地图，地图整饰的内容应符合相关规范和图式要求，同时兼顾合理和美观的原则。地图中这么多内容并非没有联系，归根结底都由比例尺和图幅范围决定。任何一幅地图，只要这两个已知条件确定，则整饰图面内容也就基本上确定了。

1. 地图色彩配置

色彩对提高地图的表现力、清晰度和层次结构具有明显的作用，在地图上利用色彩，很容易区别出事物的质量和数量特征，也有利于事物的分类分级，并能增强地图的美感和艺术性。色彩的配置也是普通地图的重要内容之一。

地图的色彩设计和配置应根据行业标准和规范的规定进行。

2. 地图的图面配置

图面配置指的是图名、图廓、图例、附图，以及各种说明的位置、范围大小及其形式的设计。对于具有主区的地图，还包括主区范围在图面上的摆放位置。

(1)地图的分幅

① 地图分幅设计的定义：确定地图开幅大小的过程叫做分幅设计。

② 国家(或法定)统一分幅地图的分幅设计。

a. 经纬线分幅。对于减少由经纬线分幅本身带来的缺陷所采用的方法是合幅，经纬线分幅的地图，为了不使图廓尺寸相差过大，当图幅尺寸过小时，可以采用合幅的办法。例如，$1:250$ 万世界地图，每幅图 $\Delta\varphi = 12°$，经差则随纬度的增高而加大：

$N\varphi = 48°$　　$\Delta\lambda = 18°$

$48° \sim 60°$　　$\Delta\lambda = 24°$

$60° \sim 72°$　　$\Delta\lambda = 36°$

$72° \sim 84°$　　$\Delta\lambda = 60°$

经纬线分幅的优点：每个图幅都有明确的地理位置，便于检索；可以使用分带或分块投影，控制投影误差。缺点：不便于拼接，不利于有效地利用纸张和印刷机的版面。

b. 破图廓或设计补充图幅。经纬线分幅有时可能破坏重要区域，如一个大城市、一个重要工业区或矿区的完整，为此，常常采用破图廓的办法。有时涉及的范围较大，破图廓也不能很好地解决，就要设计补充图幅，即把重要的目标区域单独编成一张图。

(2)地图图面配置的基本原则

① 经纬线分幅的地图的图面配置。经纬线分幅的地图图面配置比较简单，典型的图面配置方案如矩形分幅，其图面配置大体上与经纬线分幅地图相同。

② 矩形分幅的地形图的图面配置。其图面配置大体上与经纬线分幅地图相同。

③ 内分幅地图的图面配置。内分幅地图通常是有主区的挂图，图面配置比较复杂，要考虑如下几方面：

a. 地图用途和地图内容；

b. 地图使用的条件，包括桌面的、墙上的、多幅的或地图集中的、视力阅读的、借助计算机或其他工具阅读的；

c. 经济效益的要求，即使用标准规格的纸张，最有效地利用印刷版的有效面积；

d. 艺术上的要求，即进行图面配置的结果是配置样图或略图，它应当指出图幅尺寸、图名、比例尺、图例、各种附图和说明的位置和范围、地图图廓、图边的形式等。图面配置样图还应包括必要的地理基础要素，稀疏的经纬网，制图区域的轮廓图形，重要的河流、居民点、境界及有关的注记等。配置样图要求所有部位的尺寸都按比例尺缩小，所注出的尺寸都按新编地图比例尺的图面尺寸。

（3）地图图面配置的内容

① 图廓。图廓就是地图用以确定范围的外部轮廓，由内图廓、外图廓和其间的分度带组成。内图廓就是地图的边界线，一般是用一条细线来表示；外图廓是平等于内图廓、位于内图廓外围的边界，通常由一细线或一粗线组成。

② 图名。

图名的命名：图名包含制图区域和地图的主要内容，但是，如果是普通地理图或是常见的政区图，有时也可以只用其区域范围来命名，如《通山县地图》。地形图往往选择图内重要居民地的名称作为图名，该图幅如果没有居民地，则选择区域的自然名称、重要山峰名称等作为图名。大区域的分幅小比例尺普通地理图也使用地形图选择图名的原则。

图名放置的位置：图名可以置于图外，也可以置于图内。置于图外时，通常都是将图名放在北图廓外居中的位置，距外图廓的间距约为 1/3 倍字高；置放在图内时，一般放在右上角或左上角，可以用横排、竖排的形式。

图名的字体大小：分幅地图上图名一般用较小的等线体。挂图的图名通常采用宋变体或根据图廓的形状选用长体或扁体字，字大通常不超过图廓边长的 6%。

③ 接图表。接图表又叫做图幅结合表，表明地图所在的位置。一般表示在图廓外左上角，中间有晕线的是本幅图，四周 8 个格里写的是"邻居"的图名，说明本图幅与其他相邻 8 个方向图幅位置的相邻关系，使用它能很方便地进行图幅拼接。

④ 比例尺。比例尺包括数字比例尺、文字比例尺和图解比例尺，一般放在图廓的正下方的中间位置。

⑤ 图例。图例是集中于地图一角或一侧的地图上各种符号和颜色所代表内容与指标的说明，有助于更好地认识地图。它具有双重任务：在编图时，作为图解表示地图内容的准绳；在用图时，作为必不可少的阅读指南。图例应符号完备性和一致性的原则。

⑥ 其他。除上述要素外，还有坐标系名称、高程基准、等高距、编图单位、编图时间和依据、坡度表等。

经纬线分幅的地图图面配置如图 2-4-1 所示。

3. 地图拼接

地图拼接包括图廓拼接、重叠拼接及矢量数据接边。

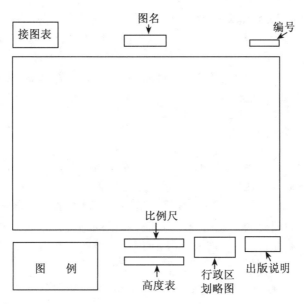

图 2-4-1   经纬线分幅的地图图面配置图

（1）图廓拼接

每幅图都完整地绘出自己的内图廓，使用时沿图廓线进行拼接。地形图都是用图廓拼接，纬线分幅的普通地理图也常使用这种形式。

（2）重叠拼接

如果图幅拼接时不是仅仅依据图廓线，而是在相邻图幅之间设置一个重叠带，拼接时使重叠带内的图形相吻合，这种拼接方式称为重叠拼接。拼接规则一般是上压下、左压右。重叠区不必太宽，一般为 8~10mm，甚至再少一些也可以。

（3）矢量数据接边

位置接边的要素、属性也必须接边；接边时应保持关系的合理性；不同等高距的图幅接边，只接相同高程的等高线；跨带接边，需将邻带图幅进行投影变换，统一在同一带内接边，接边完成后再将邻带图幅变换回原投影带。

1.3.2   普通地图输出

1. 输出设备

地图输出是普通地图编制工作中不可缺少的重要内容。目前，很多计算机制图软件都有输出图形、图像和数据报表功能，输出的方式主要有屏幕显示、打印输出、绘图机输出和数据输出等形式。

（1）屏幕显示

屏幕显示是通过显示设备将普通地图编制的结果，以字符、数字和图形的形式在荧光屏上显示出来，尤其是图形显示更具直观性，而且用户可通过人机对话方式，利用键盘、鼠标、光笔等装置对图形进行实时处理，直至用户满意。

（2）打印输出

打印输出是地理信息系统的主要输出硬拷贝设备，它能将地理信息系统的数据处理和分析结果以单色或彩色的字符、汉字、表格、图形等作为硬拷贝记录印刷在纸上。

（3）绘图机输出

绘图机是输出图形的主要设备，目前绘图机的种类主要有平台式绘图机、滚筒式绘图机、喷墨式绘图机和静电式绘图机。

2. 输出产品的类型

（1）普通地图

普通地图在经济建设、国防和科学文化教育等方面发挥着重要的作用。普通地图产品的主要表现形式有国家基本比例尺地形图和普通地理图两种。

我国基本比例尺地形图是具有统一规格，按照国家颁发的统一测制规范而制成的，具有固定的比例尺系列和相应的图式图例。目前，我国的基本比例尺地形图包括 1∶5000～1∶100 万 8 种比例尺系列；工程上使用的大比例尺地形图主要有 1∶500～1∶5000 比例尺系列。

地理图是侧重反映制图区域地理现象主要特征的普通地图。虽然地理图上描绘的内容与地形图相同，但地理图对内容和图形的概括综合程度比地形图大得多。地理图没有统一的地图投影和分幅编号系统，其图幅范围是依照实际制图区域来决定的，如按行政单元编制的国家、省（区）、市、县地图；按自然区划，如长江流域、青藏高原、华北平原……编制的地图。由于制图区域大小不同，因此地理图的比例尺和图幅面积大小不一，没有统一的规定。

（2）电子地图

电子地图是以地图数据库为基础，以数字形式存储于计算机外存储器上，并能在电子屏幕上实时显示的可视地图，又称为屏幕地图或瞬时地图。电子地图大多连着属性数据库，能做查询和分析。电子地图种类很多，如地形图、栅格地形图、遥感影像图、高程模型图、各种专题图等。

3. 输出产品的特征

地图是普通地图编制成果输出的主要形式，是空间实体的符号化模型，具有以下特征：

（1）采用特殊数学法则产生的可量测性

采用地图投影、比例尺和定向将地球表面的实体投影到二维平面，并制成各种分幅的地图。

（2）使用符号化模型产生的直观性

用颜色、尺寸、大小等表示点状符号、线状符号、面状符号。

（3）采用制图综合产生的一览性

制图综合对实体质量特征进行分类分级，对次要的实体或实体特征进行选取概括，使得所反映的地理现象主次分明，确切地表示出各要素间相互关系，更易于理解事物本质和规律。

4. MAPGIS 地图输出

（1）MAPGIS 输出系统

MAPGIS 输出系统是 MAPGIS 系统的主要输出手段，它读取 MAPGIS 的各种输出数据，进行版面编辑处理、排版，进行图形的整饰，最终形成各种格式的图形文件，并驱动各种输出设备，完成 MAPGIS 的输出工作。具体如下：

① 版面编排功能。提供图形坐标原点、角度、比例设置及多幅图形的合并、拼接、叠加等的版式编排。

② 数据处理功能。根据版式文件及选择设备，系统自动生成用于矢量设备的矢量数据或用于栅格设备的栅格数据。

③ 不同设备的输出功能。输出系统可驱动的输出设备有各种型号的矢量输出设备（如笔式绘图仪）和不同型号的打印机（包括针式打印机、彩色打印机、激光打印机和喷墨打印机等）。

④ 光栅数据生成功能。根据设置好的版面、图形的幅面及选择的绘图设备（如静电或喷墨绘图仪），系统开始对图形自动进行分色光栅化，最后产生不同分辨率的高质量的 CMYK（青、品红、黄、黑）的光栅数据。

⑤ 光栅输出驱动功能。可将光栅化处理产生的 CMYK 光栅数据输出到彩色喷墨绘图仪、彩色静电绘图仪等彩色设备上去。

⑥ 印前出版处理功能。对设置好的版面文件，根据图形幅面及选择参数，自动进行校色、处理、转换，生成 POSTSCRIPT 或 EPS 输出文件，供激光照排机排版软件输出时使用，也可供其他排版软件或图像处理软件使用。

（2）输出拼版

① 输出拼版设计。输出拼版设计有两种情况：一是多幅图在同一版面上输出；二是单幅图在一版面上输出，又称为多工程输出和单工程输出。

多工程输出拼版设计使用拼版文件（＊.MPB），一个拼版文件管理多个工程（多幅图）；单工程输出拼版设计使用单个工程文件（＊.MPJ）即可。

② 拼版注意事项如下：

a. 输出时，MAPGIS 只是将图形在页面内的内容输出，所以应正确设置页面的大小。最好是页面刚好能包含整个地图，过小则不能正确输出，过大则会降低输出速度及浪费纸张。如果对设置没有把握，可以在版面定义的选择栏中选择"系统自动检测"，由系统自动检测图幅的大小来设定页面大小。

b. 页面大小并不是纸张大小，而是指整幅图的大小。如果页面的大小大于输出设备限制的纸张大小，系统会进行自动分幅。

c. 在同一工程文件中的各个文件使用相同的位移、比例和旋转参数，这一点和以前的版本不同，即编辑窗口中的这些参数是对整个工程文件而言的。

d. 工程文件既可以在"编辑系统"的工程菜单下建立，也可以在输出系统中建立，一般情况下在编辑系统中建立比较方便。在此对整个工程给出相对位移、比例及旋转参数，便于在给定的幅面内正确输出。

（3）输出系统的基本操作

MAPGIS 输出系统是一个具有 Windows 多文档界面的软件系统，它具有 Windows 多窗口系统操作的基本特征。

多工程输出和单工程输出操作界面及功能不一样，在创建或打开的时候，只要指定版面(＊.MPB)或工程(＊.MPJ)即可进入对应的多工程输出文档界面或单工程输出文档界面状态。

当要用 MAPGIS 输出系统输出地图时，首先要创建一个版面(＊.MPB)或工程(＊.MPJ)。在版面中，给出组成版面的各幅地图的各个工程文件的文件名及各种版面参数，在工程中，给出组成这幅地图的各个文件(要素层)的文件名、相对位置及在图中的缩放比例、旋转角度等信息，进行拼版。然后，选择所需要的输出处理功能，进行输出处理。最后，装入处理后的文件，驱动设备进行输出。MAPGIS 的地图输出流程如图 2-4-2 所示。

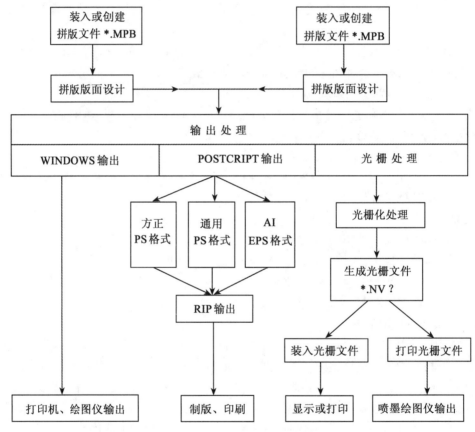

图 2-4-2　地图输出流程图

（4）Windows 输出和光栅输出

① Windows 输出。打开一个 ＊.MPB 版面或一个 ＊.MPJ 工程后，可以直接选择打印输出，它可以驱动 Windows 打印设备进行图形输出(必须安装该设备的打印驱动程序)。在打印前，可以使用"打印机设置"功能，对打印机的参数、打印方式等进行设置。

Windows 输出由于受到输出设备的 Windows 输出驱动程序及输出设备的内部缓存限制，有的图元输出效果可能不令人满意，有的图元不能正确输出，但是对于一些比较简单且幅面较小的图来说，这种方法输出速度快，而且能驱动的设备比较多，适应范围也比较广。

② 光栅输出。栅格输出是将地图进行分色光栅化，形成分色光栅化后的栅格文件。将生成的栅格文件在"文件"菜单下打开后，就可以对形成的栅格文件进行显示检查。

MAPGIS 系统在对数据进行光栅化时，能设定颜色的彩色还原曲线参数。在进行分色光栅化前，应根据所用的设备的色相、纸张的吸墨性等特点对光栅设备进行设置。对不同的设备，精心调整不同曲线，能得到满意的色彩效果。系统提供的缺省参数是针对 HP250C 使用 HP 专用绘图纸的情况调整的，调整的效果与印刷结果比较接近，可能与屏幕显示效果会有所差别。

在设置光栅化参数时，可以调整各种颜色的输出的墨量、线性度、色相补偿调整以及设置机器的分辨率等。设置的参数能以文件形式保存。

光栅化参数设置好后，即可进行光栅化处理，生成光栅文件。

光栅输出中的"打印光栅文件"功能可以实现在 HP 系列和 NOVJET 系列的喷墨绘图仪上输出光栅文件。如果是 NOVAJET 喷墨绘图仪，则应在喷墨绘图仪的面板上将绘图命令语言设置为 HP RTL 语言。若要在其他型号的绘图仪或打印机上输出该光栅文件，只要该绘图仪与 HP 系列兼容，能执行 HP RTL 语言，"光栅化输出"就是正常的。

用"打印光栅文件"功能在 HP 系列和 NOVJET 系列的喷墨绘图仪上输出光栅文件时，应该根据所装入的纸张大小设定正确的纸张大小。这样，当纸张大小比图小时（这里的"图"指光栅化前设置的版面），系统会进行自动的拆页处理，就可以用多张纸输出图形，最后还能拼接成一张大图。

打印设置中的设备尺寸（纸宽，纸长）指的是打印机或绘图仪装载的纸的实际长宽。设备尺寸（纸宽，纸长）是由系统自动设置的，不需再进行人工干预，只要在光栅化处理时设定好参数即可。

③ 生成 GIF 图像。光栅输出中的"生成 GIF 图像"功能可以将 MAPGIS 图形文件转换成 GIF 格式的图像文件，这个功能很有用，生成的 GIF 图像，可供其他软件（如 Word、PowerPoint、Photoshop 等）直接调用。与 PS 格式、EPS 格式、CGM 格式相比，GIF 格式效果更好，而且 GIF 图像的转换、调用都很方便。

1.4 任 务 实 施

1.4.1 任务目的和要求

以中华人民共和国地图（局部）为制图区域背景，在 MapGIS 平台下，将 1∶100 万中国数字地图（局部）缩编为 1∶600 万《中国部分省（市）区域地图》，并对缩编成果进行整饰与输出。

1.4.2 任务实施步骤

1. 资料分析

① 基本资料：1∶100 万中国数字地图，内容包括经纬网、政区、居民地、交通、水

系等矢量数据。

制图区域为北纬 30°30′~43°30′，东经 112°30′~123°30′，南起湖南省省会长沙市，北至吉林省省会长春市，西从陕西省省会西安市，东到黄海、东海一线，共完整地包括了北京、天津、上海、辽宁、河北、山西、山东、河南、湖北、安徽、江苏、浙江等省(市)以及吉林、内蒙古、陕西、重庆、贵州、湖南、江西、福建等省(市)的部分区域。界外的信息不表示。

所提供的原始数据主要包括以下内容：

居民地：分为省会城市、地级城市驻地、县城驻地三级；

境界：有国界线、线状省界、省级行政区；

交通网：包括主要铁路和主要公路；

水系：包含主要河流和中国湖泊，其中河流的河段分为五个级别。

② 补充资料：地名更改信息："襄樊市"改为"襄阳市"。

③ 参考资料：1∶600 万中华人民共和国地图(纸质)，供制图综合参考。

2. 普通地图编绘

根据前面所学内容新建一工程文件"中国地图.MPJ"进行空间数据输入，确定地图内容及其表达程度。各要素制图综合的指标以及内容的选取需遵循以下基本要求：

① 居民地：地级以上居民地全部表示，铁路、公路的端点可选择县级居民地表示。

② 境界：境界表示国界和省、自治区、直辖市界，但不做综合；表示省(市)、自治区行政区域及其表面注记。

③ 交通网：交通网表示主要铁路和主要公路，但长度小于 1cm 的铁路和公路可酌情舍去。

④ 水系：水系内容包括海洋要素和陆地水系要素两部分。

海洋要素表示海岸线、海洋及部分岛屿。a. 海岸线适当综合，最小弯曲尺寸 $0.5mm^2$。海岸线综合时，注意遵守海岸线图形概括的原则与方法。b. 海洋只表示渤海、黄海、东海等名称。c. 独立的岛屿选择面积大于 $0.5mm^2$ 的表示。岛屿名称只表示长山群岛、庙岛群岛、崇明岛、嵊泗列岛、舟山群岛等。

陆地水系表示主要的江河、湖泊等。a. 江、河只表示长江、黄河、鸭绿江、辽河、渭河、汾河、运河(京杭大运河)、淮河、汉水、湘江、赣江、富春江等的主流和名称(支流酌情选择部分表示)。b. $1.0mm^2$ 以上的湖泊全部表示，其中微山湖、洪泽湖、高邮湖、太湖、巢湖、洞庭湖、鄱阳湖、千岛湖需加注名称。c. 水系图形概括遵循基本的概括原则，最小弯曲尺寸为 $0.5mm^2$。

需要说明的是，不连贯的河段需要连接起来表示。

3. 普通地图整饰

地图整饰包括图名、图例、图廓、作者署名等内容的设计与配置。其具体要求如下：

① 图名：图名为"中国部分省(市)区域地图"，字体、字大、字隔可根据图幅的大小自行确定。图名一律采用黑色设计。图名统一配置在北图廓的正上方或左上方。

② 图例：图例的设计形式可参照参考图例进行。a. 图例内容只表示新编图的内容。b. 注意考虑内容的排列顺序。c. 符号和文字的排列要整齐、有序。d. 图例配置在图廓内恰当的位置。比例尺说明放在图例框范围的下端。

③ 图廓：图廓的设计自行确定。

④ 署名：署名统一设计，字体采用楷体，从左到右的内容顺序依次为：班级、学号、姓名(三内容间隔 5mm)，且署名整体与南外图廓相隔 2mm，姓名与东外图廓对齐。

4. 质量检查

地图输出前的质量检查工作是保证成图质量的关键环节，不可忽略，检查内容包括：

① 地图比例尺及成图尺寸是否与规定相符；

② 地图精度是否符合要求；

③ 地图内容是否有错漏现象存在；

④ 地图要素的综合是否合理；

⑤ 地图内容的表达是否符合地图设计的基本要求；

⑥ 要素之间的关系是否合理；

⑦ 图形的线条是否圆滑；

⑧ 图名、图例的设计和配置是否符合要求；

⑨ 图面的整体效果是否美观。

5. 普通地图输出

(1)创建拼版文件

① 在 MAPGIS 主界面中选择"图形处理"→"输出"，打开 MAPGIS 输出子系统。选择"文件"→"创建"，选择"拼版文件"，单击"确定"，创建一拼版文件。

② 在"版面设计"选项卡中设置纸张大小或自定纸张、页边距、版面输出角度、版面布局等选项。

③ 在"版面设计"界面，选择"添加工程文件到版面"按钮，将编绘成果"中国地图.MPJ"添加到拼版文件。在工程设计界面可以看到添加的工程。

④ 选择"版面设计"选项卡，选择"版面布局"按钮，对版进行设置。

⑤ 保存拼版文件为"中国地图.MPB"。

(2)光栅文件生成

将拼版文件"平若县粮食结构图.MPB"通过"光栅化处理"生成"*.NV?"的光栅文件。通过"POSTSCRIPT 输出"生成"分色输出"的"方正 PS 文件"，分成"黑""青""品红""黄"四色输出。

① 启动"输出"子系统，打开拼版文件，通过"光栅输出"菜单的"光栅化处理"将拼版文件生成"*.NV?"的光栅文件。

② 选择"POSTSCRIPT 输出"→"方正 PS 文件"→"分色输出"，共有"黑""青""品红""黄"四色输出。

③ 在"输出"子系统中把工程打开，选择"文件"→"编辑工程文件"，通过"工程输出编辑"设置"工程矩形参数"和"页面设置"。

④ 设置完成后，单击"确定"按钮。选择"光栅输出"→"生成 TIFF 图像"，生成"中国地图.TIFF"图像文件。

1.4.3 检查评价

对案例的结果进行检查时，采用学生小组互相检查评价、教师归纳总结的方式，加深对知识的掌握和技能训练。根据本次内容，写出实训报告书。要求学生根据本次内容，写出任务实施总结报告书。

◎**技能训练**

为适应现代化城镇规划、建设和国土管理的需要，提高城市科学管理水平，需进行数字化地形图的制作工作，在 MapGIS 软件中编制一幅 1∶1 万地形图，并输出。

① 在 MapGIS 软件中进行拼版文件建立及版面设计；

② 把地形图输出为图像。

◎**思考题**

1. 普通地图整饰包括哪些内容？

2. 简述普通地图输出设备和输出产品的类型。

3. 何为拼版文件？有什么作用？如何建立拼版文件？

4. 文件输出方式有几种？各有什么特点？

5. 简述如何用 GIS 软件进行地图输出。

任务 2　专题地图整饰输出

2.1　任　务　描　述

与普通地图相比，专题地图的整饰更加丰富多样，有着更大的变化空间。符号设计和色彩设计是专题地图整饰的主要内容，其输出方法与普通地图输出类似。

2.2　教　学　目　标

2.2.1 知识目标

掌握专题地图整饰及输出方法。

2.2.2 技能目标

能进行专题地图的整饰和输出。

2.3 相 关 知 识

专题地图整饰贯穿于地图生产的整个过程中，从地图内容的组合、图型的确定、表示方法的确定、符号设计描绘到图面配置，乃至装帧设计。下面我们主要从图型的确定及图面整饰这两个方面来简述专题地图的整饰问题。

2.3.1 专题地图的图型确定

地图的内容不仅由各个符号表现，而且也以符号之间的关系表现。地图的整体形式结构不是自然而然形成的，无论从反映内容结构的关系，还是从制图技术规律来看，都要求制图者有意识地组织图面所有要素。图型设计是根据地图的内容、用途和资料特点，合理地选择表示方法和手段，确定图面结构和层次，进行地图视觉形式的整体设计。

1. 按图像结构的复杂程度分类

简单图型是指图上仅表示单一内容或单项指标，如气温等值线图、土壤图、土地利用图、人口密度图等。

复合图型指同一地图上表示多项内容和指标。

2. 按图面分割构成分类

（1）主单元图型

一幅图面上只安排一个主题地图，其周围仅安排少量插图或图表，如普通地图、政区图、地势图等。

主单元图型的特点是图型大方、庄重，主图比例尺较大，主题明确。

（2）多单元图型

一幅图面上，依据内容需要，可安排两幅或两幅以上的地图。所安排的图可以是说明同一主题的不同侧面，或者是主题不同但又紧密相关的指标。

多单元图型的特点是图面灵活生动、图面利用率高、容纳信息量大，有利于地图主题的深化，比较经济。

2.3.2 图面配置

1. 图面配置形式

专题地图涉及的领域非常广，表现的专题内容千差万别，制图区域、地图的用途、对象和主题的都影响了图面的配置，专题的地图的图面配置形式变化多样，常见的形式如图2-4-3所示。

（1）主单元地图图面配置

主图在图廓内一般占据中心位置，并尽可能居中。当需要安排较大或较多附图、图表或其他附属单元时，才可把主图适当偏移。具体原则如下：

① 对较大的制图区域作分幅图或对其中局部"开窗"截幅，一般都采用矩形制图范围，如系列比例尺地形图和普通地理图大多采用这种形式。

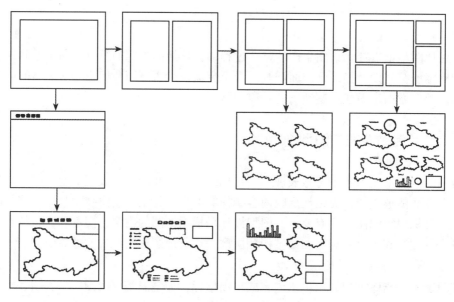

图 2-4-3　专题地图的常见图面配置形式

② 不留图边的满版形式可以最大限度地利用幅面，图名、图例等附属元素可以"开窗"或"悬浮"式配置。

③ 无邻区的岛状图因略去一切邻区内容，所以图面简洁、主题突出，可以简化编图工艺和节省工作量，而且空白区域便于安排较多的附属元素。

（2）多单元地图图面配置

两个或两个以上主图的图面配置方式更为灵活多样，设计安排也复杂一些，矩形制图范围的图面分割一般应在矩形基础上进行，如果区域形状特别，则可采用非矩形分割方式。岛状地图特别适合于多单元配置，可以根据区域形状特点灵活安排。

（3）制图区域形状对图面配置的影响

制图区域形状是影响图面设计的重要因素，任何图幅形式，图面分割都要首先考虑区域形状的需要。具体原则如下：

① 东西延伸的区域适于用横式图幅主单元或四分单元配置，也可用立式图幅上下二分单元配置等；

② 南北延伸的区域适于用立式图幅主单元或四分单元配置，也可用横式左右二分单元等方式；

③ 当区域呈倾斜或弯曲延伸时或各单元用不同比例尺时，图面分割灵活性更大。

2. 图面附属元素的配置

图面附属元素主要包括图名、图例、比例尺、附图、文字说明。附属元素的配置以主图为主导。多单元图上附元素与主图关系要清楚，有逻辑秩序，形成整体，布局上要有均衡感，如图 2-4-4、图 2-4-5 所示。

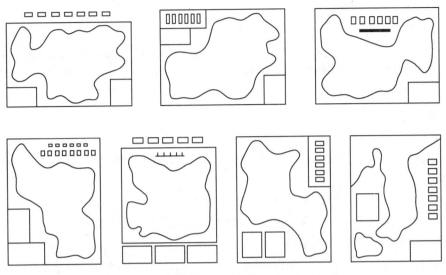

图 2-4-4   专题地图的图面附属元素配置(一)

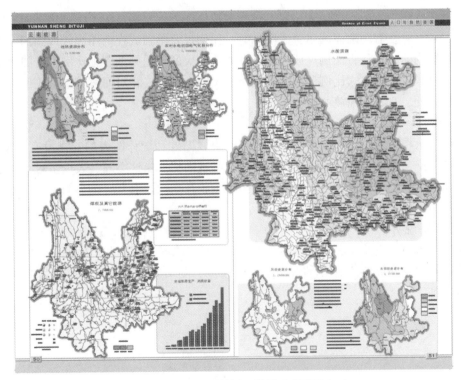

图 2-4-5   专题地图的图面附属元素配置(二)

(1)图名

图名大多用横排,一般置于北图廓外居中位置,小型地图或地图集中的图名也常常放在左上方。当图廓外空白不多而图内有较大空当(如邻区或水域)时,可将图名置于图内,此时一般应沿北图廓置于左上方或右上方。

竖排图名，不论在图廓内外，都应放在右上或左上角，只有某些小型地图、书刊插（地）图才能把图名放在图幅下部。

多单元地图上，总图名和分图名的大小、字体和位置都应体现其主次和从属关系满版印刷的地图，其图名可选择图面上方较空的位置，可用框线框出，也可用醒目的字体"悬浮"地放置在要素较少的图区。

（2）图例

图例是读图的直接工具，可安排在主区四周的空当处，一般应安排在主区下方或左右侧偏下的地方。空当较大时，图例应集中排放；空当较小而分散时，图例可分为几组，但不宜分得太细碎。

现在，系列比例尺地形图和土地利用图等均统一规定把图例放在右侧图廓外，使用很方便；大幅面地图和挂图一般都应把图例放在南图廓附近；地图集中图例和比例尺安排可灵活一些，但要注意图幅之间尽量一致。

图例是否加框，要根据图面情况决定，在矩形截幅或满版图上图例一般加框，使之不显混乱；在无邻区的岛状图上，图例应放在主区近侧，可不加框。

（3）比例尺

比例尺在图上一般不占显著位置。在大多数情况下，比例尺附于图名之下或与图例排在一起比较好；在有图廓而图名置于图外时，比例尺要单独放在南图廓外或图例框内；当图名在图廓内时，往往将比例尺放在图名下方；较大的挂图则大多把比例尺与图例放在一起。地图上最好把数字式比例尺和图解式比例尺同时标出。相对而言，图解比例尺更为直观，使用方便，且不受缩放的影响。

（4）附图

局部放大图、区位图、嵌入图、补充图等附属图件和统计图表的安排没有一定位置，主要以主区空当而定，可以压盖大片的邻区或水域面积。当这类图、表较多时，可适当缩小主区比例尺或偏置一边，但一般应避免把附图放在主图正上方。扩大图还应注意与被扩大的区域尽可能接近一些。

（5）文字说明

文字不多时，主要考虑与被说明对象的关系插空安排；编制和出版说明一般应放在南部图边附近；某些资料性地图（集）文字说明较多、图文并茂，此时就应作为图面的一部分统筹安排。

2.4 任务实施

2.4.1 任务目的和要求

ArcView 的图面配置（Layout），是通过版面设计的过程完成的。版面设计可以将ArcView项目中除自身之外的所有组件（如视图、图表、表格、脚本等）以及一般专题地图的必备要素（如图名、图例、比例尺、指北针等），甚至外来的图形图像等地图素材，经过整饰而组合成内容充实、表现方式多样、易于编辑修改与动态更新能力强的专题地图。通过对以上知识的学习，在 ArcView 平台支持下完成专题地图的整饰与输出。

2.4.2　任务内容

在 ArcView 中，用户不仅可以将 Project 中的若干视图、图表、表格作为专题地图版面设计的组件，而且也可以将不同格式的图形图像纳入新生成的专题地图中去。专题地图的整饰与输出步骤如下：

1. 打开或创建一个"项目"（Project）

ArcView 电子专题图的制作必须依赖特定的项目环境，如果还没有打开一个项目，那么在开始地图制作之前，应从"文件"下拉菜单中选取"Open Project"，从而打开一个业已存在的"项目"，或者选取"New Project"生成一项新的"项目"。

2. 在"项目"中新建一幅专题地图的版面设计（Layout）

在项目窗口中双击"Layout"图标，或者先单击图标，然后点选"新建（New）"按钮，则一个新的专题地图版面设计将产生于"项目"之中，并以"Layout1"为名称显示于项目窗口右侧窗格的列表区。通过此法可以再创建多个"版面设计"，默认名称依次为 Layout2、Layout3、Layout4，等等，这些名称均可以通过上述方法变更成用户易于理解的名称。

3. "专题地图"的页面设置

在往专题地图添加必要的地图要素之前，首先通过"页面设置"指定输出页面的大小、单位、页面方向和页边距等特征。

页面设置的方法是：调用"Layout"→"Page Setup"，然后在对话框内指定各项内容。

4. 给专题地图添加"视图"

页面设置完成后，专题地图的图面大小及方向就已确定。用户随后就可以给专题图添加必要的地图要素了。在各种专题要素中，"视图"作为版面设计的"主图"，其地位尤为重要，它是专题地图的核心。

一般来讲，创建一幅包含地理数据的地图必须首先向版面设计（当页面设置完成后即可称其为"地图页面"）添加一个视图。

一个视图在一幅"地图页面"中被显示在一个所谓的视图"帧"（frame）中，帧是摆放地图要素的虚拟框，可以看做装载地图要素的"容器"。在页面容量许可的情况下，用户可以将任意多个不同的"视图帧"放置在专题地图中。每一个"视图帧"的属性都可以单独去查看或改变。

在一个空白的"版面设计"（Layout）中添加一个视图帧的方法是：

① 单击工具条中的"帧工具箱"，在弹出的系列工具中选择"视图帧"工具（图 2-4-6）。

② 将光标移到地图页面内希望放置视图的位置，用鼠标左键拖拉的方法定义好一个视图帧（矩形框）。

③ 在随即弹出的"帧属性"对话框内设定相关项目。

具体内容及操作要点如下：

指定视图：在列表框内选择视图名称即可，也可以在一个视图帧内不摆放任何视图。

活动链接：在复选框内打上"√"标记，则可激活链接；这样，该视图帧内的地图内

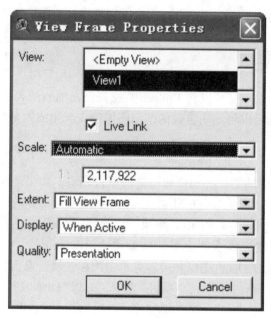

图 2-4-6　视图帧工具

容将会随着当前项目中"视图"内容的改变而改变，即专题地图中的主图内容将会动态反映"视图"内容的变化。

指定比例尺：有"自动地"与"用户自定义"两个选项。选择"自动地"，将会使专题图内的显示比例尺与视图原本比例尺一致，这样当视图帧范围小于原图时，就会只显示视图的一部分；选择"自定义"，那么其下侧的比例尺数据输入区将会由灰变黑，在文本输入区键入相应的数字，即可完成视图帧内视图显示比例尺的人工设定。在此应当注意：在选定"自定义"之前，用户必须预先设置好"视图"的地图单位，否则该对话框的比例尺数据显示区将出现"0"。

指定范围：有"按视图帧大小填充（Fill View Frame）"和"按视图大小进行剪裁（Clip to View）"两个选项。

指定显示方式：有"当图面设计被激活时"和"总是"两个选项。前者是缺省选项，在此选项下，当"版面设计"被激活时，ArcView 只显示当前视图帧的内容，而如果"版面设计"没有被激活，其内容将不会被重绘；后者则是在任何情况下都显示视图帧的内容。

指定配置质量：有"草稿（Draft）"和"完全表达（Presentation）"两种选择。前者可在当视图帧内容非常复杂、为了提高显示或打印的速度时使用；后者则常在当专题地图设计工作完全定稿以后使用。

④ 给专题地图添加图例（Legend）。在大多数情况下，图例是正确阅读专题地图所不可缺少的地图要素。在 ArcView 的专题地图中，图例的功能是以符号形式展示项目视图的主题内容，是对主题内容的简要说明。

在空白图面内添加"图例帧"的方法与上述添加"视图帧"的方法相似，只要正确选择操作工具即可。图 2-4-7 所示是添加图例帧之后随即弹出的属性对话框。其中，"View

Frame"列表区显示出已存在于版面设计中的与之相关联的视图帧的名称列表，鼠标单击与当前图例编辑相关的视图帧名称即可。在"展示（Display）"下拉列表中，有两个选择，分别是"When Active"和"Always"，其功能与前述"视图帧属性"对话框的对应选项一致。"质量（Quality）"下拉列表中的两个选项是用于控制图例的展示质量的，选项的不同之处如前所述。

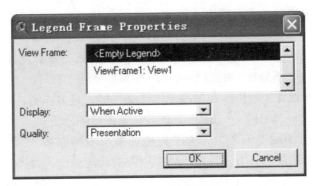

图 2-4-7　属性对话框

⑤ 添加比例尺。ArcView 支持不同类型的比例尺，有数字比例尺、不同外形的图形比例尺等。比例尺类型的选择可以通过"比例尺属性"对话框中的"类型（Style）"下拉列表选取。另外，对话框内的"单位"的默认选项与相关视图框内视图的比例尺一致。其他三个文本区分别设定主比例尺的总长度、主比例尺的分段数目以及副比例尺的分段数目，三项都仅对图形比例尺有效。

⑥ 添加标题（图名）。当用户对版面设计中的各个主要图素都取得满意之后，即可向专题地图添加"图名"。图名在专题地图上是作为文本出现的，因此它的添加就不需要调用所谓的"帧"工具，而是直接用鼠标选定"文本"工具，在文本工具的下拉工具中可以选择多种文本显示风格。工具选定后，再用光标在图面希望添加标题的地方定位，这时就会立即弹出"文本编辑"对话框。在对话框内，在上部文本区内输入标题内容后，一一设定文本的对齐方式、旋转角度等项目，即可完成全部工作。

⑦ 添加指北针（可选项）。首先单击"帧"工具中的"指北针帧（North Arrow Frame）"按钮；然后在图面上用鼠标拖拉出"帧"的外框线，出现"指北针属性"对话框，选择指北针的风格并设置好方向角，最后单击"OK"确定。

⑧ 添加图廓线（Neatline）。图廓线亦称整饰线，功能是为主图或整个专题地图提供线状边界的。在专题地图创建过程中，常用工具条内新增了一个专门用于添加整饰线的按钮，单击此按钮，将弹出属性对话框。

通过这个对话框，可以控制整饰线的位置是位于所有图形或被选图形的外围，还是位于页面边距之内。也可以通过设置线型、线宽、边角类型来改变整饰线的显示风格。此外，还可以设置背景色及阴影。

⑨ 添加表格和图表。为地图页面添加表格或图表的方法与给页面添加一个视图的方法类似，即通过选择"帧"工具组中的特定工具来完成。在添加表格时需注意：当"项目

（Project）"中当前表格的记录项并没有完全显示时，添加后也只能显示原有的一部分；当表格的可见记录区在项目中有部分记录被选定而呈现默认（黄色）背景时，添加后相应记录也会保持这种色调。

⑩ 创建点、线、面图形。在图面上创建点、线、面图形，实际上就是利用常用工具条中的点、线、面绘图工具在页面上绘制图形的过程。

⑪ 添加不同格式的图形图像。与以上创建图形的过程不同，在图面中添加图形图像，实际上就是将磁盘上现成的图形图像文件调入到预先设置的"图形帧"内的过程。当用户在常用工具条的"帧"下拉工具组合中单击"图形帧"按钮后，随即弹出对话框，该对话框设置的关键是在"文件"文本输入区正确键入图形图像文件的磁盘路径及文件名，本项操作也可以借助"文本框"下侧的"浏览（Browse）"按钮来完成。

实际上，在版面设计中可以装载的图形图像文件格式是多样的，包括所有的表格、图表、指北针图形以及 ＊.WMF、＊.BMP、＊.JPG 等图形图像格式。

⑫ 排列页面中不同的图形要素。为了避免在多个图形添加入页面后造成版面凌乱，往往需要设置图形图像的对齐方式。对于图形以外的其他组件，其操作方法是一样的。

首先单击"指针（Pointer）"工具，然后与 Shift 键相配合，用鼠标逐一选定想要设置对齐方式的部件，最后调用"图形（Graphics）"下拉菜单中的"对齐（Align）"项，随即弹出一个对话框，在对话框内按照实际需要进行项目设定，即可完成此项工作。

⑬ 帧内容的简化。在版面设计中，"简化（Simplify）"选项可将一个完整的帧的内容分解成各个部分，这样就可以对单个要素进行单独编改。比如，用户想要改变"图例"的字体以及各图例要素之间的距离，就需要运用此功能进行简化和分解。

简化的方法是：单击指针工具；选择想要简化其内容的帧；调用"图形"→"简化（Simplify）"项，则帧中的所有要素将被操作柄包围，这时就可以用鼠标任意选择一个或几个要素进行移动、复制、删除等操作。

5. 专题地图输出

① 打印输出。图面设计的成果可以用三种方法进行输出：调用"文件"菜单下的"打印"项；在"Layout"窗口单击常用按钮栏的"打印机"按钮；先选中"项目（Project）"窗口右窗格内的"Layout"列表中的专题对象，然后单击项目窗口上部的"打印（Print）"按钮。

a. 通过点选上述"按钮"或"菜单"，调出"打印对话框"。

b. 如果需要对打印参数进行设置，则单击该对话框中的"Setup"设置按钮，自动弹出一个"打印设置"对话框，在此对话框内可对"打印机类型""打印纸张大小""打印属性"等有关项目进行设置，另外，可以通过调用"文件"菜单下的"Print Setup"选项来对打印参数进行专门设置。

c. 参数设置完成后，单击"OK"返回到"打印"对话框，这时再单击其下部的"OK"按钮，程序即自动开始将打印作业送往打印机进行打印动作。

② 专题地图的导出。用户除了可以将专题地图设计成果直接送往打印机输出之外，也可以运用 ArcView 提供的"导出（Export）"功能将专题地图的成果输出成一个图形文件，以便使其能够在其他专门的图形处理程序中进行深入加工与修饰，或者将其应用到一个由其他应用程序创建的报告或演示文稿之中。

ArcView 所支持的专题地图的"输出"格式有 EPS、Adobe、Illustrator、CGM、BMP 和

WMF 等。

③ 打印到文件。如果当前所使用的电脑缺少理想的输出设备(如大型绘图仪),也可以利用"打印"对话框内的"打印到文件(Print to File)"复选框,将专题地图文件转换成一个专门的"打印机文件"(以.PRT 为扩展名),再将该 PRT 文件拷贝到软磁盘或其他活动存储介质,然后转移到其他连接有大型商用打印机或绘图机的电脑系统上输出。

2.4.3　检查评价

对案例的结果进行检查时,采用学生小组互相检查评价、教师归纳总结的方式,加深对知识的掌握和技能训练。要求学生根据本次内容,写出任务实施总结报告书。

◎技能训练

2018 年以来,全国 15 个省份先后上调最低工资标准,收入分配"提低"进程加速,也预示着廉价劳动力时代终结。为全面了解全国各省的最低工资标准情况,在 ArcView 软件中创建"2018 年全国各省最低工资标准"专题地图,并输出。

① 在 ArcView 软件中进行版面设计(Layout);

② 把专题地图输出为图像。

◎思考题

1. 专题地图整饰包括哪些内容?

2. 简述 ArcView 软件中地图版面设计(Layout)的操作步骤。

参 考 文 献

1. 毛赞猷等. 新编地图学教程[M]. 第3版. 北京：高等教育出版社，2017.
2. 王琴等. 地图学与地图绘制[M]. 第2版. 郑州：黄河水利出版社，2019.
3. 黄仁涛等. 专题地图编制[M]. 武汉：武汉大学出版社，2003.
4. 焦健等. 地图学[M]. 北京：北京大学出版社，2005.
5. 廖克. 现代地图学[M]. 北京：北京大学出版社，2003.
6. 张荣群等. 现代地图学基础[M]. 北京：中国农业大学出版社，2005.
7. 祝国瑞等. 地图学[M]. 武汉：武汉大学出版社，2010.
8. 王琪等. 地图概论[M]. 武汉：中国地质大学出版社，2015.
9. 王光霞等. 地图设计与编绘[M]. 北京：测绘出版社，2011.
10. 王家耀等. 地图学原理与方法[M]. 第2版. 北京：科学出版社，2017.